高等学校研究生系列教材

结构概念与体系

高福聚　编著

中国石油大学出版社

山东·青岛

图书在版编目（CIP）数据

结构概念与体系 / 高福聚编著. -- 青岛 ： 中国石
油大学出版社，2024. 11. -- ISBN 978-7-5636-8394-9

Ⅰ．TU318

中国国家版本馆 CIP 数据核字第 2024Z4U072 号

中国石油大学（华东）研究生规划教材

书　　　名：结构概念与体系
　　　　　　JIEGOU GAINIAN YU TIXI

编　　　著：高福聚

责任编辑：秦晓霞（电话　0532-86983567）
责任校对：张晓帆（电话　0532-86983567）
封面设计：赵志勇

出　版　者：中国石油大学出版社
　　　　　　（地址：山东省青岛市黄岛区长江西路 66 号　邮编：266580）
网　　　址：http://cbs.upc.edu.cn
电子邮箱：shiyoujiaoyu@126.com
排　版　者：济南海讯图文有限公司
印　刷　者：日照日报印务中心
发　行　者：中国石油大学出版社（电话　0532-86983567,86983440）
开　　　本：787 mm × 1 092 mm　1/16
印　　　张：14.75
字　　　数：364 千字
版 印 次：2024 年 11 月第 1 版　2024 年 11 月第 1 次印刷
书　　　号：ISBN 978-7-5636-8394-9
定　　　价：36.00 元

前　言

随着科学技术的发展和进步，生活和工作节奏越来越快，时间和知识也越来越碎片化。在这个碎片化知识的时代，没有深度思考和全面认知就无法产生真正的价值。我们只有通过深入思考问题、明确目标、保持动力和激情、做好反省和调整，才能真正实现工作高效和个人成长。因此，我们只有开始思考并找到在工作中真正有意义的努力方式，才能在竞争激烈的社会中脱颖而出，取得成功。

一座优秀的建筑物应当是建筑师与结构工程师"创造性合作"的产物。这种创造性的配合应当在项目的方案设计阶段就开始。但是，由于原有教学方式和管理思想存在问题，往往在建筑师进行方案设计时，结构工程师就已经把重点转移至具体的构件设计上，这大大限制了结构工程师的创新思想，同时也限制了结构工程师与建筑师之间创造性地相互配合的可能性，使建筑物缺乏个性和特色，使结构工程师逐渐变成计算机"绘图匠"。

本书旨在推广及应用先进的概念设计思想，让设计师从总体的角度来把控设计、掌握结构。概念设计的思想最早是由林同炎教授提出的，原型为"概念设计思想"。概念设计思想可以使建筑师与结构工程师真正达到和谐统一。"讲究工程，讲究结构，讲究文化，讲究造价"是中国科学院、中国工程院院士吴良镛先生对建筑创作的理解和诠释。建筑是功能的载体，建筑高度、建筑层高、建筑布局、内部空间划分、建筑材料等均是建筑功能的具体体现。不同的建筑功能决定着建筑结构类型的优与劣。

本书针对高等院校土木工程专业的教学要求，结合作者多年实践经验及研究工作编写而成。部分内容借鉴了国内外同行、专家的研究成果，该部分研究成果反映了目前国内在该方面的最新研究成果和新世纪高等教育对在校大学生专业素质教育的要求，在此谨表感谢。由于时间紧迫、水平所限，不足之处在所难免，望广大同仁提出宝贵意见。

编著者
2024年9月

目　录

绪　论

早期的人类大多不能常住山洞，少数能常住山洞的往往也是因为住地附近具备狩猎或采植的条件。3万年前，人类到处漂泊，靠猎取动物或采集野菜、野果来充饥。他们总是迁徙不定，过着风餐露宿、雨淋日晒的生活，没有房屋。后来人们开始搭设简陋的棚舍或用兽皮制作帐篷，用来避风雨、防寒暑。如果人类在山区活动，偶尔会碰到天然的洞穴，可以在里边做饭、睡觉，因此山洞是当时较好的居住地，不过它还必须具备长期狩猎及采植的条件，否则不能久住。

《周易·系辞下》就有这样的描述："上古穴居而野处，后世圣人易之以宫室，上栋下宇，以待风雨，盖取诸《大壮》。"后指宫室的基本结构形式（图0-1）。

《道德经》第十一章：三十辐共一毂，当其无，有车之用；埏埴以为器，当其无，有器之用；凿户牖以为室，当其无，有室之用。故有之以为利，无之以为用。如图0-2所示。

图0-1　雷天大壮与房屋

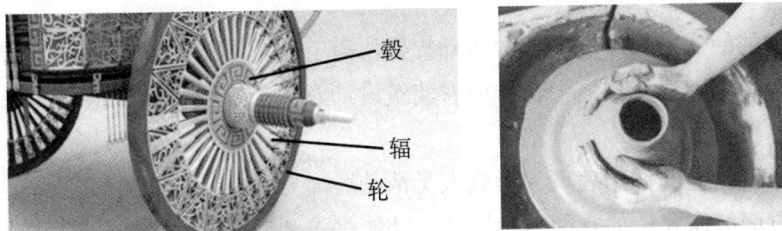

图0-2　有之以为利，无之以为用

本卦上卦为兑为泽，下卦为巽为木，上兑下巽，上下两个阴爻，下部阴爻象征基础，上部阴爻象征屋顶重量，中间阳爻表示房屋的整个木质支撑结构"栋"，整个大过卦就含有一栋房屋（桥梁）的具象。如图0-3所示，如果取由初爻至上爻的由始而终，终则又

1

始，重复进行（如同"过"字的原始字像）的象义，则含有在原有房屋的基础上再向上加高一层或多层的意义。

图0-3　泽风大过与桥梁（房屋）

古之葬者，厚衣之以薪，藏之中野，不封不树，丧期无数。后世圣人易之以棺椁；上古穴居而野处，后世圣人易之以宫室，上栋下宇，以待风雨。此风水之由来也，不可不慎也。如图0-4和图0-5所示。

美国建筑师弗兰克·劳埃德·赖特说："建筑是用结构表达观点的科学技术。"

图0-4　有巢氏筑木为巢

图0-5　远古人类的房屋想象图

第一节　建筑结构的使命和作用

建筑结构的使命是为人们的各种活动提供所需空间及形式的物质骨架。结构体系作为房屋承重骨架藏身于建筑物之中，体现着建筑设计意图，承受着全部荷载，保证建筑物的安全与功能。

首先，建筑结构的作用表现为形成人类活动所需要的、功能良好和舒适美观的空间。它既有物质方面的需要（如它的空间尺度、功能需求和通道联系），又有精神方面的需要（如它的文化内涵、新颖形式和高雅表现），这是建筑结构的根本目的和出发点。

其次，建筑结构的作用表现为能够抵御自然的和人为的作用力（前者如地球引力、风力、气温变化和地震作用等，后者如振动、爆炸等），能使建筑物耐久使用，并在突发偶然事件时保持整体稳定，这是建筑结构存在的根本原因。

第三，建筑结构的作用表现为充分发挥所采用材料的效能。建筑结构都是应用石、砖、混凝土、钢材、木材乃至合金材料、化学合成材料等在土层或岩层上建造的。材料所需的费用占建筑工程投资的大部分。材料是建造结构的根本物质条件。"有效地利用材料、尽可能地节约材料"是建筑结构设计的重要指标。

此外，建筑结构必须适应当时当地的环境，并与施工方法有机结合，因为任何建筑工程都受当时当地政治、经济、社会、文化、科技、法规等因素的制约，任何建筑结构都是靠合理的施工技术来实现的。因此，优秀的建筑结构应具有以下特点：

（1）在应用上，满足空间和功能的需求；

（2）在安全上，符合承载和耐久的需要；

（3）在技术上，体现科技和工程的新发展；

（4）在造型上，与建筑艺术融为一体；

（5）在建造上，合理用材并与施工实际相结合。

第二节　结构概念设计

建筑工程的概念设计在我国作为一个先于建筑工程的初步设计，它是以功能优越、造型美观、技术先进的总体方案为目标的设计阶段。建筑工程的概念设计一般包括建筑概念设计和结构概念设计两大部分，它们之间相互影响、相互协调、相互结合。

在建筑概念设计中，要求环境的布局和治理、建筑的空间和形式、结构的体系和材料、构筑的方法和效益之间协调一致，做到"功能、结构、美观、建造"的统一。

结构概念设计的前提是对拟建建筑物当地的地区规划和自然环境、建筑意图和使用功能需要的理解，以及对资金状况、材料来源和建造条件的了解。

结构概念设计的成果是确定结构的总体方案（指主要承重体系）、相应的分结构体系（指屋楼盖、基础等）以及它们间的关系（含主要连接方法）。

结构概念设计的主要手段是对力学概念、材料性能、结构体系和建造技术的娴熟运用，同时还要有审美的眼光、工程的意识和丰富的实践经验。在结构概念设计过程中，要进行整体的考虑、全面的比较、快速的估算、综合的评价和果断的选择。

结构概念设计既可能在短期内完成，也可能要经历一个反复比较的进程，甚至要进行一些模拟试验，它们的目的都是摆脱设计作品的一般化。

结构概念设计的目的是在初步设计前为所设计的工程项目设想一个概念性的总体方案，使今后的设计、施工和使用都能够做到"又好、又快、又省"。

与传统思维方式相比，结构概念设计的思维方式要有以下转变：

（1）从习惯于纵向思维（从结构的方案、体系、布置、计算、构造到施工图）转变为兼注意横向思维（规划、建筑，结构、设备、施工的结合）；

（2）从习惯于重视设计规范转变为重视实践（工程经验积累和多观察工程实际现象）；

（3）从习惯于重视理论分析转变为重视综合考虑（人、财、物、时间、空间……）各因素；

（4）从习惯于追求"绝对的确定"转变为注意"相对的比较"（在比较中寻求相对的"好、快、省"）；

（5）从习惯于标准、定型的传统转变为改革、更新、创造。

总之，要做到构思有新意、做法有创新，尽可能采用新技术为新的实践提供新思路。做好结构概念设计要处理好各种参与者的关系，重视和尊重业主代表、建筑和设备主持人、施工人员的要求、思路、观点和意见，因为他们的根本出发点与结构是一致的，他们与结构间的矛盾可以在相互了解、相互协商、相互探讨中得到统一。

如果说在结构设计中选择好设计程序称为用好"软件"（software），运用计算机进行计算和绘图称为使用"硬件"（hardware），那么，做好结构概念设计应称为有了"慧件"（wiseware）。在一项工程设计中，有一个好的"慧件"，似乎比正确地用好软件、硬件更为重要。做好结构概念设计是设计者应该具备的能力，也是他们具有高素质、高修养的表现；而对于学习者来说，则是高境界的学习阶段，是培养创新思维和创造能力的组成部分。

一、设计理念和结构体系概念

设计理念是设计师在空间作品构思过程中所确立的主导思想，它赋予作品文化内涵和风格特点。好的设计理念至关重要，它不仅是设计的精髓，而且能使作品具有个性化、专业化和与众不同的效果。

结构既是一种观念形态，又是物质的一种运动状态。结是结合之义，构是构造之义，合起来理解就是主观世界与物质世界的结合构造。结构在意识形态世界和物质世界得到广泛应用，例如语言结构、建筑结构等，它们是人们用来表达世界存在状态和运动状态的专业术语。不同类别或相同类别的不同层次按程度、多少的顺序进行有机排列。

结构是汉字形体美的构成法则，也称结体、结字、字法。它研究每一个汉字各个组织部件的位置高低、远近，以及体势的收放、宽窄、长短、平直、斜曲等方面的搭配关系，力求取得最佳结合，使其在印章的制作过程中更加随和和完善。在篆、隶、楷、行、草诸体中，楷体的字法最为严格。每个楷体汉字都是在约定俗成中被规范的，增一笔或减一笔几乎是不可能的，也不可能像篆、隶体那样随意移动偏旁部首。因而，要对形体做生动活泼而不失端正庄穆的处理，只能"微调"，即在有限的条件下创造出无限的美。建筑结构的构成法则亦如此，结构是建筑物上承担重力或外力的部分构造，例如砖木结构、钢筋混凝土结构。

结构体系是指结构抵抗外部作用的构件组成方式。在高层建筑中，抵抗水平力是设计的主要矛盾，因此抗侧力结构体系的确定和设计成为结构设计的关键问题。

先进的设计思想可以通过概念设计充分展现。结构工程师的主要任务是在特定的建筑空间中运用整体概念来设计结构的整体方案，并有意识地利用总体结构体系与各基本体系之间的力学关系，不仅仅是能精确地计算和分析一个给定的分体系或构件。凡是优秀的结构设计都是由一种或几种基本分体系有机地结合而成，要求结构工程师具有不懈追求、尽善尽美的设计思想，同时也要求具备丰富、踏实的整体结构概念和基本分体系的相互比较概念。

凡是概念设计做得好的结构工程师，其结构概念随年龄与实践经验的增长越来越丰富，设计成果也越来越创新、完美；反之，只会依据规范、设计手册、计算机程序做惯性传统设计的结构工程师，他们将随着年龄的增长把大学学过的那些孤立的概念都忘却，更谈不上设计的创新。

概念设计可以借助概念性简化计算完成，只要概念清楚、定性准确，采用手算，简便、快捷，能够很快选择和确定最佳方案，不过存在一定的误差。同时概念设计也是施工图设计阶段判断计算机计算结果可靠与否的主要依据。

二、概念设计在建设过程中的地位

我国现行建筑工程建设的程序如图0-6所示。初步设计以前的"设计构思"，以及综合、合理地处理规划建筑、结构、设备、施工诸方面关系后所形成的"总体设计方案"，是概念设计的成果。它为完成初步设计文件提供了正确的概念和思路。可以认为，概念设计既是设计的灵魂，也是整个建设过程中的灵魂。

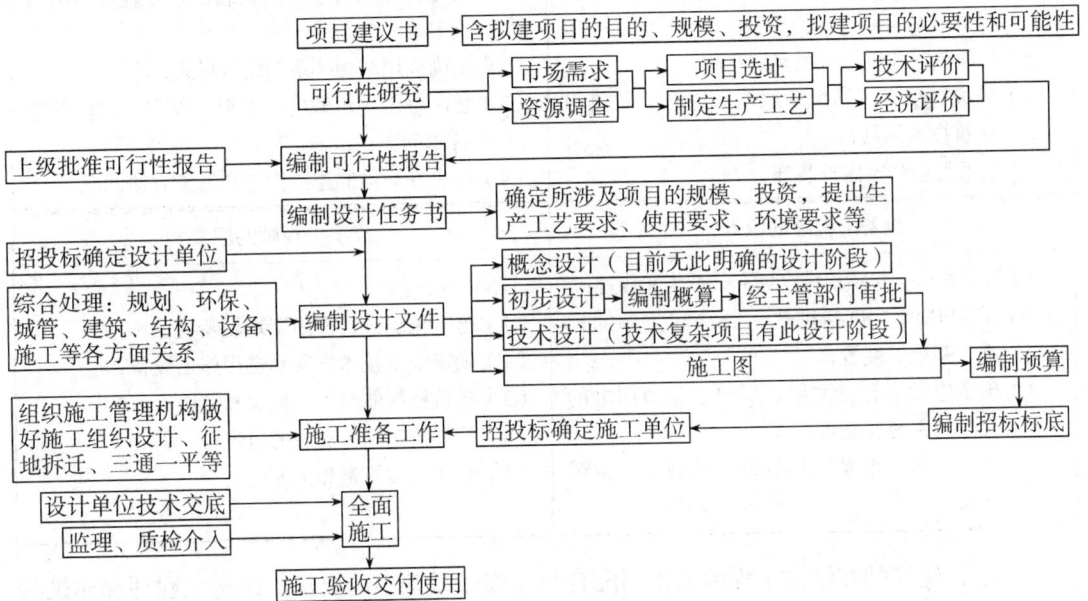

图0-6 建筑工程建设的程序

1. 概念设计与初步设计的关系

初步设计文件应包括以下三个方面。

（1）设计说明：含设计依据、设计规模、设计范围、设计指导思想和特点（对总体布局、选用标准和结构选型的综合叙述）、总指标（占地面积、建筑面积、能源和主要建筑材料消耗量、概算等）；

（2）设计图纸：含区域布置图、总平面图、建筑平立剖面图、竖向布置图；

（3）结构设计：含结构设计总说明（自然条件、安全等级、使用荷载、抗震烈度和其他特殊要求）和结构设计主要内容的说明（结构选型、地基处理、基础形式、材料选用、构造处理等）。

由此可见，概念设计的深度以能够进行上述初步设计为前提。对于结构的概念设计来说，要按照长期安全使用的要求、建筑设计的需要、技术经济的可能和结构受力的分析，巧妙地做到以下几点：

（1）确定主体结构的体系以及相应的楼盖、屋盖、承重结构和基础结构系统；

（2）选择主要的结构用材料，考虑关键部位的构造措施；

（3）合理建议先进的施工技术。

2. 建设过程中各类工程师的职责

建筑物的建设过程是建筑师、结构工程师、设备工程师、施工工程师共同合作的多边复杂过程。各类工程师要解决的主要问题见表0-1。

表0-1　建设过程中各类工程师的职责

建筑师的职责	结构工程师的职责
（1）与规划的协调，房屋体型和周围环境的设计； （2）合理布置和组织房屋室内空间； （3）解决好采光、通风、照明、隔音、限热等建筑技术问题； （4）艺术处理和室内外装饰	（1）确定房屋结构承受的荷载，并合理选用结构材料； （2）正确选用结构体系和结构形式； （3）解决好结构承载力、变形、稳定、抗倾覆等技术问题； （4）解决好结构的连接构造和施工方法问题
设备工程师的职责	施工工程师的职责
（1）确定水源，包括给排水标准、系统和装置； （2）确定热源，包括供热、制冷和空调的标准、系统、装置； （3）确定电源，包括照明、弱电、动力用电的标准、系统、装置； （4）使水、热、电系统和建筑、结构布置协调一致	（1）施工组织设计和施工现场装置； （2）确定施工技术方案和选用施工设备； （3）建筑材料的购置、检验和使用； （4）熟练技工和劳动力的组织； （5）确保工程质量和工期进度

其中，建筑师和结构工程师的密切配合与合作是最基本的要求。结构工程师和建筑师的关系有4个层次：

（1）合作，即"你做你的设计，我做我的设计，遇到矛盾，合作协商解决"，这是最低层次的要求。

（2）结合，即"虽然各做各的，但都能懂得对方，主动结合，互相补充"。结构工程师要懂得建筑设计原理，理解建筑艺术需要，熟悉建筑技术问题，清楚本工程的建筑设计思路；同样，建筑师要懂得结构设计原理和结构技术、构造问题，清楚本工程的结构设计思路，这是较高层次的要求。

（3）融合，即"你中有我，我中有你，融为一体"。结构工程师要自觉考虑建筑问题，建筑师也要自觉考虑结构问题。实际上，建筑平面和体型是所采用结构体系的反映，面结构选型又受到建筑设计思路和效果的影响。它们之间客观上存在更高层次的融合关系。

（4）统一，即"结构工程师就是建筑师，建筑师也是结构工程师"，两类人才的素质都统一在一个人的身上，如意大利的奈尔维（P. L. Nervi）和西班牙的托罗哈（E. Torroja）。罗马小体育馆和马德里赛马场观众台就是他们各自的代表作。这是最高层次的关系，应该作为结构工程师和建筑师的方向。

概念设计时，结构工程师和建筑师之间应该是"融合"关系，做到"功能、结构美观和建造的统一"，这是概念设计的高标准要求。

如果把建筑物比作一个人，建筑相应于人的气质、精神、体形、容貌等；结构相应于人的骨骼、肌肉、耐力、寿命等。如果把建筑物比作一棵树，建筑相应于树种、树叶、树形，它的根是文化；结构相应于树干、树茎、树枝，它的根是材料。要融文化的内涵于建筑之中，依靠材料和结构的发展，才能促使建筑的繁荣。要充分掌握材料的性能，充分发挥材料的作用，依靠社会和建筑的需求，才能促使和充实结构的发展。人和部分生物的骨骼对比如图0-7所示。

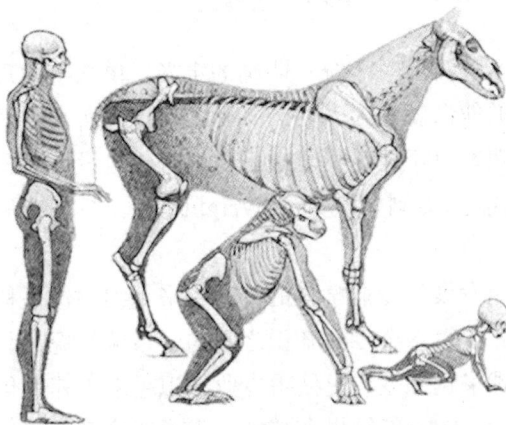

图0-7　人与部分生物的骨骼对比

西班牙著名结构工程师托罗哈的座右铭应成为结构概念设计的指导思想："My final aim always been for the functional structural and aesthetic aspects of a project to present an integrated whole， both in essence and appearance."（我的最终目的是永远将一个设计对象的功能结构和美学方面表现为一个在本质和形式上结合的整体。）

第三节　结构的角色

建筑是功能的载体。建筑高度、建筑层高、建筑布局、内部空间划分、建筑材料等均是建筑功能的具体体现。不同的建筑功能决定着建筑结构类型的优与劣。建筑功能不同，适用的结构类型也明显不同。建筑造型的千差万别使结构选型的优化作用更为突出。即使是相同的建筑类型，对于迥异的建筑造型，适用的结构形式也大相径庭。结构选型对建筑造价的影响很大，结构在建筑的总造价中所占的比例有时可达60%以上。因而，建筑资金的投入金额直接影响建筑结构选型。结构的角色如图0-8所示。

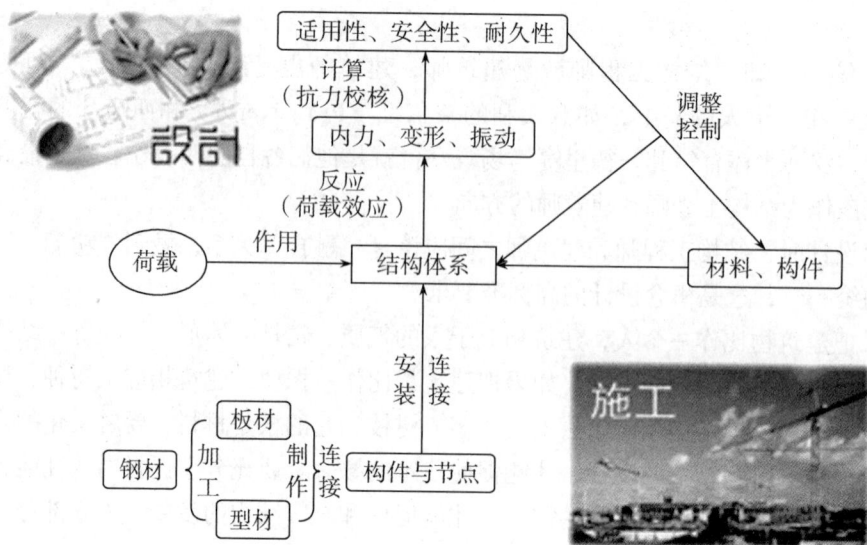

图0-8　结构的角色

到底什么是结构？至今没有一个统一明确的定义。单从字面理解，结为绳索绑缚状，构是树木搭接状。结构的使命就是为人们的各种活动提供所需空间及形式的物质骨架。结构体系作为房屋承重骨架藏身于建筑物之中，体现着建筑设计意图，承受着全部荷载，保证着建筑物的安全与功能。美国建筑师 F. Wright 说："建筑是用结构表达观点的科学技术。"

随着科学技术的飞速发展，专业学科的分工越来越细，这是科学技术发展的必要和必然。但是过细的分工首先使得各个专业知识之间的联系被忽视；其次，每个专业的大部分课程在开设方面也变得越来越独立，更使得专业知识越来越碎片化、岛屿化。这是社会发展到工业化和后工业化阶段的必然结果和弊端。为了迎接已经到来并且即将兴起的信息化时代的发展，我们必须针对专业设置及课程体系的建设做出前瞻性的审慎思考、探索，做出必要的调整和完善。

古代原始的建筑没有专业分化，最起码的要求就是实用。从简单承重结构的原始形态到各式平面结构体系，以至现代空间结构，经历了一个漫长的历史过程。原始社会人类为了自身的生存出现了有目的的营建活动。人类从蒙昧走入文明是在模仿自然和适应自然规律的基础上不断发展起来的。在人类的建筑活动方面，从古代巢居穴居到现代各类建筑的出现无不留下了模仿自然的痕迹。人们在"折枝筑巢，掘土成穴，垒石为屋，放木成桥"的自觉劳动中孕育出承重结构的基本构件类型——梁、柱、拱等。现代很多空间结构形式就是继承了传统的结构，比如悬索、窑洞和蒙古包等。

生物体自身的构造及营造的生存、生活环境，经过了亿万年"优胜劣汰"的洗礼，它们无疑都具有结构合理、受力性能良好的特点，同时也体现着"以最少的材料获取大而坚固的生存空间"的法则，"自然——总是建造最经济的结构"。各类结构形式的出现往往受到自然界的启迪，自然界的创造能力常常超越人类的设计和想象能力。

一、平面布置决定结构形式

　　自然的形状或生命体形体，无论是正常的组织还是病变，都有一种"趋圆"的性质。生物的洞穴是圆形的，植物的果实也大体是圆形的，即使是"鸡眼"或"疥疮"，形状也大致是圆形的。原始建筑的平面布置最初大致是圆形的也就不难理解了。我们可以设想，原始人在营建穴居小屋时曾借鉴过以前的自然遮蔽物，最为可能的对象就是树木。那竖立在地穴中的立柱和罩覆其上的伞盖状屋盖就有树干和树冠的影子。大树的遮覆面总是圆的，地穴也就自然挖成了圆形。从汤泉沟圆形地穴的复原剖面（图0-9a）大致可以看到这种模仿的迹象。橧巢、风篱、窝棚和窑洞对于鸟巢、障蔽和岩洞的模仿目的也是重建一个类似的或稍有改进的掩蔽条件。这时，平面的布置形式往往决定着建筑的室内空间，继而决定其结构形式。

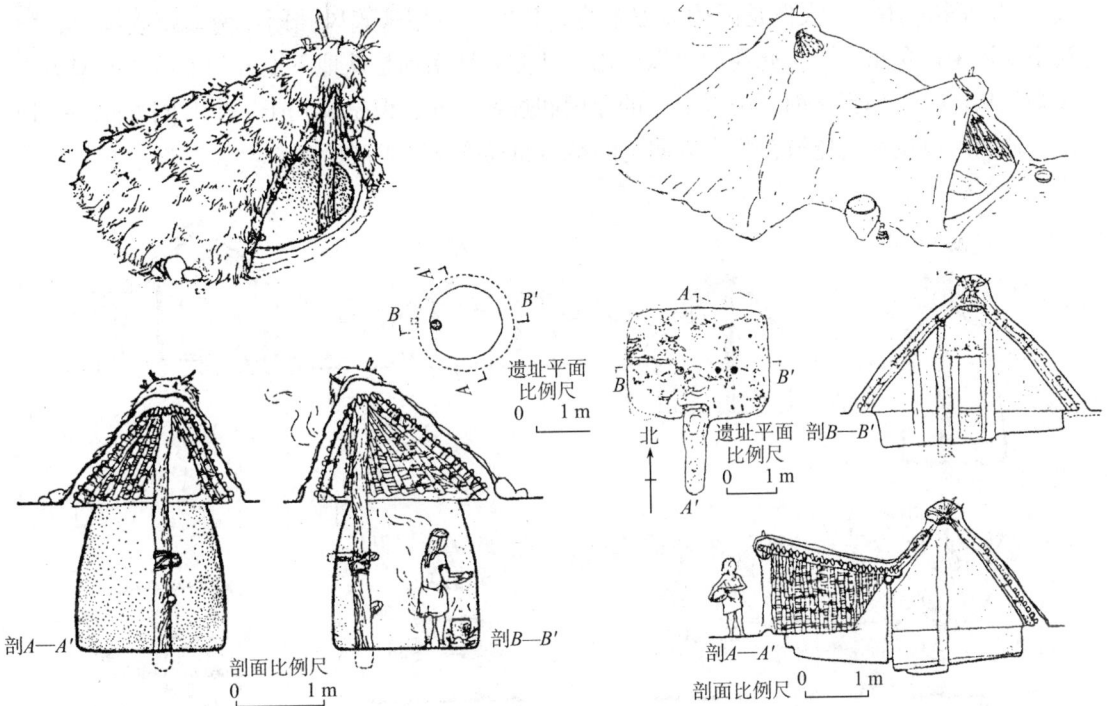

（a）圆形平面穴居：河南偃师汤泉沟H16复原

（b）圆角方形平面半穴居：西安半坡F41复原

（c）西安沣西吕字形平面穴居结构示意

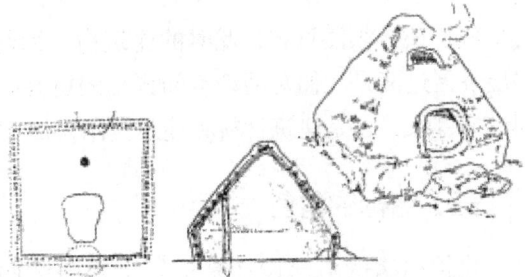

（d）方形平面半穴居：西安半坡F39复原

图0-9　原始人穴居由圆形平面、圆角方形平面和圆方混合平面向方形平面发展过渡

圆形平面或球形物体对于单体来讲大多数情形下是最优的选择，但不利于群体之间相互的镶嵌。随着人类社会的发展、社会生产力的进步和人们对于居住平面和空间功能的要求越来越高，建筑平面和空间向可镶嵌平面和形体的发展已经成为必然。对于早期的人类建筑来说，一般是单层的，空间镶嵌还不能体现出来，而平面镶嵌则提升到相当的高度。方形通常被认为是较为简单的平面镶嵌图形，因此，建筑平面由圆形发展到方形是一个必然。建筑平面由圆形发展到方形，中间必然有一个圆角方形（图0-9b）和圆方混合（图0-9c）的过渡。三者在建筑技术水平上相差不多。从历史上看，这种发展不是技术水平的原因，显然是使用功能的要求起了很大的作用。

二、立面——两大系列：穴居和干阑

鉴于我国各地气候等条件不同，古代的建筑逐渐发展分化为北方穴居和南方干阑两大系列（图0-10）。大概是因为北方干冷，建筑主要用来遮风挡雨；南方温暖潮湿，建筑主要用来避免虫害。由此我们可以看出，北方穴居系列是从地下上升到地面，而南方干阑则是从树上下降到地面，两者形成的原因和过程不同，但是都趋于一个共同方向——地面，这同时也反映出建筑在竖直方向上的空间布局变化和发展历程。

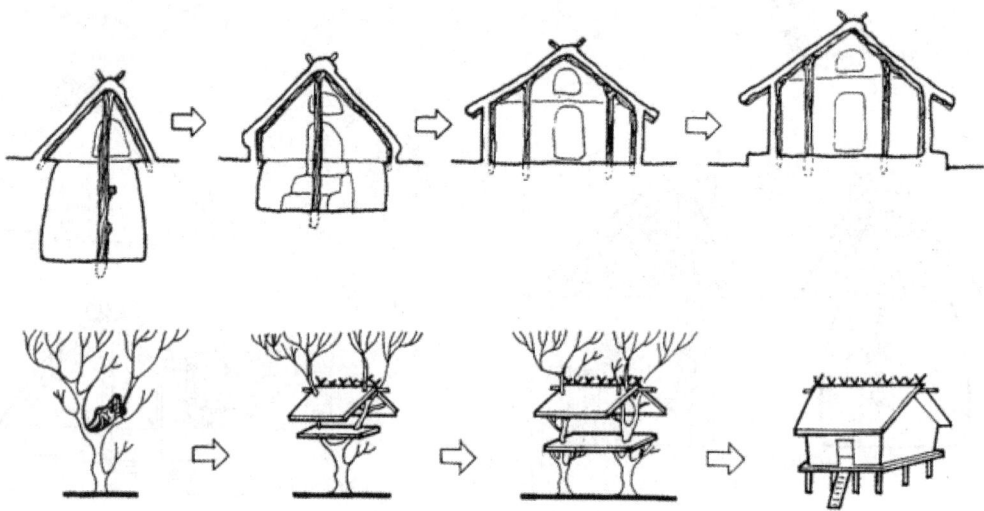

图0-10　穴居和干阑发展系列示意图

我们还必须注意到，此时的建筑物，无论形态还是空间大小，都是单层的。由单层向多层发展过渡是人们对活动空间提出的更高要求，即不再局限于平面内的铺砌，而是向空间方向镶嵌，这是建筑材料和建筑技术发展到一定历史时期的产物。

三、结构的角色

建筑结构的概念设计是建筑工程中结构设计的灵魂，应该在当前土木建筑工程专业教学环节中加以反映。这样既能建立工程教育中"分析与综合""纵向思维与横向思维""追求确定与调和折中"并重的工程范式，又可对探索改革工程教育的模式有利，可锻炼他们提出问题、分析问题、解决问题的能力，而且符合当前高等工程教育中的教学内容和改革方式，是考验学生对所学理论知识的理解程度，激发他们建立工程意识和培养创新精神，提高他们专业学识、能力和素质的一条通道。

本书提出了建筑结构概念设计的概念、原则，并介绍一些工程案例。"概念"部分介绍结构概念设计的地位、作用、基本思路、基本做法以及设计中常用到的结构概念。"原则"部分介绍结构概念设计的经验认识、基本要领和基本方法。"工程案例"部分则通过介绍一些著名建筑结构工程和著名结构工程师所做的结构方案和结构设计要点，探讨他们怎样将一些结构概念运用到设计中。希望本书能成为本专业教师改革课程设计教学的促媒，能给本专业学生学会做结构方案以启发，能对从事设计和施工工作的工程师起到启示作用。

1. 结构的作用

从分子到宇宙，结构无所不在。建筑物自然有结构，它将建筑物的各部分有序地组成一个完整的整体，称之为建筑结构。

首先，建筑结构的作用表现为形成人类活动所需要的、功能良好和舒适美观的空间。它既有物质方面的需要（如它的空间尺度、功能需求和通道联系），又有精神方面的需要（如它的文化内涵、新颖形式和高雅表现），这是建筑结构的根本目的和出发点。

其次，建筑结构的作用表现为能够抵御自然的和人为的作用力（前者如地球引力、风力、气温变化和地震作用等，后者如振动、爆炸等），能使建筑物耐久使用，并在突发偶然事件时保持整体稳定，这是建筑结构存在的根本原因。

再次，建筑结构的作用表现为充分发挥所采用材料的效能。建筑结构都是应用石、砖、混凝土、钢材、木材乃至合金材料、化学合成材料等在土层或岩层上建造的。材料所需的资金占建筑工程投资的大部分。材料是建造结构的根本物质条件。"有效地利用材料、尽可能地节约材料"往往是建筑结构设计的重要指标。

最后，建筑结构必须适应当时当地的环境，并与施工方法有机结合，因为任何建筑工程都受到当时当地政治、经济、社会、文化、科技、法规等因素的制约，任何建筑结构都是靠合理的施工技术来实现的。因此，优秀的建筑结构应具有以下特点：

（1）在应用上，满足空间和功能的需求；

（2）在安全上，符合承载和耐久的需要；

（3）在技术上，体现科技和工程的新发展；

（4）在造型上，与建筑艺术融为一体；

（5）在建造上，合理用材并与施工实际相结合。

2. 结构的角色

结构是建筑物的骨架，支承着自然的和人为的作用力，是建筑物能够存在的根本原因。这种作用力有两类（图0-11）：竖向的和水平方向的。

（1）提供人类活动的空间支承，受力—载荷—荷载（1+2），重力+地震和风；

（2）交通通道——桥梁；

（3）抵御侧向压力——堤坝、挡土墙、隧道等；

（4）特殊功用，如塔架（通信、输电、信号等）、烟囱（排放废气）、储罐（液体、半流体、固体）、水池。

（5）对建筑美学的贡献。

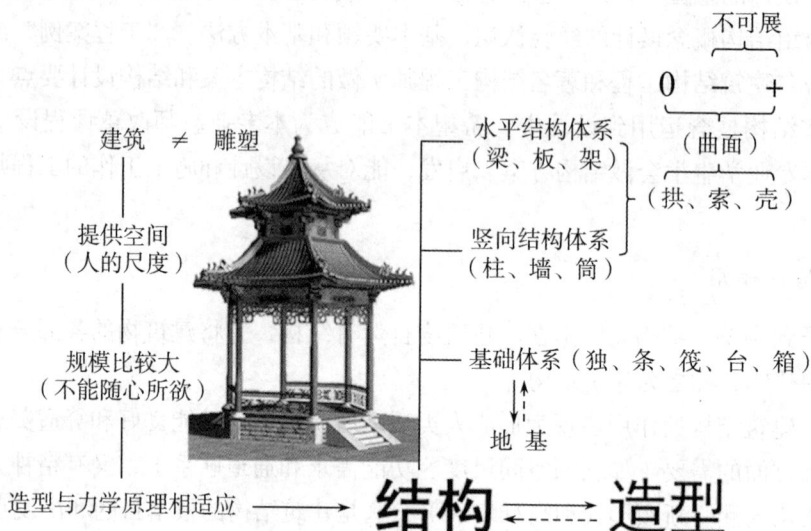

图0-11 结构的作用力

四、结构概念的意义

讨论和弄清结构概念有助于：

（1）了解作为建筑功能和形式因素的结构体系的基本类型及组成；

（2）了解和掌握建筑方案中空间形式和结构性能的相互关系；

（3）更深入地理解和体会一些重要的结构概念；

（4）学会从工程中抽象出计算简图；

（5）学会用近似方法快速估算和比较各种设计方案；

（6）在方案阶段就能保证建筑设计与结构设计的基本协调。

五、结构概念的主要内容

结构是建筑物的基本受力骨架。无论工业建筑、居住建筑、公共建筑，还是某些特种构筑物，都必须承受自重、外部荷载作用（活荷载、风荷载、雪荷载、地震作用等）、变形作用（温度变化引起的变形、地基沉降、结构材料的收缩和徐变变形等）以及环境作用（阳光、雷雨、大气污染作用等）。结构失效将带来生命和财产的巨大损失，因此在设计中对结构有最基本的功能要求。

对结构的基本功能要求是可靠、适用、耐久，以及在偶然事故中，当局部结构遭到破坏后仍能保持结构的整体稳定性。也就是说，结构在设计要求的使用期内，在各种可能出现的荷载作用下要有足够的承载能力，不产生倾覆或失稳，不产生过大的变形和裂缝，保证结构正常使用。即使发生偶然事故，个别构件遭到破坏或结构局部受损，也不致造成结构的倾覆或倒塌，使损失控制在局部范围内。

结构概念有很多，本书仅就基本受力状态、材料对结构的影响、构件尺度的概念、构件受力后的变形和预应力等重要的结构概念进行论述。

六、结构与其他功能系统的协调

建筑结构不仅是结构构件的简单组合，更重要的是将各种结构构件有效地组合成结构体系，以承受各种可能的外部作用。

早期的房屋仅是为人类提供一个挡风避雨的场所，而现代建筑不仅要为人们提供有效的空间和环境，还要提供良好的设备和其他环境设施系统。通常，一幢现代建筑中的设施大致包括：

（1）水——上水系统、排水系统、消防水系统等；

（2）暖——能源系统（煤气、燃油、蒸汽、热水）、采暖系统或空调系统等；

（3）电——动力电系统、照明电系统、应急照明系统、电报、电传、电话、电视、信息网络系统、信息传感系统、安全监控系统等。

这些系统有其各自的特殊要求，又必须统一安置在房屋内部，既要保证这些设施正常有效地运行，又要满足房屋的使用功能，有时会产生一些矛盾，这就要求设计人员在建筑设计的最初阶段协调好各个系统的基本要求。例如，设备系统往往需要竖井和通风管道，这些竖井和通风管道难免与建筑使用功能或结构构件发生矛盾，这就需要在总体方案中给予充分考虑。一旦方案确定，各专业系统的设计已完成，再做修改就很困难了，有时会造成设计工作的大量返工。图0-12（a）为锯齿形纺织厂风道与结构构件的结合，保证了车间内部整齐美观；图0-12（b）为在多层厂房中利用梁间空间作通风和排风道，使结构系统和通风系统有机地结合在一起。

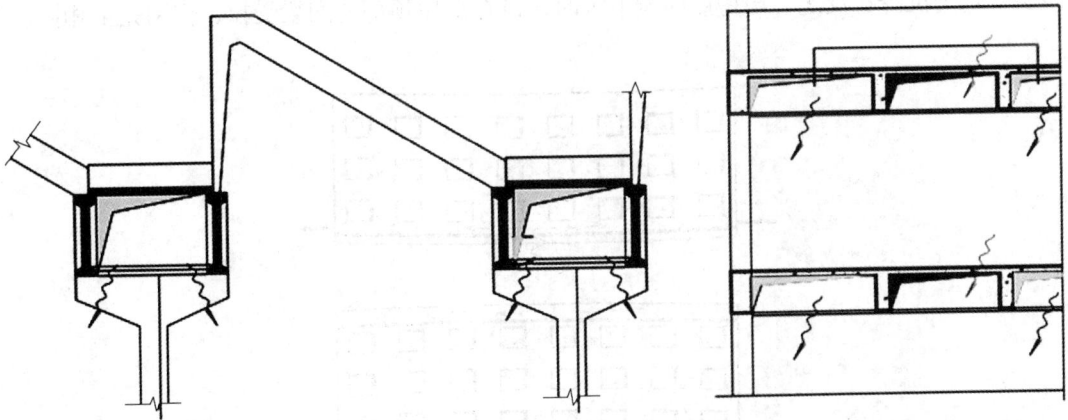

（a）锯齿形纺织厂风道与结构构件的结合　　　　（b）（多层）厂房通风和排风道

图0-12　通风道与结构构件的合理结合

　　房屋结构是由许多结构构件组合而成的，一般在设计这些构件前要先计算直接作用在这些构件上的荷载和由这些荷载引起的内力，然后进行构件设计、配筋计算以及结构设计等。然而，许多构件组合成为结构体系后，每个构件只是整体结构体系中的一部分或一个"杆件"，它在结构体系中的受力状态和变形情况与构件设计时的计算简图不同。以单层厂房中的屋架为例，设计屋架时只考虑用屋架来承受作用在屋架平面内的荷载，则屋架能承受很大的竖向荷载，也有很大的抗弯刚度，但屋架在其平面外方向（垂直于屋架平面方向）的刚度和承载力都非常小，甚至可以忽略不计。因此，完成屋盖支撑系统和盖上屋面板以后，屋盖就成为一个刚度很大的"刚性盘体"，可以承受各个方向的荷载，协调各柱的变形，屋盖体系在水平方向还可以承受很大的弯矩和剪力。此时，屋架只是屋盖体系的一部分，甚至只相当于整个屋盖系统的"加劲肋"。由于按结构体系工作时附加给各个构件的内力一般都很小，在设计中常忽略不计，因此不会影响各构件的强度。然而，如何将各结构构件组合成有效的结构体系，对结构设计人员来说是十分重要的，在高层建筑和抗震结构设计中显得尤其重要。

　　在结构设计中需要求解结构内力，但在许多情况下引起内力的荷载是含糊不清的。例如，地基不均匀下沉时，由于地基和结构的交互作用，实际结构内力的大小很难准确求得。再如，抗震设计中，地震烈度本身就是个随机量，地震荷载是个惯性力，它与结构刚度有关，随着地震的发展，结构刚度也在变化。尽管人们对地震作用已进行了许多调查研究，但至今房屋的抗震设计主要还依靠"概念设计"，即提高结构的整体性，形成可靠的结构体系，以抵抗各种可能的不利作用。可见，把房屋组成可靠的结构体系尤为重要。

　　以常见的混合结构房屋为例，设置圈梁和构造柱对形成结构体系十分有利。当地基产生不均匀沉降时，房屋就会有较大的整体变形，如图0-13所示。可把整个房屋看作一个受弯的"梁"，当房屋中部下沉时，设在基础顶面的圈梁就像"梁"的配筋一样承受拉力，尽管圈梁的配筋很少（一般只配4ϕ10或4ϕ12），但是这根"梁"的有效高度很高，相当于房屋总高，内力臂很大，很少的几根钢筋就可以承受这个弯矩，阻止砌体开裂，并减少不均匀沉降；反之，当房屋两端下沉时，设在房屋顶部的圈梁受拉，作用完全相同。

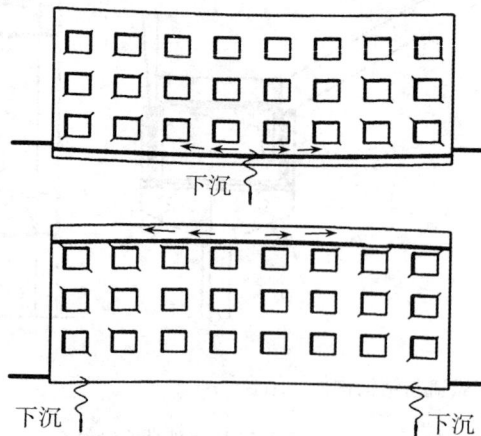

图0-13　地基不均匀沉降时圈梁的作用

从这个例子中可以看出，圈梁不是梁，它实质上是一个受拉杆件，真正起作用的只是其中很少的一点配筋。圈梁的混凝土只是钢筋和砌体共同工作的媒体，以保证钢筋和墙体的整体工作。当人们正确认识到圈梁是一个受拉杆件后，就不难理解为什么圈梁要形成"圈"，圈梁不能随意弯折（图0-14），以及圈梁的钢筋不能有"内折角"、必须锚固可靠等。

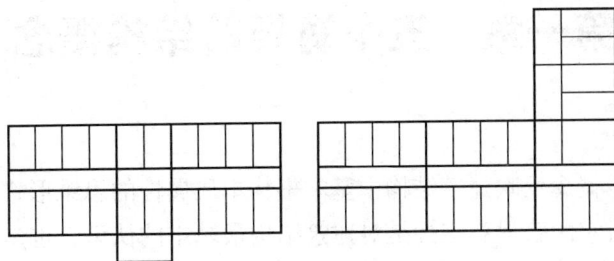

图0-14 圈梁的平面布置图

在混合结构的抗震构造中还广泛采用构造柱。构造柱没有独立的基础，和圈梁一样，截面小、配筋少，往往不被重视。然而，构造柱和圈梁像对砌体房屋从整体上加的竖向和水平向的箍一样，把房屋紧紧地捆在一起，如图0-15所示。地震时，尽管房屋的局部可能有损伤，但构造柱和圈梁可保证房屋整体不散架、不塌落，从而有效地提高了房屋的抗震能力。不难看出，构造柱也不是"柱"，在抗震中主要起捆绑作用，从本质上讲也只是个拉杆。以上只是简单地介绍了圈梁和构造柱在混合结构房屋体系中的作用，关于结构体系的概念在后面章节中详细讨论。

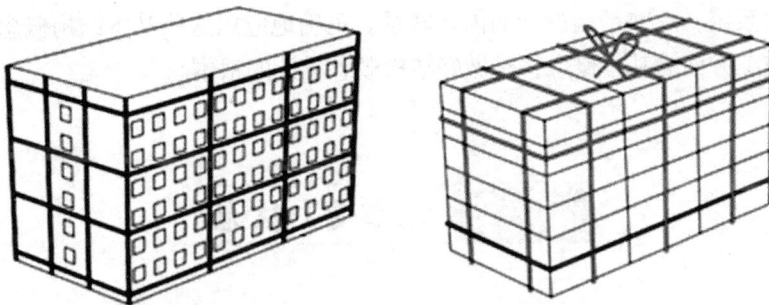

图0-15 圈梁和构造柱对房屋的捆绑作用

一栋优秀的现代建筑必然是众多专业密切配合、创造性合作的成果（图0-16）。

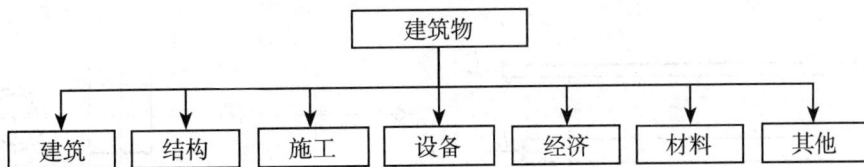

图0-16

要加强各学科之间的相互渗透，使建筑、结构、设备、环境达到完美统一。

第一章　五个重要的结构概念

建筑结构的基本概念反映建筑结构中基本事物本质属性的思维形式，它们是建筑结构的基本成分；人们对它的获得和掌握是对建筑结构最基本的认识，也是认识建筑结构的重要环节。这些基本概念随着实践的发展、科技的进步、新事物的发现以及人们对自然和建筑工程认识的不断深入而变化。它们的内涵不断充实，外延不断扩大，总的趋势是从具体到抽象，从模糊到清晰，从个别到综合，从概念的形成到概念的同化。人们对它们的获得和掌握不断深入、不断同化、不断用已掌握的概念去学习新概念或修正原有概念。影响概念获得和掌握的因素是知识、智力和经验，是比较和评价，是肯定例证与否定例证的实践积累。

"结构概念"至今没有一个统一的定义。简单来说，就是人们对建筑结构的一般规律及其最本质特征的认识。任何事物都有其普遍规律及其自身的特殊性，正确的结构概念使人们能深刻理解结构的受力特性，组成更有效的结构体系，使设计更加完善。本章将讨论结构设计中常用的一些结构概念，它们组成结构设计中许多基本概念之间相互联系又相互区别的概念系统，反映结构设计的内在联系。正确地应用这些基本结构概念，再加上力学、建筑、施工方面的基本概念，是做好结构概念设计的根本。

第一节　基本受力状态

构件的基本受力状态可以分为拉、压、弯、剪、扭五种，如图1-1所示。一般构件的受力状态都可分解为这几种基本受力状态；反过来，由这五种基本受力状态可以组合成各种复杂的受力状态。引起这五种基本受力状态的原因如图1-2所示。将图1-1与图1-2进行对比和分析，以加深对这五种基本受力状态的理解和体会。

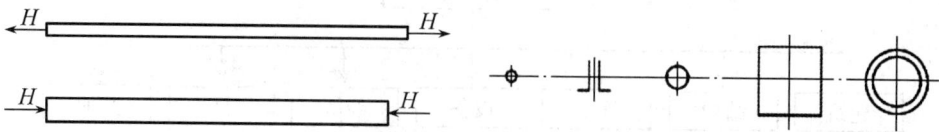

（a）拉、压

图 1-1　基本受力状态

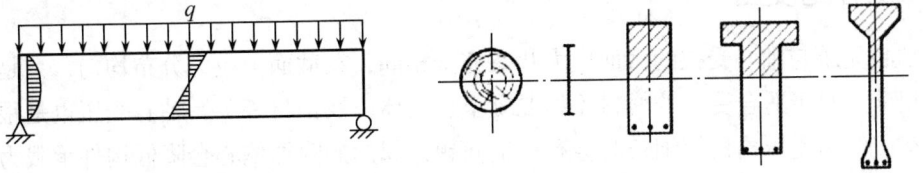

（b）弯、剪

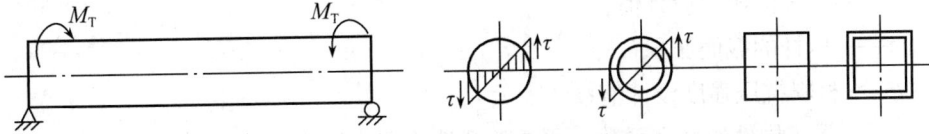

（c）扭

图 1-1（续）　基本受力状态

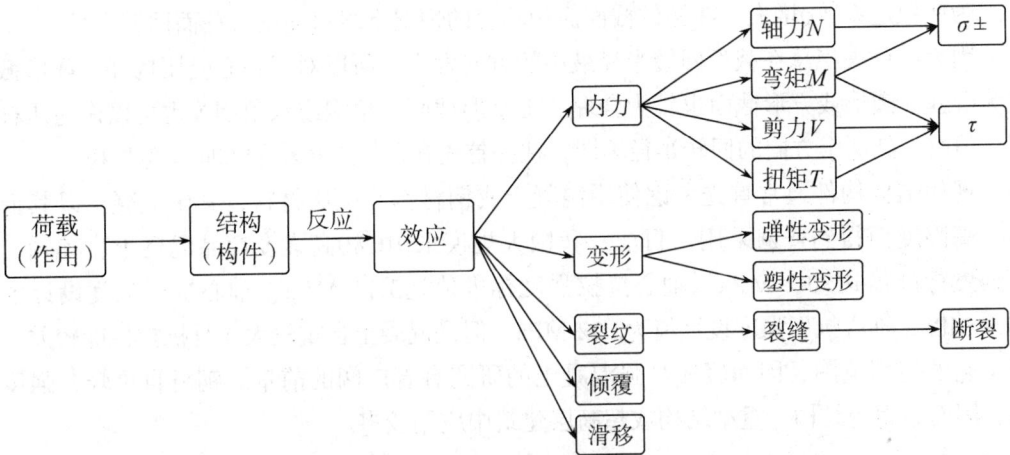

图 1-2　荷载-效应

一、轴心受拉

轴心受拉是构件最简单的受力状态。不论构件截面形状如何，只要外力通过截面中心，截面上各点受力均匀，则构件上任意一点的材料强度就可以被充分利用。以有明显屈服点的钢拉杆为例，轴力作用下的应力 σ 可表达为

$$\sigma = \frac{N}{A} \leqslant f$$

式中　N——轴力设计值；

　　　A——拉杆截面面积；

　　　f——材料的抗拉设计强度。

由此可见，对于适合抗拉的材料（如钢材），轴心受拉是最经济合理的受力状态。

目前，我国生产的高强钢丝的强度已达 1 860 MPa，一根 7φ5 钢绞线的截面面积为 139 mm^2，不如手指粗，而其最大负荷可达 259 kN。新型碳纤维的抗拉强度更高，自重更轻。由此可见，通常情形下结构构件处于受拉应力状态是合理的。

二、轴心受压

轴心受压与轴心受拉的截面应力状态完全相同，在截面上应力分布均匀，只是拉、压方向相反。对于适合受压的材料（如混凝土、砌体以及钢材等），轴心受压也是很好的受力状态。但当受压构件较细长时会有稳定问题，偶然的附加偏心会降低构件承载力，甚至引起失稳。抗压承载力 N 可表达为

$$N \leqslant \varphi A f$$

式中　N——压杆的压力设计值；

　　　A——压杆的截面面积；

　　　f——材料抗压强度设计值；

　　　φ——受压构件的稳定系数，通常随杆件长细比 λ 的增大而减小。

长细比 λ 为构件计算长度 l_0 与回转半径 i 的比值，即

$$\lambda = l_0 / i$$

为使稳定系数 φ 增大，在构件截面面积不变的情况下尽可能增大截面回转半径 i。

因为压杆失稳总在截面回转半径最小的方向发生，所以对于轴心受压构件，环形截面最为合理，圆形或方形截面也较为合理。工字形截面、角钢或双角钢等也可以作为压杆使用，但由于其两个方向的回转半径不同，往往首先在回转半径小的方向发生失稳。

现代结构构件通常首先考虑使用混凝土或钢材作为抗压材料，其中混凝土以其低成本、高强度而得到普遍采用。目前，我国大规模采用C80高强度商品混凝土，其轴心抗压强度标准值达50.2 MPa、轴心抗拉强度标准值达3.11 MPa，轴心抗压强度设计值为35.9 MPa、轴心抗压强度设计值为2.22 MPa。但是混凝土自重较大，且抗拉性能较差，限制了它的使用范围，因而轻质高强混凝土的研究有着广阔的前景。钢材自重轻、强度较高，因而在大跨结构、重型结构或超高层建筑中应用较多。

三、受弯和受剪

在实际工程中，对于结构来说，受弯和受剪往往同时发生，纯弯或纯剪的情况很少。以常见简支梁为例，跨中弯矩最大，支座附近弯矩很小；而剪力则是支座附近最大，跨中很小。内力 M 和 V 沿构件长度的分布很不均匀。

在弯矩 M 作用下，截面正应力的分布规律可表达为

$$\sigma = \frac{M}{I} y$$

式中　σ——截面正应力；

　　　M——截面上作用的弯矩；

　　　I——截面惯性矩；

　　　y——所求应力点距中性轴的距离。

从上式可见，截面上、下边缘离中性轴最远处正应力最大，而截面中间部分应力很小，材料强度不能充分利用。若用圆木作梁，圆截面最宽的部分应力很小，不能充分利用材料，而应力最大的截面上、下边缘宽度反而较小，可见用圆木作梁是很不经济的。工字

形截面的上下翼缘较厚，腹板较薄，作为受弯构件比较合理。对于钢筋混凝土受弯构件，受拉区混凝土的抗拉能力可以忽略，由钢筋来承担拉力，可见受拉区混凝土不仅强度不能被充分利用，而且由于自重较大，还成了自身的负担。因此，对于较大跨度的钢筋混凝土梁，应该做成T形截面或工字形截面。

剪力在截面上引起的剪应力也是很不均匀的，根据材料力学知识，剪应力沿截面高度的分布规律可表达为

$$\tau = \frac{VS}{Ib}$$

式中　　τ——剪应力；

　　　　V——截面剪力；

　　　　I——截面惯性矩；

　　　　b——截面宽度；

　　　　S——所求应力点（背离中性轴方向）以外上部分截面的面积矩。

由此可见，剪应力在截面中性轴处最大，在截面上、下边缘处为零。

对于矩形截面梁，无论受弯或受剪，截面的材料强度都不能充分利用。由于弯矩M和剪力V沿构件长度分布不同，弯矩M跨中最大、支座处为零，而剪力V支座处最大、跨中为零，因此，对于等截面受弯受剪构件，材料的利用率比压杆或拉杆要差得多。当然，做成T形或工字形截面相对合理一些。无论从承载力或刚度考虑，适当提高截面惯性矩是合理的。

四、受　扭

构件受扭时由截面上成对的剪应力组成力偶来抵抗扭矩，截面上的剪应力在边缘处大，在中间处小；截面中间部分的材料应力小，力臂也小。计算和试验研究表明，空心截面的抗扭能力和相同外形的实心截面十分接近。受扭构件采用环形截面最佳，方形、箱形截面也较好。例如，电线杆在安装电线过程中由于拉力不对称，可能形成较大的扭矩，所以一般采用离心法生产的钢筋混凝土管柱，环形截面对抗扭是合理的。

综上所述，轴心受拉是最合理的受力状态，尤其对高强钢丝等抗拉强度高的材料特别合理。目前，悬索、悬挂结构得到广泛应用就是因为采用轴心受拉的合理受力状态。在悬挂式房屋建筑中，采用高强度钢绞线组成的拉索截面很小，甚至可以隐蔽在窗框内，这样可以为人们提供十分开阔的视野；轴心受压虽然要考虑适当采用回转半径较大的截面形式，但由于其截面材料得以较充分利用，也是很好的受力状态，尤其对石材、混凝土、砌体等抗压强度较高而抗拉性能很差的材料。这类材料一般可就地取材，价格较低。例如，石拱桥就是充分利用了石材抗压的特点，结构经济合理。此外，弯和剪也是常见的受力状态，但对截面材料的利用不充分。

这种受力状态在工程中不可避免，因此选用合理的截面形式和结构形式很重要。对于较大跨度的梁，如果改用桁架，梁中的弯矩和剪力便改变为桁架杆件的拉、压受力状态，材料得以充分利用。桁架和梁相比可节省材料，自重将减轻许多，因而可跨越更大的跨度。扭转是对截面抗力最不利的受力状态，但在工程中很难避免。例如，吊车梁是受弯构

件，主要承受弯矩和剪力，但当厂房使用多年发生变形后，吊车荷载有可能偏离梁截面的中心，尽管偏心距 e 可能不大，但竖向荷载 D_{max} 很大，形成扭矩 $M_T=D_{max}\cdot e$，有可能使吊车梁发生受扭破坏。另外，如框架边梁、旋转楼梯等，都存在较大的扭矩，设计中应引起注意。除了选用合理的截面形式外，更应注意合理的结构布置，尽量减小构件的扭矩。

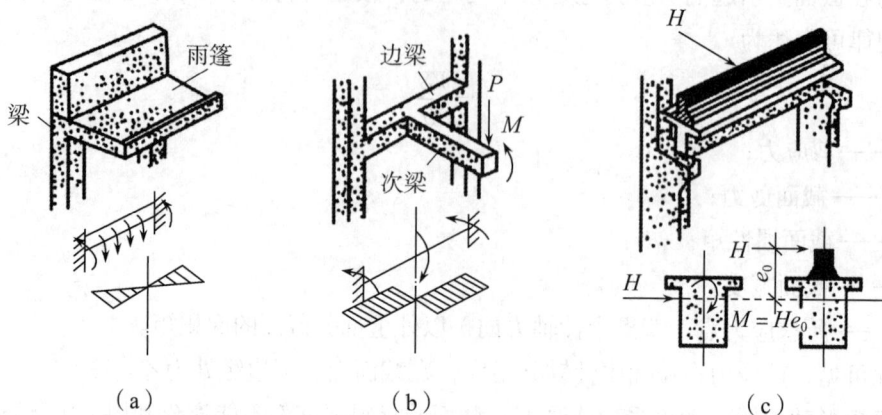

图1-3 常见的受扭构件

第二节 材料对结构的影响

在建筑结构形式的发展过程中，结构材料起着举足轻重的作用。人类最早采用的结构材料为木材和土石，这些都是自然材料。自从砖瓦出现，便有了人类自己加工的建筑材料。现在的建筑材料主要为钢筋混凝土和钢材，还有部分高分子有机材料。材料的力学性能决定了其在结构形式中的角色和地位。

建筑材料在一定程度上决定着建筑结构的布局、破坏形式、建造施工和使用维护。如图1-4所示，用几种不同性质材料做成的受弯构件，在相同受力状态下会产生完全不同的破坏状态。

在结构设计中应当充分考虑各种材料的特性，做到材尽其用。以下几方面的问题应在设计中给予充分考虑。

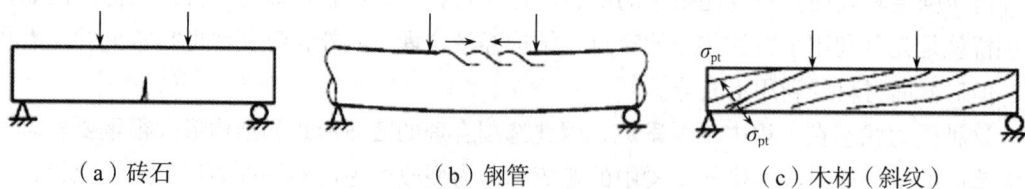

（a）砖石　　　　　（b）钢管　　　　　（c）木材（斜纹）

图1-4 材料对结构破坏形式的影响

一、充分发挥材料特性

表1-1为常用建筑材料的一些基本特性指标。由表中数据可见，砌体和混凝土价格较低，是很好的抗压材料，但它们的自重较大，不适宜建造高层和大跨度建筑。我国古代受当时建筑材料所限，有不少砌体建成的高塔（图1-5），还有黄土高原地区的窑洞（图1-6）。

表1-1　常用建筑材料的一些基本特性指标

参　数	砌体 MU10，M5	混凝土 C20～C40	木　材	钢　材
强度f/（N·mm^{-2}）	1.58	10～19.5	12	210～1 000
重度r/（kN·m^{-3}）	≈19	24	≈5	78.5
f/r/（10^3 m）	≈83	420～810	2 400	2 675～12 740
拉压强度比$f_\mathrm{r}/f_\mathrm{c}$	≈$\frac{1}{10}$	≈$\frac{1}{10}$	≈$\frac{1}{1.6}$	≈1
价　格	低	低	高	高
适宜受力状态	受压	受压	弯、压	拉、压、弯

图1-5　西安大雁塔

图1-6　窑洞

例如，著名的西安大雁塔（建于公元952年），正方形塔身底层为25 m×25 m，共7层，高64 m。底层墙厚达9.15 m，中间只剩6.7 m×6.7 m左右的有效空间。大雁塔经历了1 000多年的风风雨雨，保留至今，反映了当时我国砌体结构的设计水平（传说大雁塔是由唐代高僧玄奘设计的）。但从今天的设计角度分析，用砌体建造高塔显然不合理，巨大的自重使得下部地基不堪重负。据有关部门测定，自1985年6月至1992年10月，大雁塔下沉达585 mm，塔顶倾斜已达1 005 mm，有关部门正密切注意它的发展。

钢材的强度高，f/r值很高，适用于高层和大跨结构。木材虽然也是很好的建筑材料，但木材易腐烂、怕火、价格昂贵，同时为了保护生态环境，应当尽量减少木材的采伐。目前木材主要用于高级装修，很少用于结构构件。

二、选用合理的截面形式及结构形式

选用合理的截面形式及结构形式有很大的经济意义。组合构件和组合结构如图1-7和图1-8所示。图1-9为几种工程中常见的结构形式和截面形状。就截面形式而言，受拉的悬索结构采用高强钢丝、钢绞线或钢丝束最为合理。采用天然石料建造实体拱也是很好的方案，如我国南方有许多石拱桥，其造型美观、经济耐用。现代热轧工字形型钢作为受弯构件，较厚的翼缘主要承受弯曲正应力，较薄的腹板主要承受剪应力，与实体矩形截面相比，既节省了材料，也减轻了自重。又如，用离心法生产的管柱作电线杆，无论受弯、受剪或受扭都比较合理，光洁的表面既美观又耐久。较大型的构件，例如拱形桁架，由于桁架外形与弯矩图相似，可使上、下弦杆内力沿全长几乎处处相同，使用等截面的弦杆比较经济合理，在满跨荷载作用下腹杆内力几乎为零。又如平行弦桁架中内力最大的杆件是支座斜杆，如果是钢筋混凝土平行弦桁架，由于混凝土抗压性能很好，所以应采用上斜式平行弦桁架，此时支座斜杆为压杆；若采用钢结构，则应采用下斜式平行弦桁架，此时支座斜杆为拉杆。

工程中的实例很多，这里只用简单的几个例子说明截面形式和结构形式的重要性，读者可在日常生活中注意观察。

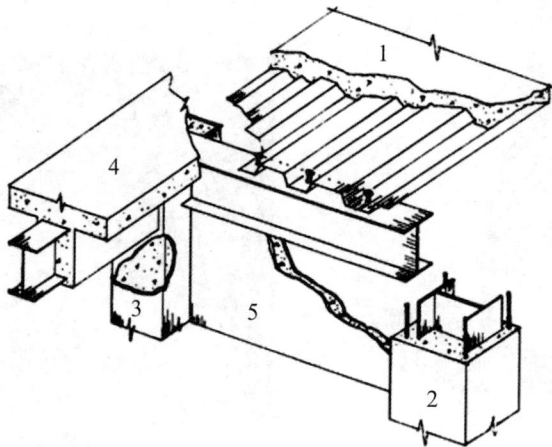

1—钢-混凝土组合楼柱；2—钢骨混凝土组合柱；3—钢管混凝土组合柱；
4—钢-混凝土组合梁；5—钢-混凝土组合（夹芯）墙。

图1-7 组合构件

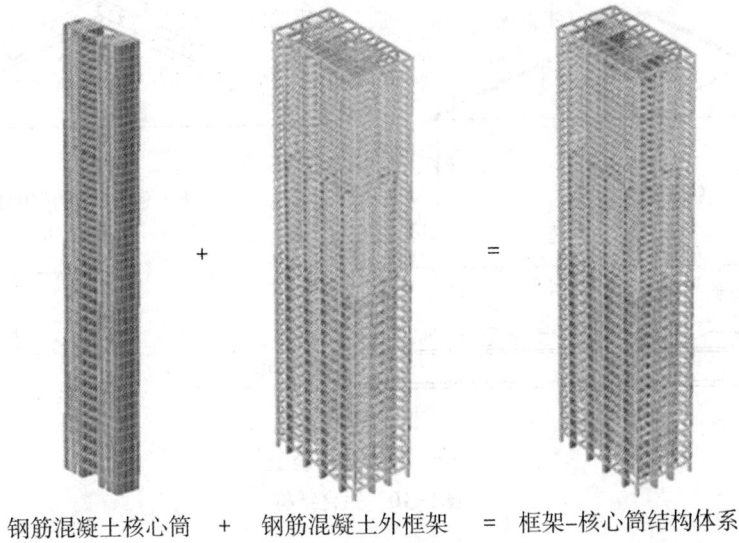

钢筋混凝土核心筒 ＋ 钢筋混凝土外框架 ＝ 框架-核心筒结构体系

图1-8 组合结构

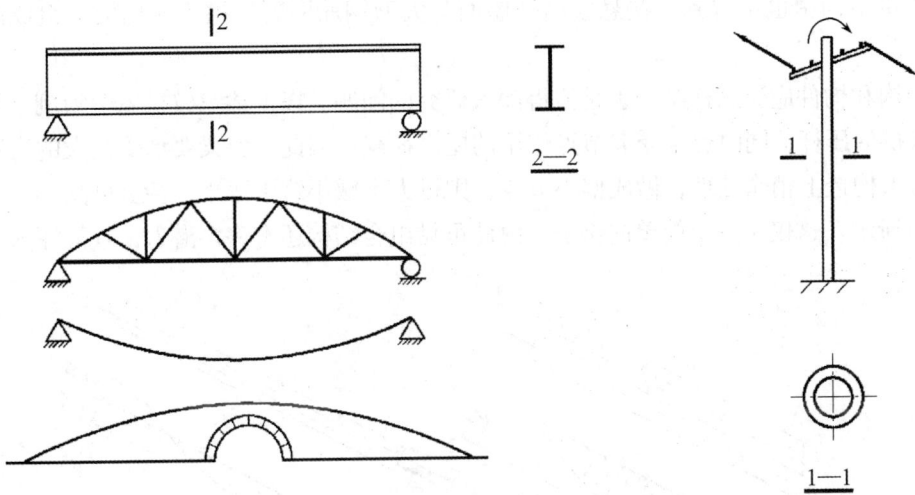

图1-9 工程中常见的几种结构形式和截面形状

三、采用组合结构，充分发挥材料的特性

早期的钢木桁架是典型的组合结构形式，木材虽然抗拉强度不低，但受拉节点比较复杂，因此木材主要用作压杆；桁架中的拉杆采用槽钢、角钢或圆钢，可使钢木桁架比木屋架轻巧得多。目前，常用圆钢作拉杆和钢筋混凝土斜梁组成的三铰拱屋架也是很好的组合结构，如图1-10所示。

（a）钢木屋架　　　　　　　　　　　（b）带拉杆的三角形拱

（c）组合结构楼盖

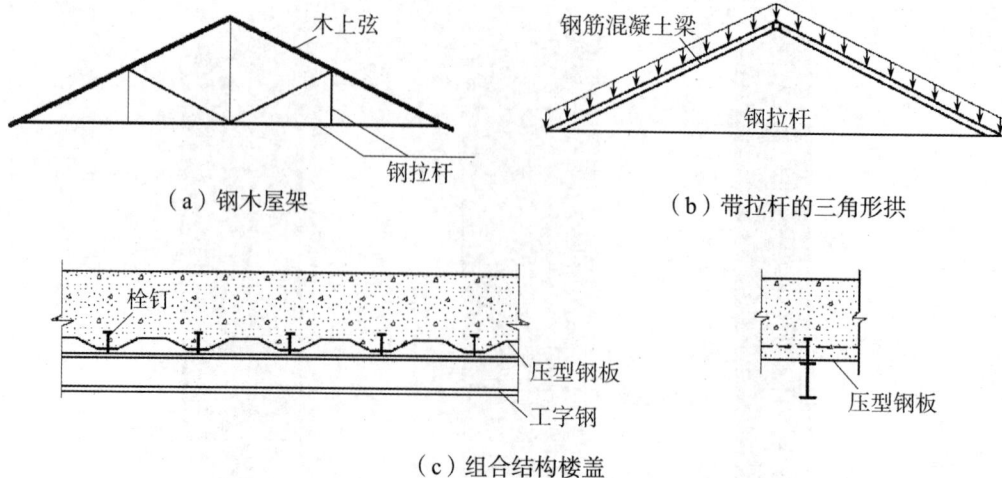

图1-10　组合结构

　　其实，钢筋混凝土结构是钢筋和混凝土的良好组合，也是一种组合结构。现代建筑中采用钢梁、压型钢板和混凝土组成的楼盖系统是一种新型的组合结构，压型钢板既可作为施工时混凝土的"模板"，同时又是混凝土楼板的"钢筋"，如图1-10（c）所示。在大型建筑结构中也可看到一些悬索结构屋面与大型钢筋混凝土拱（或框架）组成的结构形式。

　　结构和构件应当怎样结合也是值得深入研究的问题。以上述三铰拱屋架为例，梁不仅是三铰拱的压杆，同时也承受非节点作用的屋面荷载，因此，斜梁要承受较大的弯矩。如果在节点构造上稍作处理，做成偏心节点，则可大大减小跨中弯矩，甚至可减小一半，如图1-11所示。这仅是一个简单的例子，由此可见组合结构还有许多潜力，有待深入研究。

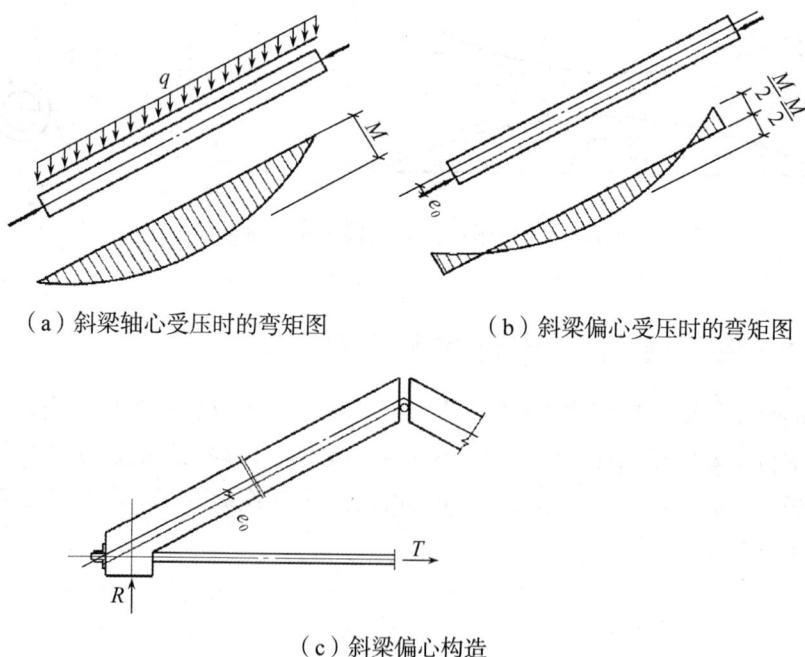

（a）斜梁轴心受压时的弯矩图　　　　　　　（b）斜梁偏心受压时的弯矩图

（c）斜梁偏心构造

图1-11　偏心对带拉杆三角形拱内力的影响

四、利用三向受压应力状态，提高材料的强度和延性

混凝土和砌体这类脆性材料的抗压强度很高，而抗拉强度很低，二者相差悬殊。从本质上讲，混凝土受压破坏是由于受压时的横向变形超过了材料的拉伸极限变形而引起的破坏。如果对横向变形提供一些约束，将大大提高材料的抗压强度。材料在三向受压状态下不仅强度提高，其抵抗变形的能力也大大增强，利用这种特性可改善结构的承载能力和提高结构构件的延性。工程中常见的网状配筋砌体以及螺旋钢箍柱等都是利用这种原理来提高材料强度（图1-12）。近年发展起来的钢管混凝土结构是在钢管中浇灌混凝土，由管内混凝土承受压力、外部钢管提供侧向约束的组合结构（图1-12c），它也是应用三向受压来提高构件承载力和延性的实例，其承载力比管中混凝土及外围钢管分别受压的承载力大得多。从受压试件可以看出，即使压到钢管屈曲起皱达10～20 mm，剖开试件后内部混凝土仍基本完好，有时甚至没有明显的裂缝，可见三向应力状态对提高材料强度和延性都十分明显，在结构设计中应当充分利用这些特性来改善结构的受力状态。应当指出，三向受压状态提高的是材料的抗压强度，对偏心受压或长细比较大构件不适用，因为此时构件破坏往往由抗拉强度或稳定性控制。抗震结构梁、柱节点附近往往要加密箍筋，其目的也是利用加密箍筋的横向约束对节点附近混凝土提供三向应力状态，从而大大改善节点处混凝土的塑性性能，提高结构在地震作用下的延性，增强房屋的抗震能力。在后张预应力混凝土结构的预应力钢筋锚固端附近，局部压应力很高，为了提高混凝土的局部承压强度，可在锚固端附近局部设横向钢筋网或螺旋钢筋，以提高锚头下混凝土的局部抗压承载力（图1-12d）。

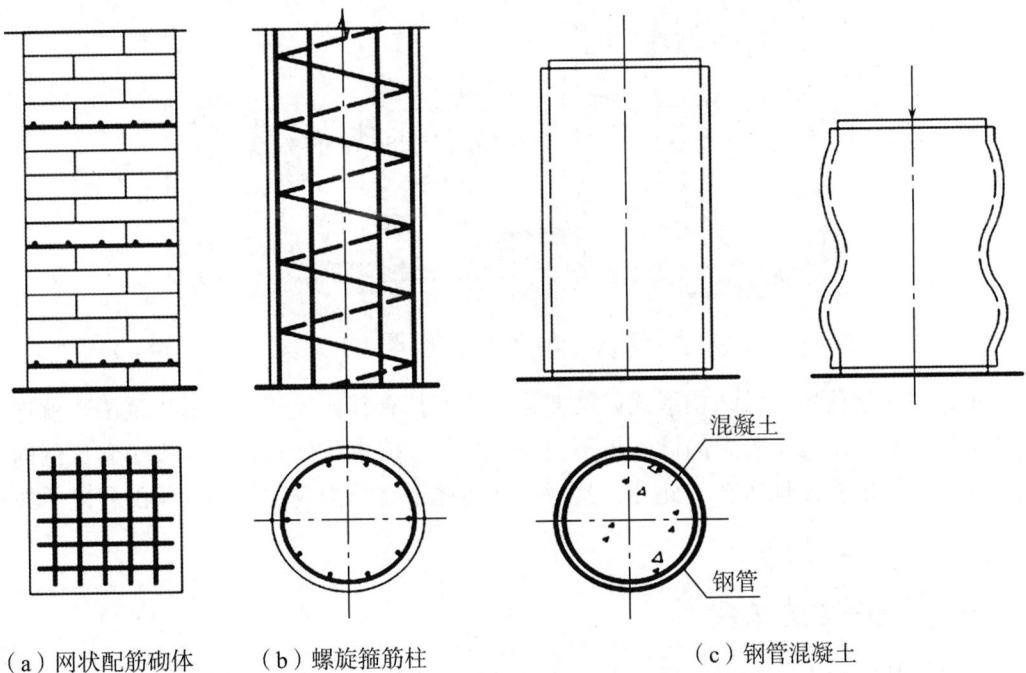

（a）网状配筋砌体　　　（b）螺旋箍筋柱　　　　　（c）钢管混凝土

图1-12　三向受压状态的应用实例

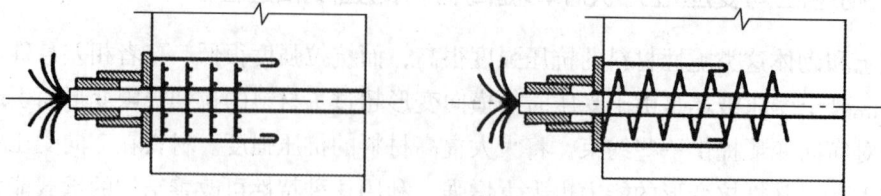

（d）提高预应力筋锚头下的局压强度

图1-12（续） 三向受压状态的应用实例

结构与构件的尺度（特征尺度）

在工程设计和工程建造中，为了使用方便，人们特别强调尺度（图1-13）和比例的概念。所有的工程都是为了人类的使用目的和要求功能而设计建造的，因此，人体的尺度是所有工程尺度和比例的基础。机械，尤其是遥控和自控智能机械的使用，延展了人的活动空间，拓展了传统尺度，但是人的尺度永远是核心和基础。

图1-13 合理与不合理的尺度设计

不论建筑结构中各种结构形式如何变化，它们都有其比较适宜的适用范围。就连一般的构件，甚至结构实验中的试件也不例外。其实验值也受到试件尺寸大小和比例的影响，这是结构的标度性所在。此外，其标度性还体现在结构或构件格构化的程度（或层次）上。

一、平方—立方关系

在神话故事中有一个颇为吸引人的题材，就是生物的身体及其相关的物体可以根据需要任意放大和缩小，如《西游记》中的孙悟空和他的如意金箍棒，说大，可以顶天立地；说小，可以小到任何缝隙都可以通过去。现代的一些科学幻想片中也有类似的情节：

蚂蚁或其他昆虫经过放射性的照射发生突变，长得巨大，甚至有几十层楼那么高，人在它们面前则显得非常渺小。但是现实中，无论在什么样的自然环境下，这都是不可能发生的事情，因为大自然的客观规律防止了这种幻想成为现实。地球上每种生物的生存、结构和尺度大小都受到某些不变性定律所制约。如图1-14和图1-15所示。我们知道，地球上的任何物体都要受到地球万有引力（即重力）的作用，仅重力作用这一个因素就完全可以阻止这种情形的存在。比如一个立方体，如果我们将其按比例放大或缩小，那么它的表面积呈平方关系变化，而体积和重量则以立方关系变化，这就出现了变化不协调条件。伽利略（Gilileo，1564—1642）早在1638年就发现了这个被称为"平方—立方关系"的定律。这就限制了构成生物体的合理结构可以按照某一特定比例无限制地放大，因此一只蚂蚁绝不可能长成大象那样大。

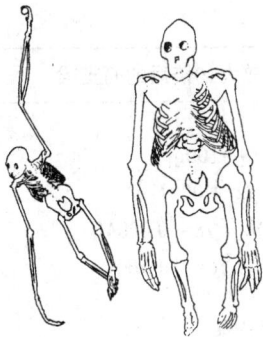

图1-14　长臂猿与大猩猩的骨骼比较示意图　　图1-15　大象与老鼠的尺度不同，骨骼比例也不相同

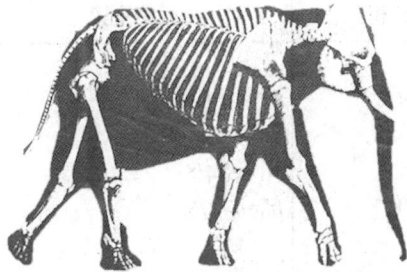

对于建筑结构形式来说，也和各种生物一样。不同生物的特征标度和标度域不同，那么不同建筑的结构形式有其适用范围。根据上述伽利略的"平方—立方关系"定律，对任何一种建筑结构形式来说，都必然存在最大标度限制。这个最大标度和所采用的建筑结构形式与建筑材料有关。最小标度与人的尺度和需要直接联系，这是因为任何建筑物都是人类为了满足自己特定需要而建造的，首先必须满足自己的需要，同时也要受到人体本身尺度的影响。某种建筑结构形式的特征标度一般是由其使用功能所决定的。

例如，我们在设计梁时，按照以往的经验，梁高通常取跨度L的某个比例（例如$L/15 \sim L/10$），这样设计和使用起来比较方便。但这个比例只在某个范围内有效。北京的"世界公园"以及各地建起的一些"锦绣中华"等微缩景观（微缩景观是把著名的实际工程集中起来按一定比例缩小建造起来的）很受欢迎，但如果想把实际工程按比例放大，建一个"巨型景观"，则可行吗？先举一个日常生活中的例子：伽利略曾经推测动物的体积（质量）如果放大3倍，它的骨骼应该是什么样的。如果只是简单地将骨骼放大3倍，那么此时的骨骼根本无法支撑起放大后动物的重量，势必要改变骨骼的比例才有可能实现。

再比如，我们机械地把麻雀放大到大象那么大，它还能飞起来吗？很明显，答案是否定的。因为随着尺度的增加，麻雀的体重（体积）将随尺度的三次方增加，而麻雀赖以飞行的翅膀的面积只随尺度的平方增加，自重增加的速度远比翅膀面积增加的速度快得多，因而体重增大后的麻雀肯定飞不起来。

我们继续分析简支梁在自重作用下的情况，如图1-16所示，将此梁放大10倍，再比较两根梁的内力和变形。现以下脚标1和10分别表示原简支梁和放大10倍后的简支梁。

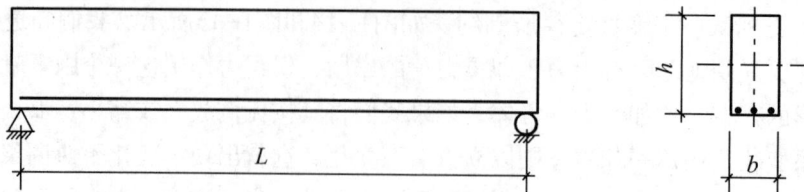

图1-16　结构尺度的影响

两根梁的对比见表1-2。

表1-2　两根梁的对比

弹性分析	原简支梁	放大10倍后的简支梁
自重线荷载g	$g_1=b_1 \cdot h_1 \cdot r$	$g_{10}=10b_1 \cdot 10h_1 \cdot r=100g_1$
最大剪力V	$V_1=g_1 \cdot L_1/2$	$V_{10}=100g_1 \cdot 10L_1/2=1\,000V_1$
最大弯矩M	$M_1=g_1L_1^2/8$	$M_{10}=100g_1 \cdot (10L_1)^2/8=10\,000M_1$
截面抵抗矩W	$W_1=b_1h_1^2/6$	$W_{10}=10b_1 \cdot (10h_1)^2/6=1\,000W_1$
最大正应力σ	$\sigma_1=\dfrac{M_1}{W_1}$	$\sigma_{10}=\dfrac{10\,000M_1}{1\,000W_1}=10\sigma_1$
挠度f	$f_1=\dfrac{5}{384} \cdot \dfrac{g_1 \cdot L_1^4}{E_1I_1}$	$f_{10}=\dfrac{5}{384} \cdot \dfrac{100g_1 \cdot (10L_1)^4}{E_1 \cdot \dfrac{10b_1}{12} \cdot (10h_1)^3}=100f_1$
钢筋混凝土梁抗弯承载力 由钢筋控制时 由混凝土控制时 最大抗剪能力	$[M_1]=A_{sl} \cdot f_y \cdot r_s \cdot h_{01}$ $[M_1]=f_{cm}b_1h_{01}^2\xi_b(1-0.5\xi_b)$ $[V_1]=0.25b_1h_{01}f_e$	$[M_{10}]=(100A_{sl}) \cdot f_y \cdot r_s \cdot (10h_{01})=1\,000[M_1]$ $[M_{10}]=1\,000[M_1]$ $[V_{10}]=0.25(10b_1) \cdot (10h_{01})f_e=100[V_1]$

从表1-2中可以看出，梁放大10倍后，梁端截面最大剪力增大到1 000倍，而抗剪能力只增大到100倍；跨中截面弯矩增大到10 000倍，而抗弯承载力只增大到1 000倍，这意味着必须将材料强度提高到原简支梁的10倍才能满足承载力要求。但要将材料强度提高到原简支梁的10倍，谈何容易！如果不改变材料品种，简直是不可思议的。另外，梁的刚度方面，在梁放大到100倍后，挠度也将增大到100倍，刚度将明显不够。由此可见，在结构设计中选择截面高度必须考虑结构尺度的影响，对于跨度较大的梁，截面应当偏高些。相关教材或规范（标准）中给出了梁高和梁跨的参考比例，但只在常用的荷载和跨度范围内才适用，超出这个范围就会失去效用。

本例同时说明自重对结构的影响很大，尤其对于大跨度或高层结构，减轻自重有着特别重要的意义。若砌体结构的自重太大，则不适宜建造高层建筑。美国芝加哥16层的Monadnock Building采用高强缸砖砌体，底层墙厚达到了1.83 m。

结构尺度的变化将改变结构内部作用效应和抗力的比例，从而改变结构的受力状态，这一点在设计时必须注意。可见，随着结构尺度的变化，重要的是选择与其相适应的、合理的结构形式。

不论建筑结构中各种结构形式如何变化，它们也都有比较适宜的适用范围。就连一般的构件，甚至结构实验中的试件也不例外，其实验值也受试件尺寸大小和比例的影响，这也是结构的标度性所在。此外，其标度性还体现在结构或构件格构化的程度（或层次）上，如图1-17所示。

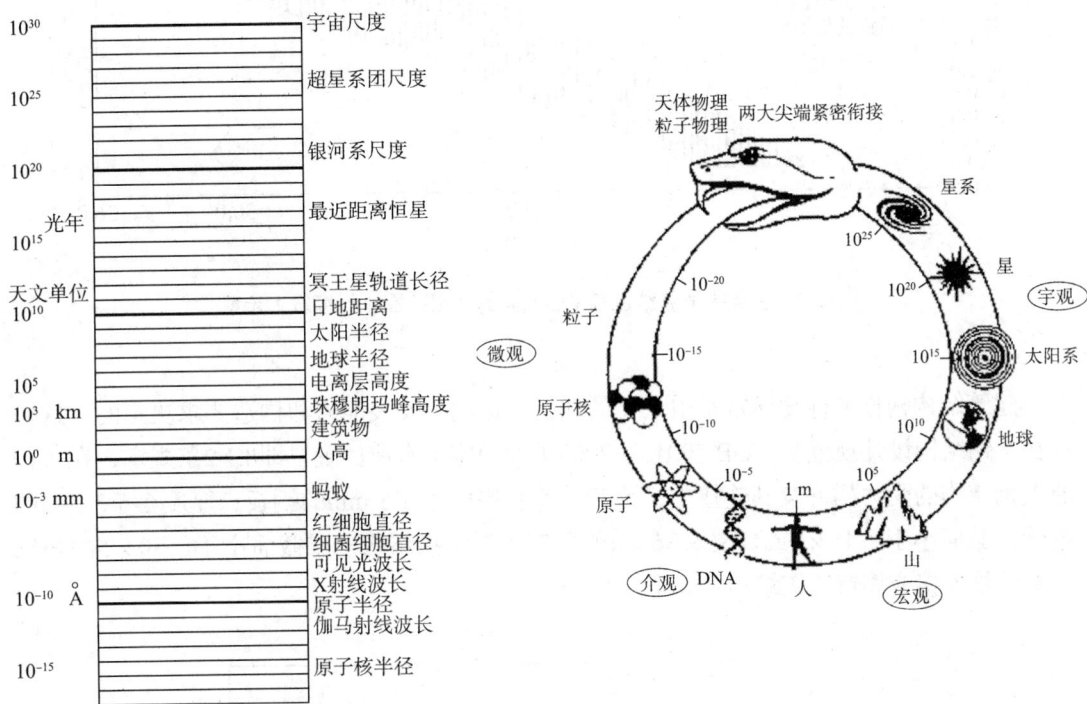

图1-17　物质世界的不同标度

二、建筑结构的标度域

在通常荷载情形下，金属拱形波纹屋的适用跨度（图1-18、图1-19）：U形截面为6～24 m，最佳为15～20 m；V形截面为12～30 m，最佳为20～24 m。图1-20是几种空间结构形式的适用范围（标度域）示意。

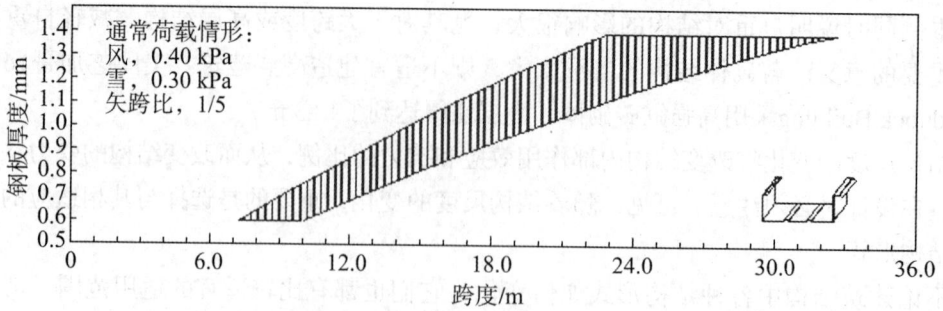

图1-18 金属拱形波纹屋盖U形截面的适用范围（标度域）示意

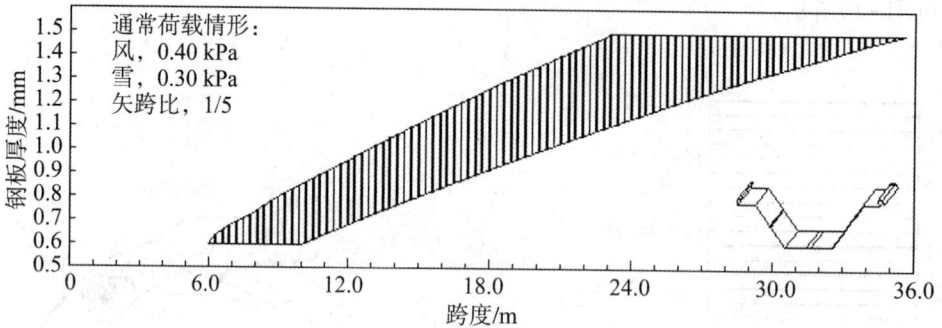

图1-19 金属拱形波纹屋盖V形截面的适用范围（标度域）示意

建筑结构构件的标度通常是由人类的加工、运输、安装能力和构造要求决定的。这一点在《钢结构设计规范》（GB 50017—2003）的规定中有所体现，即8.1.2条规定，在（普通）钢结构的受力构件及其连接中，不宜采用：厚度小于5 mm的钢板；厚度小于3 mm的钢管；截面小于∟45×4或∟56×36×4的角钢（对焊接结构）或截面小于∟50×5的角钢（对螺栓连接或铆钉连接结构）。

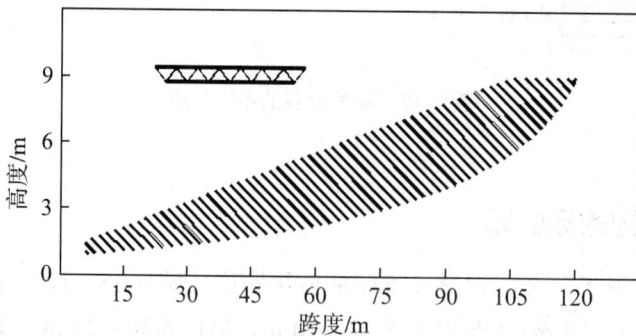

（a）空间网架

图1-20 空间网架、悬索结构、钢折板和圬工穹顶的标度域（适用范围）示意

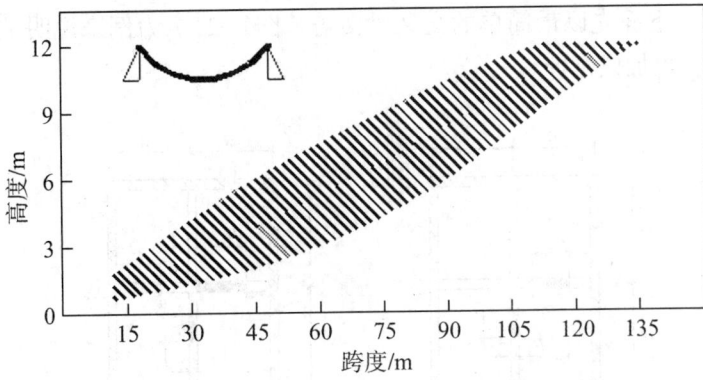

（b）悬索结构

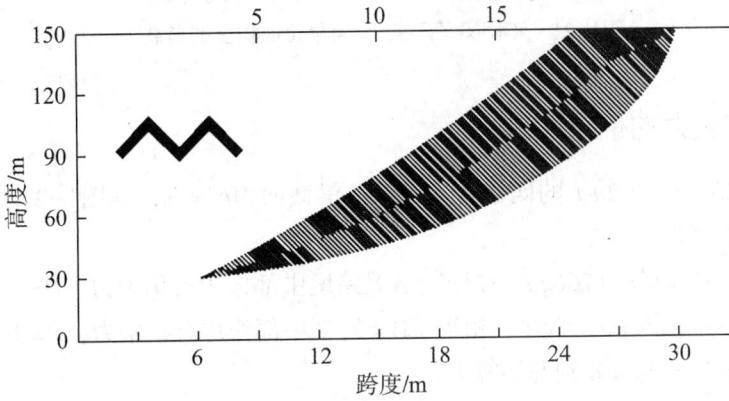

（c）钢折板

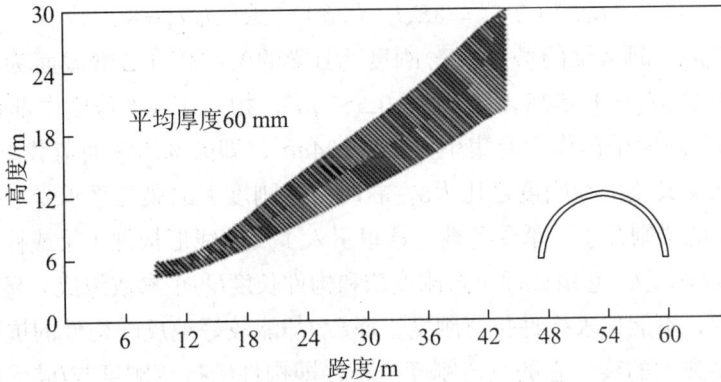

（d）圬工穹顶

图1-20（续）　空间网架、悬索结构、钢折板和圬工穹顶的标度域（适用范围）示意

第四节　构件受力后的变形

结构概念设计中常遇到"刚度相对大小""变形相对主次""结构体系是基本的还是

附属的"等问题。下面先以最简单的交叉梁楼盖（图1-21）为例来说明"结构受力相对性"的基本概念，再加以延伸。

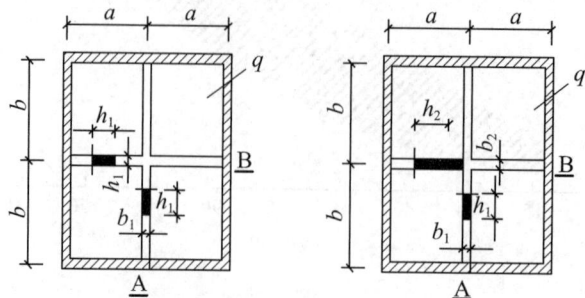

（a）交叉梁系　　　　（b）次主梁系

图1-21　不同梁系示意（q为单位面积上的荷载）

一、结构受力的相对性

设一$2a \times 2b$（$b=1.2a$）的四格交叉梁系，梁截面为$b_1 \times h_1$，如图1-21（a）所示，用结构力学的力法算得

$M_A=0.185qab^2=0.266qa^3$，相当于A梁跨度中部作用有集中力，$P=0.44qa^2$

$M_B=0.315qa^2b=0.378qa^3$，相当于B梁跨度中部作用有集中力，$P=0.76qa^2$

可见，两根梁承受的荷载差别并不算大。

另假设上述四格交叉梁系的B梁线刚度$E_B I_B/(2a)$为A梁线刚度$E_A I_A/(2b)$的8倍，如图1-21（b）所示，即

$$E_B I_B/(2a)=8E_A I_A/(2b) \quad 或 \quad i_B/i_A=8$$

则$E_A I_A=0.15E_B I_B$，即A梁的截面抗弯刚度为B梁的0.15倍（B梁截面为$b_2 \times h_2$）。同理，可用力法求得$M_A=0.0576qa^3$，$M_B=0.552qa^3$，相当于A梁跨度中部作用有集中力$P=0.096qa^2$，B梁跨度中部作用有集中力$P=1.104qa^2$，即92%的楼面荷载由B梁承受。可见，当两个方向交叉梁的线刚度之比为8左右时，线刚度大的梁几乎承受了楼面的全部荷载，而线刚度小的梁则几乎不承受荷载。这里引入了反映线形构件（梁或柱）抗弯刚度的参数——线刚度$i=EI/l$。它由截面抗弯刚度EI和构件长度l两个参数组成。显然，EI只能反映截面抗弯刚度，不能代表构件抗弯刚度，而EI/l却能较好地反映构件的抗弯刚度，因为同截面构件长度愈大的梁，它的抗弯刚度愈小，即构件的抗弯刚度与l成反比。这里又引入了线刚度比i_B/i_A的概念，它指的是构件之间线刚度的比值。它是在结构分析中常遇到的概念。假若结构中某一构件的线刚度比其他构件的线刚度大得多（例如，$i_B/i_A \geq n$，若$n=8$），则往往可假设该构件的线刚度为无限大；反之，如果某构件的线刚度比其他构件小很多，则可把它假设为零。在正交交叉梁系中，如果两个方向梁的线刚度相同或相近，则楼面荷载为双向传递；如果线刚度相差悬殊，则楼面荷载沿线刚度大的方向单向传递。常用楼盖设计中的主次梁系是交叉梁系的特例，这里的次梁若按一个方向的交叉梁设计，则它的线刚度应该比和它正交的主梁的线刚度小得多。

二、结构变形相对性

（1）上述概念可以用来叙述结构中主要变形和次要变形的关系。如：

计算梁的挠度和框架的侧移时，经常略去剪力和轴力产生的变形，只考虑弯矩引起的变形；忽略前者，实质上就是假设它们由剪力和轴力引起的位移比由弯矩引起的位移小得多。

在局部平衡力系作用下，忽略远处的微小变形，只取荷载附近的局部结构进行计算。

在框架的侧移计算中，在水平荷载下往往忽略框架节点转角引起的侧移，因为节点侧移是主要位移，节点转角是次要位移。

（2）上述概念可以用来叙述结构体系主体部分和从属部分的关系。当荷载只施加在主体部分时，可以单独取出主体部分计算内力，认为从属部分内力为零；当荷载只施加在从属部分时，可将主体部分视作从属部分的支承，先取从属部分计算支座反力和内力，然后将有关的支座反力反其方向视作主体部分的荷载来计算主体部分的内力。

由此可见，在考虑结构中各部分受力和变形的相对状况后，可以使结构概念设计中的估算工作大大简化。

在结构概念设计阶段，设计人员往往要判断结构构件哪一面受拉、哪一面受压，以便估计钢筋放在构件的哪一侧，有时更要定性地估计结构受力后的挠度和侧移情况，以及反弯点的位置。为此，了解绘制结构构件受力后的弯曲变形示意图的规律是很有用的。

正确估计和判断构件受力后的变形曲线，对估算和分析结构内力是十分重要的。对于一般的杆件系统，如果可以忽略轴力N和剪力V的影响，则

$$\frac{M}{EI} = \frac{1}{\rho} = \frac{\mathrm{d}^2 y}{\mathrm{d}x^2}$$

式中　$\dfrac{1}{\rho}$——构件的变形曲率；

ρ——曲率半径；

$\dfrac{\mathrm{d}^2 y}{\mathrm{d}x^2}$——构件的变形曲线方程$y=f(x)$的二阶导数。

也就是说，弯矩M与构件变形的曲率成正比；或者说，弯矩M与它的弯曲变形曲线的二阶导数成正比。那么，只要绘出变形曲线，就可以估算得出弯矩的分布规律。该方法比较形象、直观、方便、快捷。对于曲线构件，式中的$1/\rho$应当用曲率的增量（$1/\rho-1/\rho_0$）来代替，其中$1/\rho_0$为曲线构件的原始曲率，ρ_0为原始半径。

三、弯曲变形图的规律

一般说来，结构构件受力后的弯曲变形示意图有以下几点规律：

（1）由于$\dfrac{M}{EI} = \dfrac{1}{\rho} = \dfrac{\mathrm{d}^2 y}{\mathrm{d}x^2}$，所以可以根据弯矩图直接画出构件的弯曲变形示意图。在弯矩图无突变的情况下，弯曲变形图为一连续曲线，不存在转折。其中：

M值大的区段，曲率半径ρ小，变形曲线的曲率大。

M值小的区段，曲率半径ρ大，变形曲线的曲率小。

$M=0$的区段，曲率半径ρ等于∞，变形曲线为直线。

　　M值为正的区段，变形曲线为凹形；M值为负的区段，变形曲线为凸形，显然，外鼓的一侧受拉，内凹的一侧受压（图1-22a）。

　　（2）对于一端为固定端的悬臂梁或下端为固定端的悬臂柱，无论在与构件长度方向相垂直的集中荷载作用下还是在均布荷载作用下，变形曲线均凸向荷载作用方向，固定端处的曲线与原构件轴线相切，如图1-22（a）所示。推而广之，凡固定端支承点处，变形曲线的切线必定与固定端面相垂直。

　　（3）凡连续不动铰支承点处，两侧变形曲线的切线斜率不变，如图1-22（b）所示。

　　（4）凡不动铰支承点和固定端支承点处，在水平和竖向方向上均不得有任何位移；而在滚动支承点处，沿滚动方向可以有微小位移，如图1-22（c）所示。

　　（5）凡刚接点处，与该节点连接的杆件可以任意转动，但它们之间的夹角不变（图1-22d）；刚接点在荷载或其他作用力作用下可能有位移，也可能没有。

　　（6）凡铰接点处，与该节点连接的杆件的夹角可以做任意变化，但由铰接点引出的变形曲线段为直线（图1-22e）；铰接点在荷载或其他作用力作用下可能有位移，也可能没有。

　　（7）凡反弯点（M=0）处，在变形曲线上为一拐点，连接拐点的变形曲线为一连续曲线；反弯点在荷载或其他作用力作用下有位移，如图1-22（f）所示。

　　（8）绘制弯曲变形示意图时，一般不考虑轴向变形，因而杆件的长度可以认为是不变的。

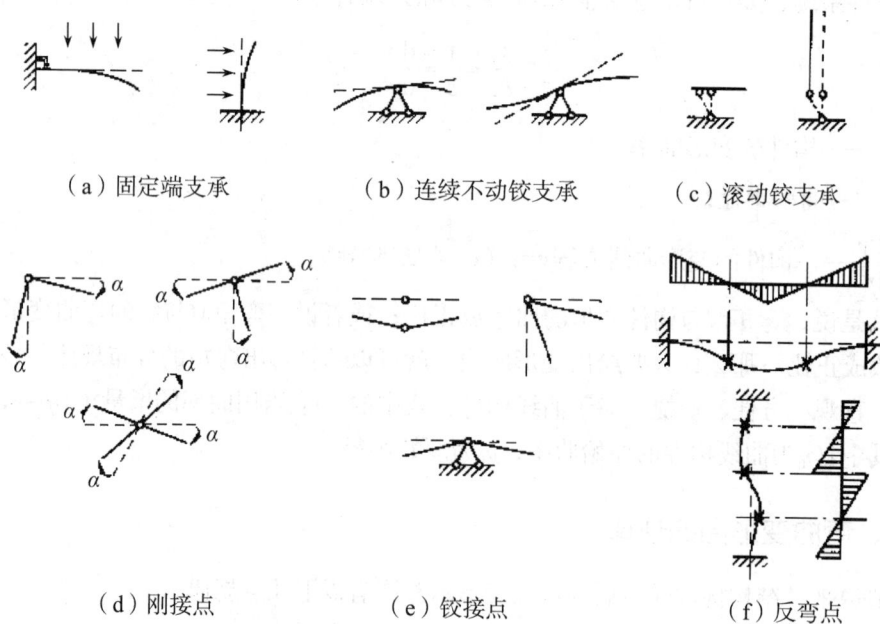

（a）固定端支承　　　（b）连续不动铰支承　　　（c）滚动铰支承

（d）刚接点　　　　　（e）铰接点　　　　　　（f）反弯点

——杆件变形曲线　　----切线或原杆件位置　　×反弯点

图1-22　弯曲变形图的一般规律

四、绘制弯曲变形示意图的步骤

绘制弯曲变形示意图的步骤如下：

（1）画出构件在荷载或其他作用力作用下的弯矩示意图。

（2）根据弯矩示意图和上述规律作变形示意图。作图时，一般从直接受载的构件画起，按顺序对它连接的构件作图，最后画到支承处。

（3）按照弯曲变形图的规律对照弯矩示意图进行全面检查。

图1-23表示悬臂梁、连续梁、单跨框架、两跨排架、两层三跨框架在荷载作用下的弯曲变形示意图。

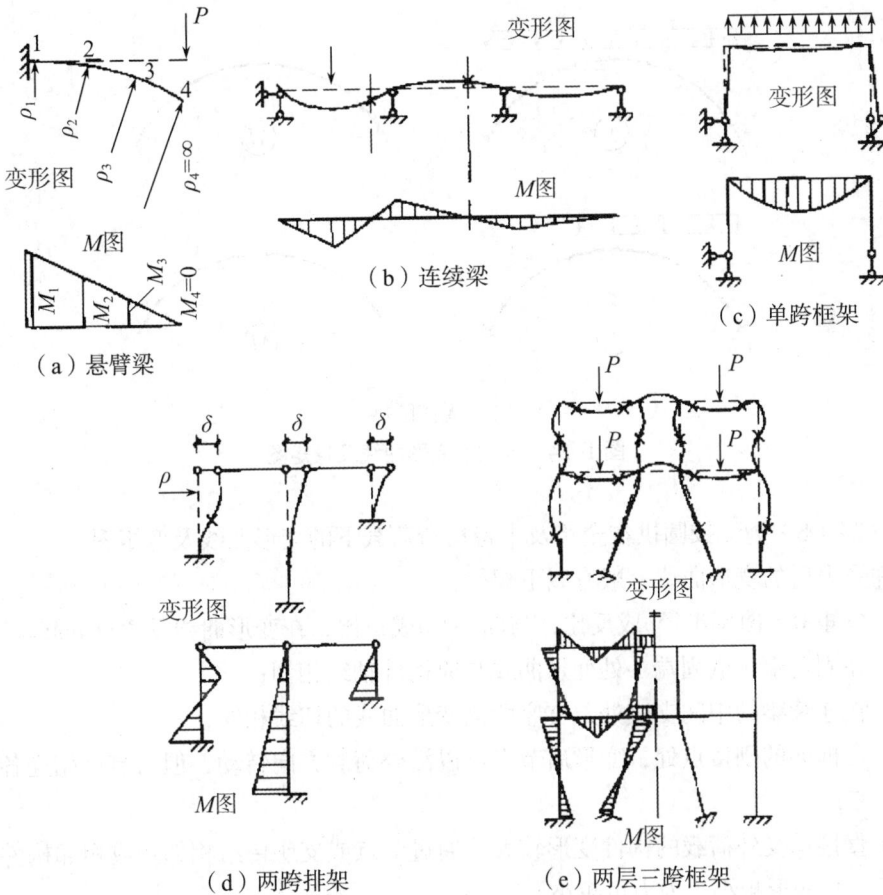

（a）悬臂梁　（b）连续梁　（c）单跨框架　（d）两跨排架　（e）两层三跨框架

图1-23　弯曲变形示意图

图1-24（a）为一承受均布荷载的两铰圆拱，可以较直观地估计它的弹性变形曲线，如图中细线所示。受荷后拱跨中部分曲率变小，拱脚上部曲率变大。可见，此拱跨中部分承受正弯矩，两侧拱脚上部承受负弯矩。若这个拱承受半跨活荷载，则其变形曲线如图1-24（b）所示，其中左半跨承受正弯矩，右半跨承受负弯矩。虽然在此例中弯矩M和曲率$1/\rho$的变化与变形y在表观上也很相似，但应当指出，弯矩M在本质上与曲率增量（$1/\rho - 1/\rho_0$）的变化相似，即与变形y的二阶导数相似，而不是与变形y相似。

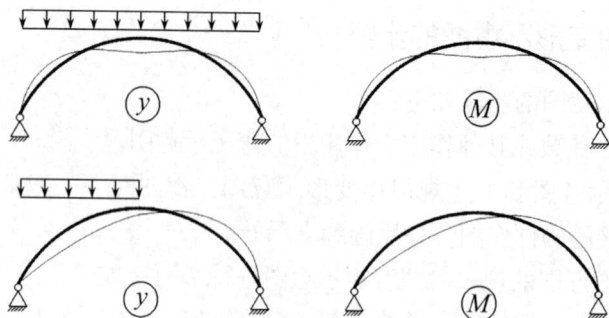

（a）两铰圆拱

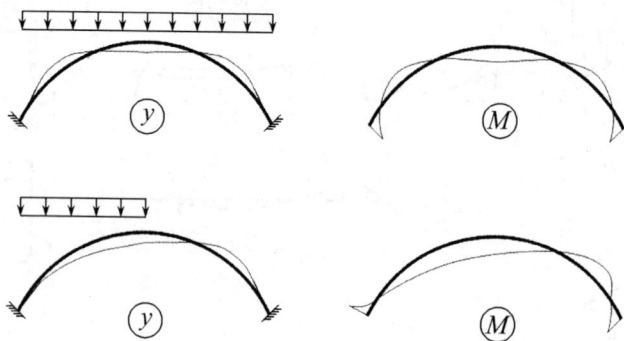

（b）无铰圆拱

图 1-24　圆拱的变形曲线及弯矩图

图1-24（b）为无铰圆拱在全跨及半跨均布荷载下的变形曲线及弯矩图。

构件受力后的变形曲线一般有以下规律：

（1）弯矩M与曲率半径ρ成反比，与曲率$1/\rho$成正比，在变形曲线反弯点处$M=0$；

（2）在固定端（嵌固端）处变形曲线与原构件轴线相切；

（3）在连续梁的中间支座处，支座两侧变形曲线的切线相同；

（4）在框架的刚接点处，变形后节点可以沿外荷载方向转动，但与节点相连各杆件间的夹角不变；

（5）直接承受外荷载的构件变形较大，通过节点或支座传给相邻跨或相邻构件后，离荷载越远，则变形越小，内力也越小。

根据结构概念，快速绘出结构受力后的变形曲线，可大致估计结构受力后的弯矩和侧移的变化规律，从而判断结构构件的截面上哪一侧受拉、哪一侧受压，也可用来判断设计图纸上的钢筋布置是否正确，这对工程技术人员是很有必要的。

第五节 预应力的概念

在古老年代里，建筑材料大多取自天然材料，使用较多的是石材和木材。当人们采用这些材料制造生活和生产用具时，其关键是保证这些制品的整体性并在其构件间能传递拉张力抵抗撞击荷载。生活经验告诉人们：要在这类用具的零构件间引入足够的紧压力并保证在承受荷载或外力的情况下这些零构件间的紧压力超过可能发生的拉张力而维持用具的原形与功能。于是许多古老的木、石用具和结构中就广泛采用了加压技巧——预应力技术，例如木盆、木桶、木轮、石拱、石柱等。

一、预应力的概念

预应力（prestress）的概念是于1886年由美国工程师杰克逊首先提出的，用以制造预应力钢筋混凝土结构，但因人们对混凝土的预应力损失缺乏了解而失败，直到1928年法国工程师弗雷西涅提出必须用高强钢筋和高强度混凝土以减少因混凝土徐变造成的预应力损失，预应力混凝土结构才开始进入应用阶段。近100年来，预应力结构有了很大发展，已成为现代结构工程的重要组成部分。

预应力是在结构使用前人们主动对结构施加某种作用力后，在结构构件截面上得到的应力。其目的是改变结构在使用期间的受力性能，达到人们期望的受力状态（图1-25b，c）。由于这种预先施加的作用力在时间、空间、数量上都是人们在设计、施工或使用时可以控制和调整的，因而有人认为"预应力"应改为"预加力"（given force或pre-force）。预加力能使建筑结构由仅是一种被动承受各种作用力的被动结构转变为一种可以用它主动调节受力、变形的主动结构（图1-26），因而这个概念是正确的，但目前习惯还称它为预应力。

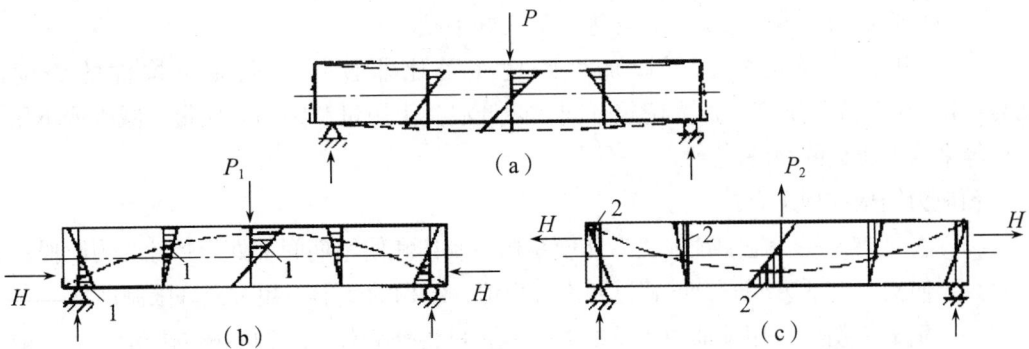

1—压应力区；2—拉应力区。

图1-25 梁、拱、拉杆（索）的对比

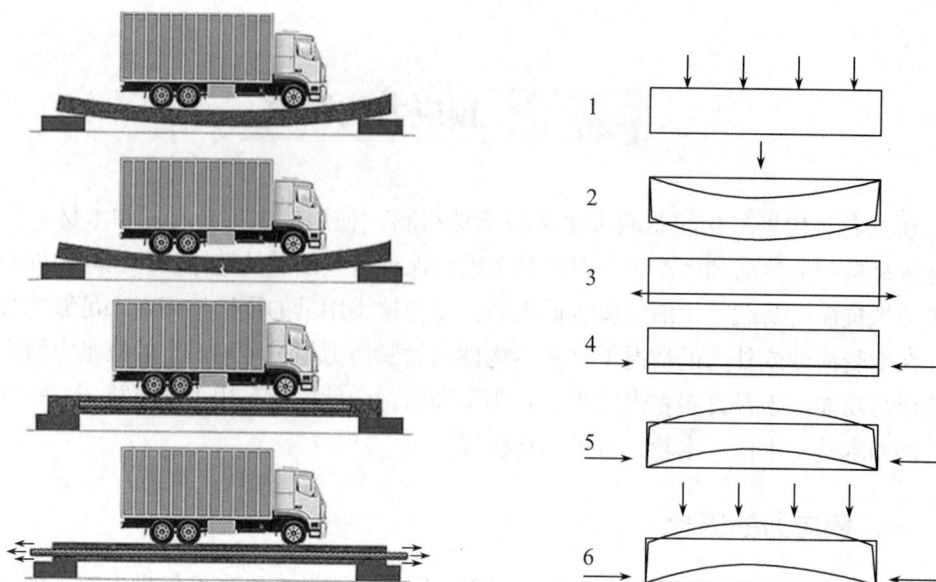

图1-26　预应力的原理和作用

二、预应力结构的概念

施加了预加力的结构称为预应力结构。预应力混凝土结构的优点有：

（1）从材料角度看，可以改善混凝土的塑性，使它成为弹性材料，而且一般无裂缝，因而整体性更好、更耐久。

（2）从结构角度看，可以控制开裂、提高刚度、减小截曲、减少变形；材料具有弹性，活载产生的变形在卸载后可立即恢复，超载产生的裂缝在卸载后可立即消失；预应力筋的应力变化幅度小，结构的疲劳强度可以提高；预加力可由设计人控制，故预应力结构的设计是一种能人为控制的设计。

（3）从施工角度看，施加预应力时结构所用材料的性能均经过自检，因而有自我保护能力，而且施加预加力是形成现代化施工的良好手段。

（4）从经济角度看，可以加大跨度（可比非预应力混凝土构件的跨度大30%～40%）、降低层高、加大建筑开间、降低混凝土用量和结构总质量、减少或不用变形缝等来取得明显的经济效果。

预应力结构的理念有：

（1）弹性理论——施加预加力后能使结构在制作和使用期间都处于弹性受力阶段；设计时只要使构件上下边缘应力不超过允许应力值，结构的变形不超过允许限制即可。

（2）荷载平衡——用预加力来平衡外荷载，可将外荷载对结构的影响抵消，大大减少外荷载下结构的受力和变形，甚至可使构件的全截面均匀受压和结构的挠度为零。

（3）"全预应力"和"部分预应力"——结构设计时可将构件设计成全预应力构件或部分预应力构件。以钢筋混凝土预应力结构为例，前者在使用荷载下不允许出现拉应力，后者在使用荷载下允许受拉边缘产生限值下的拉应力，或者允许出现裂缝，但应受到限制

（有人认为允许出现限值拉应力的应称为"限值预应力"）。

（4）索梁分载——将施加预应力的索视为索构件，它与梁（板或其他）构件共同承担荷载，即将索可承担的荷载由索承担，其余的由梁承担。索的设置可在体内（如无黏结预应力板），也可在体外，如图1-27所示。

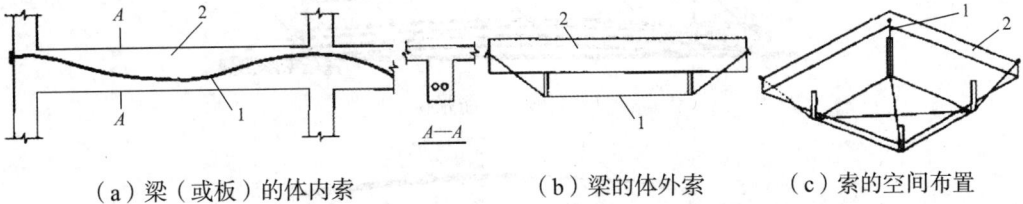

（a）梁（或板）的体内索　　　　（b）梁的体外索　　　（c）索的空间布置

1—预应力索；2—梁或板。

图1-27　预应力索的布置

现代施加预应力的方法可分为两大类：先张法（图1-28）和后张法（图1-29）。后张法是用高强度钢绞线、钢丝和钢筋作为预应力筋完成的。钢绞线既能与混凝土黏结，也可不加黏结；如图1-30所示，在有黏结的结构中，张拉钢筋后要用水泥砂浆将预应力筋的孔道填满；在无黏结的结构中，预应力筋的孔道中没有砂浆或者灌以油脂等润滑材料。在高层建筑结构和大跨度桥梁中更愿意采用无黏结预应力混凝土结构。

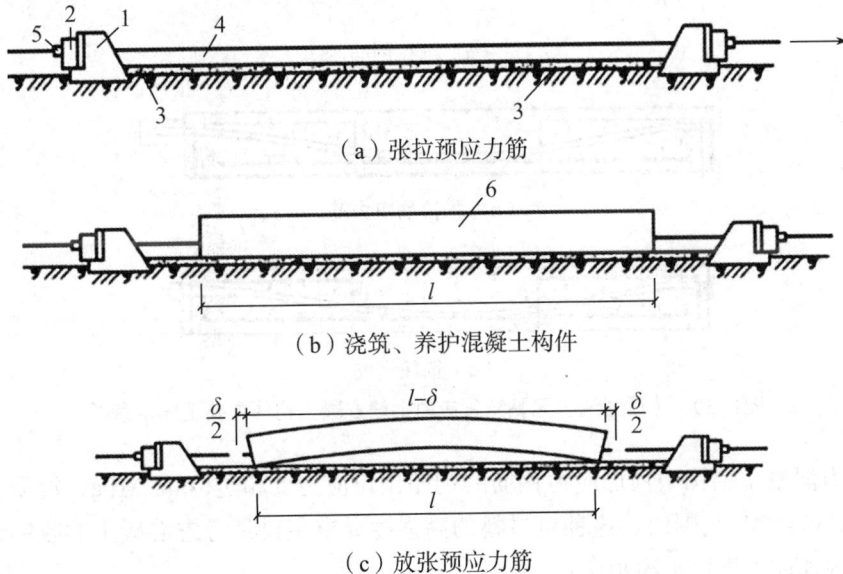

（a）张拉预应力筋

（b）浇筑、养护混凝土构件

（c）放张预应力筋

1—台座；2—横梁；3—台面；4—预应力筋；5—夹具；6—构件。

图1-28　先张法预应力钢筋混凝土构件

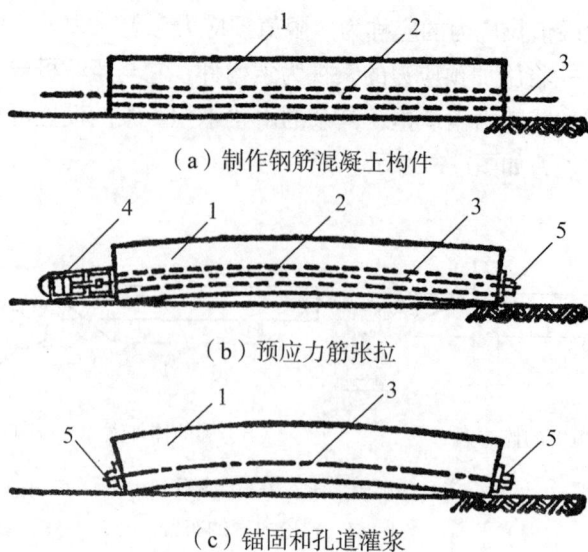

（a）制作钢筋混凝土构件

（b）预应力筋张拉

（c）锚固和孔道灌浆

1—钢筋混凝土构件；2—预留孔道；3—预应力筋；4—千斤顶；5—锚具。

图1-29　后张法预应力钢筋混凝土构件

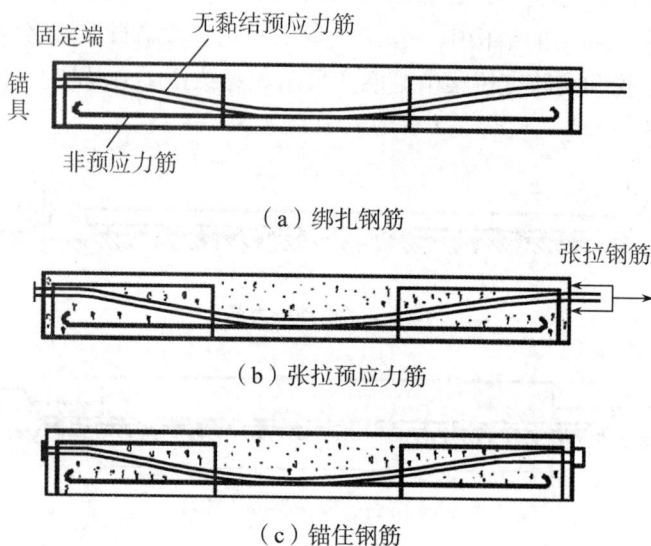

（a）绑扎钢筋

（b）张拉预应力筋

（c）锚住钢筋

图1-30　（后张法）无黏结预应力钢筋混凝土构件主要工序示意图

　　预应力混凝土结构中预加应力钢筋的初始预拉应力要超过1 400 MPa，混凝土的抗压强度要在C35～C45范围内。这种对材料的高强度要求主要是考虑混凝土的收缩徐变会产生不小的预加应力损失（约20%）。

　　预应力混凝土结构工程的设计包括以下步骤：

　　（1）确定混凝土构件的尺寸（参考表1-3）；

　　（2）确定预应力钢筋在构件纵横剖面中的位置和施加预加力大小；

　　（3）以关键截面的应力状态和构件的长期挠度来复核构件在使用阶段的性能；

　　（4）按极限抗弯和抗剪承载力来复核构件截面。

表1-3 后张预应力混凝土楼盖构件的近似跨度比

结构构件	简支跨	连续跨	悬臂跨
单向实心板	40~48	42~50	14~16
双向无梁板	36~45	40~48	13~15
宽扁梁	26~30	30~35	10~12
单向密肋梁	20~28	24~30	8~10
一般梁	18~22	20~25	7~8
主要梁	14~20	16~24	5~8

简单来说，预应力就是在构件受外荷载作用前预先对构件施加的应力。预应力一般与外荷载引起的应力相反，这样预应力可以抵消荷载引起的应力。

在生活中沿用至今的木盆、木桶就是预应力结构。工匠们在制作时将加工好的木板条拼装成圆锥体等形状，套以浸泡过的竹箍或加热过的铁箍，自细端向粗端嵌入锥体，使木板条间产生巨大的挤压力，这样在使用过程中板条间不会产生错动与缝隙，自然就保证了使用功能（图1-31a，b）。为了使板条间产生足够的挤压力，不仅板条边缘要加工齐整，而且要求套箍自身能产生紧缩力，因此铁箍在嵌入前要加热膨胀，强行嵌入并冷缩后自然在板条间产生较大的压应力。这些措施用现代的学科术语来说是"考虑了预应力损失"。竹箍、盆桶则因挤压力小且木材易干缩，在我国南方某些地区使用时仍有在其中贮水以防干裂的习惯，这实质上就是一种防止预应力损失的简便措施。在有些地区仍使用木轮车辆，如不采用预应力则显然无法保证其使用功能。木制车轮的毂、辐、辋各零件间的连接不能抵抗拉力而只能传递压力，因此必须用铁制轮箍将各零件箍紧形成整体并在其间产生足够的挤压力，以抵抗车轮行驶过程中可能产生的张力及剪切力（图1-31c）。

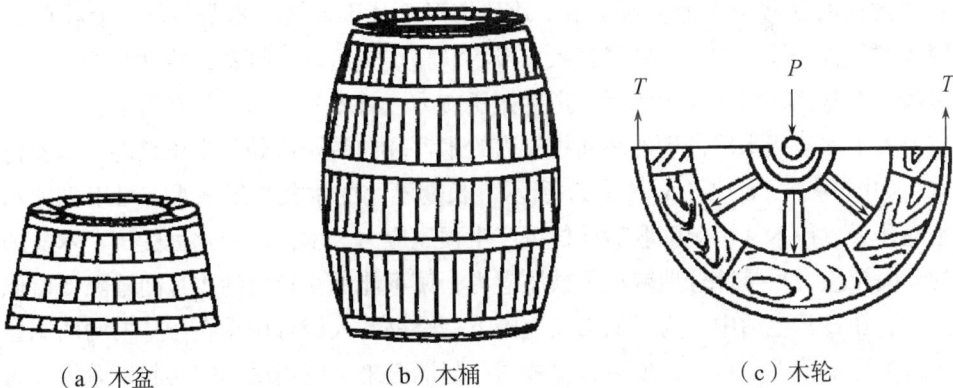

（a）木盆　　　　　（b）木桶　　　　　（c）木轮

图1-31 采用了预压应力技术的古老用具

生活中常使用的雨伞及帐篷是使柔性膜面经预张拉后（图1-32）可以抵抗大气荷载的一类预应力用具。绸布、织物和膜面的自然状态是柔软褶皱不成形的，只有在双向张力的作用下才能具有刚度并能承受外载。例如雨伞只有在撑开后（即伞骨架对面料施加张力）才能抵御雨雪荷载（图1-33a），临时宿营帐篷只有在绳索拉紧、地锚牢固情况下才能正常使用（图1-33c）。如果地锚及支柱基础松动或绳索被拔出，则帐篷发生变形，在风雪作用下不再具有承载能力，即预应力损失导致刚度与承载力丧失，不再保证其使用功能。古老的调整绳索预应力的方法是在绳索中部插入一短棒进行扭转，这样即可调整张拉力度（图l-33b）。

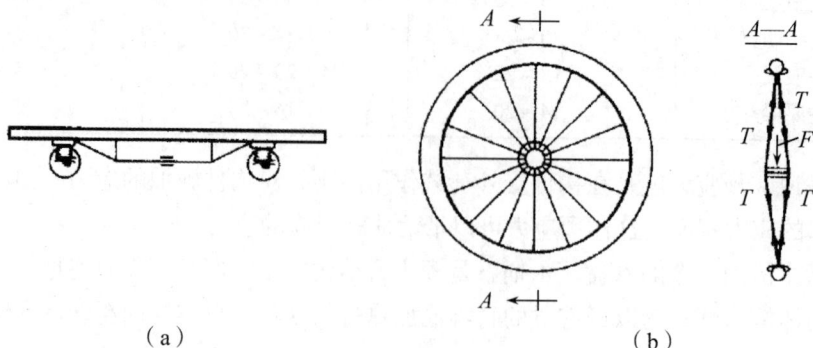

（a）   （b）

图1-32 采用预应力技术的现代工具

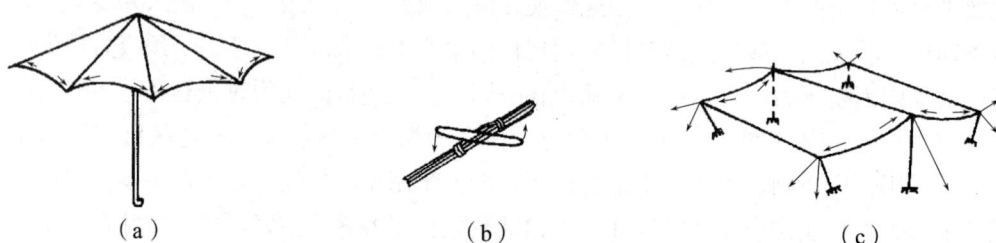

（a）   （b）   （c）

图1-33

　　我国古代的木盆（木桶）就是由一块块楔形木片围成的，本身不能承受拉应力，若用铁箍从木盆直径较小的一端紧紧打入，或将铁箍烧热后套入打紧，待铁箍冷却收缩时就会紧紧箍住木盆，在相邻楔形木片间产生挤压应力，将木片与木片间挤得很紧。只要这个挤压应力大于木盆盛水后产生的环向拉应力，木盆环向就始终处于受压状态，木盆也就不会漏水，如图1-34（a），（b），（c）所示。长期不用的木盆如果漏水，可以先把木盆放在水里泡几天，待木片浸湿膨胀后同样可产生预压应力。木盆环向永远受压，木盆加水后产生的环向拉应力只是部分地减小了预压应力，使不能承受拉应力的木片间缝隙变得似乎可以受拉了。在日常生活中，为了从书架上搬下一叠书，人们可用手在一叠书的两端加一个压力（这个力要偏下一点），就可将整叠书一起端起来。应当说，书端起来后像一简支梁承受书自重作用（均布荷载）一样，"梁"将受弯，上部受压、下部受拉。书和书之间没有联系，怎么受拉呢？这里又是预应力帮了忙，如图1-35（d）所示，只要预压应力足够大，足以抵消弯矩产生的拉应力，书就不会散了。应用这个原理，人们创造了预应力混凝土梁，在荷载作用下将产生拉应力的地方预先用预应力钢筋对它施加压应力，用预压应力来部分或全部抵消荷载产生的拉应力，如图1-35所示。预应力并不能提高强度和承载力，而是提高混凝土构件的抗裂性能，提高构件的刚度，以便更充分地利用高强钢材的抗拉性能和高强混凝土的抗压性能，减轻结构自重，使混凝土结构跨度更大，使混凝土

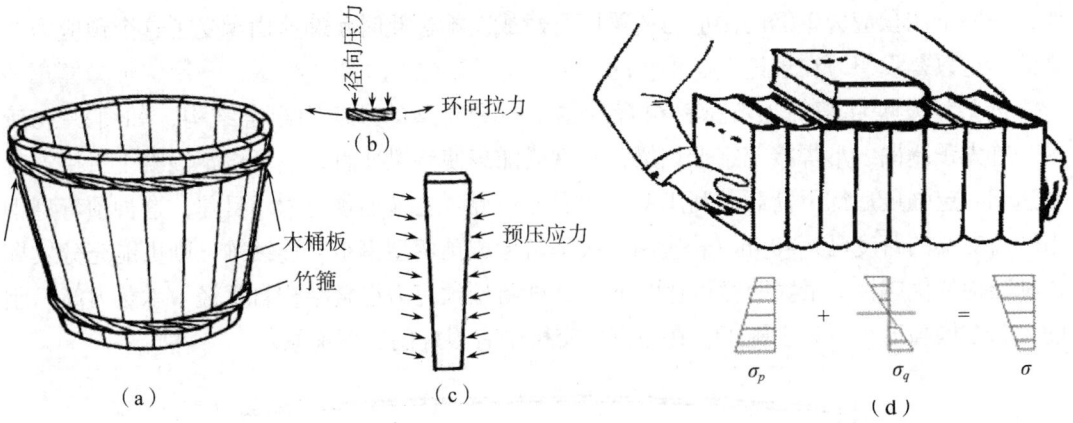

图1-34

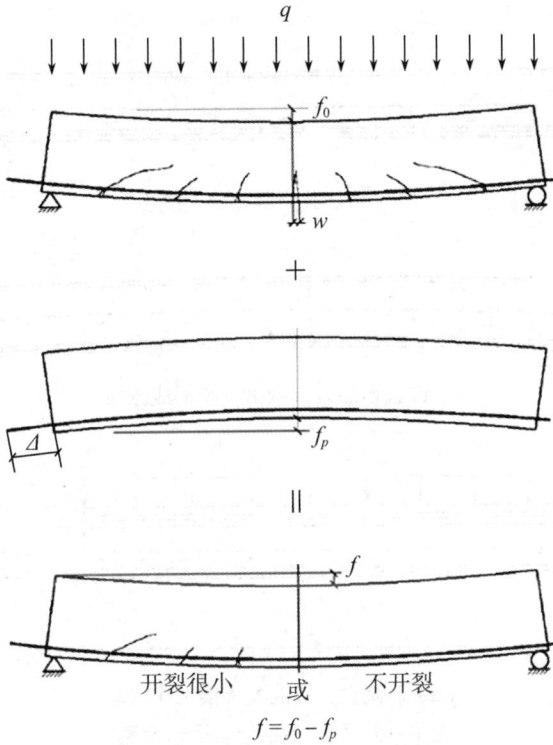

图1-35 预应力混凝土梁示意图

$$f = f_0 - f_p$$

结构的房屋可以建得更高。

  应用张拉预应力钢筋对混凝土结构施加预压应力是工程中常用的方法。事实上，不用预应力钢筋也可对结构施加预应力。上述从书架上搬书的例子中就没用预应力钢筋，只是在人手压书本的同时书本对人手有一个大小相等、方向相反的作用力，使人体受拉。应用这个原理可以设想，如果在两山之间建预应力桥，可先搭设临时支架，铺好预制混凝土块，用一排千斤顶对预制混凝土块施加预应力，然后在千斤顶之间浇筑混凝土，待混凝土达到必要的强度后即可卸下千斤顶，在原千斤顶位置再补浇混凝土。这样，再拆下临时支架，一座不用预应力钢筋的预应力桥梁即可建成。不过此时是两座山承受了这个预应力。当然，这只是设想，在理论上是可行的。

近些年发展起来的预弯型钢组合梁也是一种新型的预应力组合结构，如图1-36所示。首先预制曲线形焊接工字形钢梁，对钢梁加载使钢梁变直，然后浇筑混凝土，待混凝土达到一定强度后卸下荷载，利用钢梁的回弹对混凝土施加预应力。目前，这种预弯型钢组合简支梁的跨度已达40 m。若应用二次浇筑形成预弯型钢组合连续梁，则更能充分发挥这种结构的优越性，最大跨度可达80 m。这种新型预应力组合结构自重轻、承载力高、刚度大、结构高度小、易于施工，在城市立交桥中有很好的发展前景。

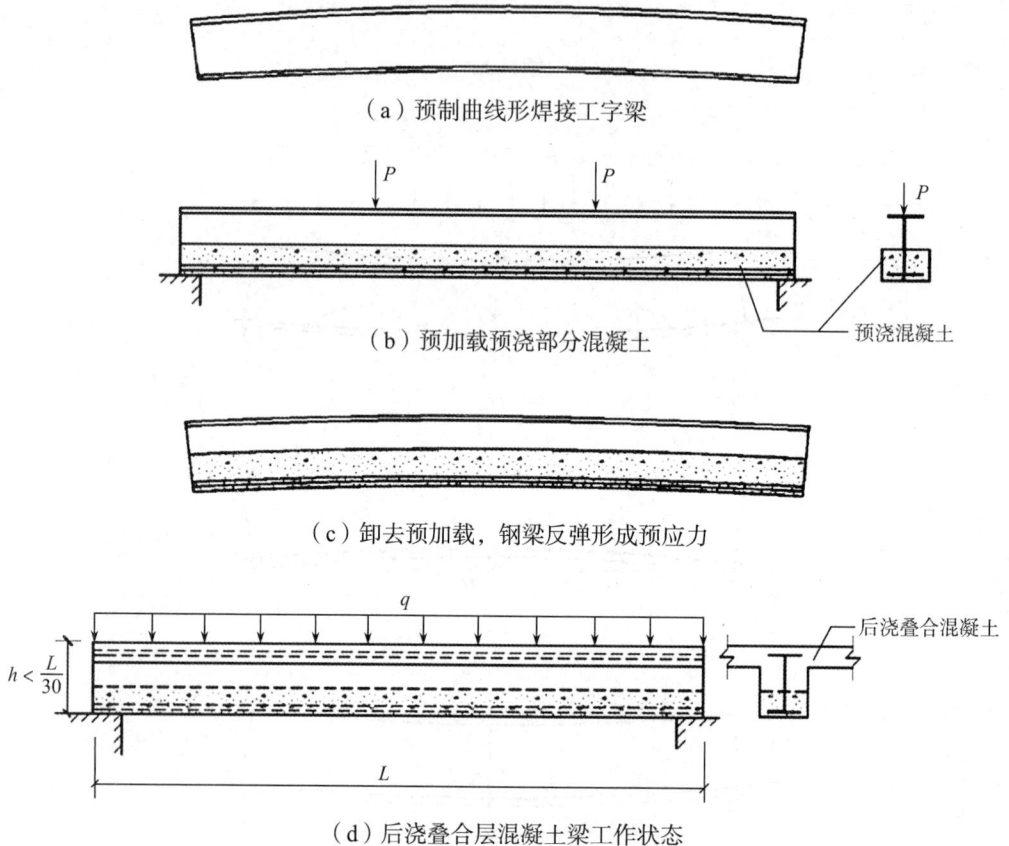

（a）预制曲线形焊接工字梁

（b）预加载预浇部分混凝土

预浇混凝土

（c）卸去预加载，钢梁反弹形成预应力

后浇叠合混凝土

$h < \dfrac{L}{30}$

L

（d）后浇叠合层混凝土梁工作状态

图1-36　预弯型钢组合梁示意图

应当指出，预应力的概念有其更普遍的意义。上面提到预应力可使不能受拉的木盆拼缝"受拉"，同样也可使抗拉强度很低的混凝土变得似乎可以承受很大的"拉应力"。事实上，预应力只是把受拉的过程转变为预压应力减少的过程。根据同样的原理，也可施加预拉应力使不能受压的材料变得似乎可以受压。如气球薄膜本身不能受压，若充气打压先使薄膜受到拉应力，只要预拉应力足够大（超过荷载作用下薄膜的压应力），此结构就可存在。图1-37为圆柱形气球受弯的示意图，应用此原理可以建造各种充气结构（图1-38）。

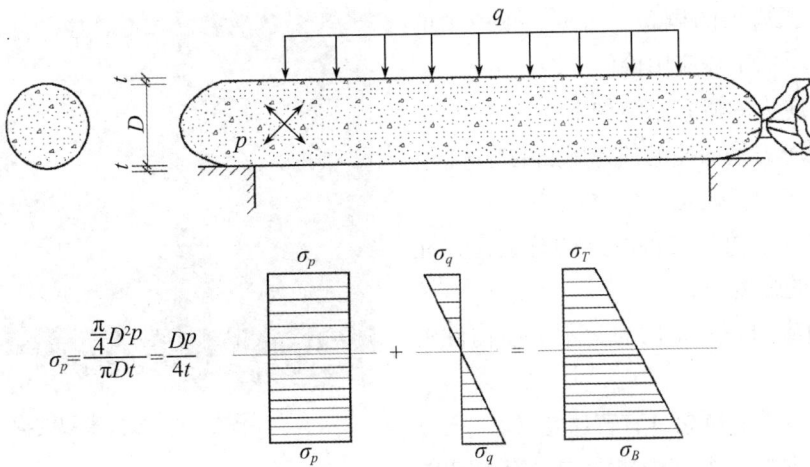

图1-37　圆柱形气球受弯示意图

$$\sigma_p = \frac{\frac{\pi}{4}D^2 p}{\pi D t} = \frac{Dp}{4t}$$

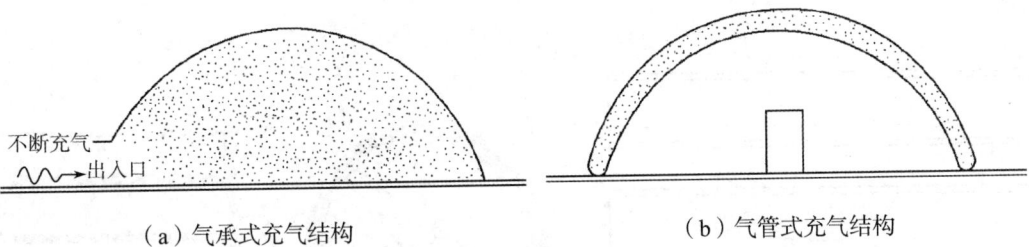

（a）气承式充气结构　　　　（b）气管式充气结构

图1-38　充气结构

图1-38（a）为气承式充气结构，气压较低。取出顶部 1.0 m² 的屋面来分析：薄膜材料一般自重不会超过 $q = 100$ N/m²，只要内部气压 $p > q$，就可将薄膜托起。大家知道，1 atm（1 atm=101.325 kPa）相当于约10 m H₂O压力，即100 000 N/m²，可见只要室内气压比室外气压高出1/1 000，就可把薄膜托起。这样的压差只用一个普通的鼓风机就能实现。通常，只要在入口处采用密闭旋转门，并用风机不断补气，保持150～300 N/m²的气压差，就足以承受覆盖层的重力，并使薄膜中保持一定的预应力，以保证这种气承式充气结构的整体刚度。室内外压差只有1.5/1 000～3.0/1 000，这一差别人们通常感觉不到。

图1-38（b）为气管式充气结构，气管内气压可达1 500～2 000 Pa。这种气管有一定的刚度和抗弯、抗压能力，可用来作为拱圈组合成屋盖，甚至作为梁、柱或墙使用。气管式充气结构的管内压力比气承式结构大得多，但与常见的汽车轮胎内压力（约2.0×10^6 MPa）相比，只有它的1/1 000。

充气结构自重轻、跨度大、造价低，而且便于装拆，特别适合临时性的市场、展览、演出或比赛场馆等。

近年在海边旅游景点出现的张拉膜结构也是预应力概念的应用，如图1-39所示。预应力可有效提高张拉膜结构的刚度。此外，斜拉索结构、悬索结构、预应力钢结构等都有

效地利用了预应力的概念。可见，预应力的
概念有着广泛的工程应用价值。

关于预应力的概念总结如下：

（1）预应力是加荷前预先施加的应力；

（2）预应力仅仅是一个力；

（3）预应力可提高混凝土的抗裂性，充
分利用材料的强度；

（4）预应力是一个内力，不会使构件失
稳；

（5）预应力的概念具有普遍意义。

本章列举的几个结构概念中没有复杂的

图1-39　张拉索膜结构

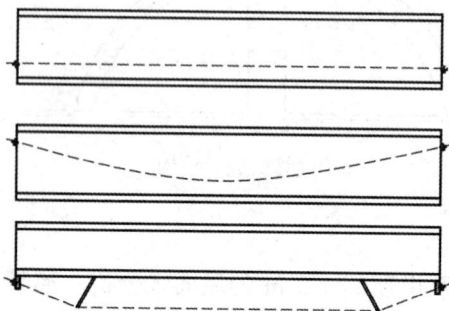

理论，只是作为实例（图1-40~图1-42）举出，希望读者从中领悟出一些思考和分析问
题的思路，加深对结构性质和结构体系的认识和体会，学会从不同视角去观察和分析
问题。

图1-40　钢梁施加预应力　　　　图1-41　车轮辐条的预应力　　　图1-42　锯子的预应力

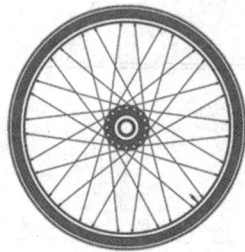

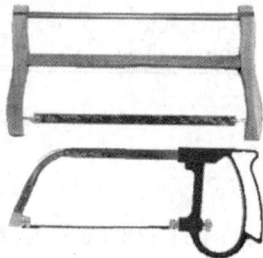

第二章　结构设计中的总体问题

本章主要讨论方案设计阶段的结构总体问题，此时各结构构件尚未设计出来，各构件的连接构造未最终确定，在考虑结构总体问题时，可假定结构为一个刚性的块体，即所谓整体假定，这样的假定对房屋总体估算不会引起明显误差。

结构设计中的总体问题应在结构设计的方案设计阶段解决。在方案设计阶段，建筑设计人员主要是在总体规划范围内对房屋的功能分区、人流组织、房屋体型、体量、立面、总体效果等提出设计方案；结构设计人员要对建筑设计方案提供结构方案，确定结构的总体形状、体系形式、构件形式和材料品种，以求结构体系和建筑方案协调统一。在此基础上对总体结构进行初步估算，以保证总体结构稳定可靠、结构合理，总体变形控制在允许范围内。总的来说，是要保证结构的可行性和合理性，至于结构的具体设计可放在以后进行。为此，首先要对房屋的荷载作出估计，以估算结构的总承载力、地基承受的总荷载，验算总体结构的高宽比和倾覆问题，初步估算房屋的总体变形以及结构总体系的布置方案。

第一节　结构的设计过程

如图0-6所示，结构的设计过程一般包括方案设计、初步设计和详细设计三个设计阶段。

一、方案设计

所谓方案设计，亦称概念设计，就是指工程（或产品）设计方案的产生，它是设计者在设计的初始阶段，从概念上，特别是从工程（或产品）设计的总体方案上考虑，综合运用其设计经验、设计知识来确定合理的设计方案。

方案设计是整个工程设计的第一步，也是最关键的一步，对整个工程项目的功能和质量起着决定性的作用，直接关系到工程项目的全局和设计的成败。

结构的方案设计主要是结构工程师配合建筑师在建筑方案设计阶段进行的，主要包括结构总体形状的确定、结构体系形式的确定、结构构件形式的确定和材料种类的确定等。

方案设计是相对于计算设计而言的。在结构的方案设计过程中，方案设计比计算设计更为重要，这是由于风荷载、地震荷载及垂直荷载的共同作用，结构体系、地基土影响的复杂性，以及结构计算模型与实际情况的差异等，使得计算设计很难有效地算出结构在上述荷载作用下的薄弱环节，因此在结构的方案设计阶段主要依靠设计师正确的结构概念进行设计，而不能完全依赖计算进行设计。

二、初步设计

结构的初步设计是对方案的完善和深化，是在建筑及其他相关专业所提供的条件下，综合考虑使用要求和各种约束条件，根据结构工程师的专业知识和经验提出可行的结构初步设计方案。初步设计主要包括以下几步：

（1）结构布置方案的确定；

（2）构件截面的初步确定；

（3）结构初始方案的分析；

（4）结构初始方案的评价；

（5）结构初始方案的选择；

（6）结构扩大初步设计（扩初设计）。

三、详细设计

结构的详细设计主要包括结构分析和施工图设计两个过程。

结构分析是将结构进行科学的抽象、简化，以形成结构的力学和数学模型，利用有效的结构分析方法（如有限元分析方法）和软件对结构进行力学分析和计算，得出结构的内力、变形、稳定性、动力特性等方面的信息，对结构初步设计阶段的结构方案做进一步的评价和校核（从强度、刚度和稳定性三个方面考虑）。施工图设计是根据结构分析的结果，对结构的构件和细部进行具体设计、配筋计算以及有关的构造设计，以保证结构构件有足够的承载力和刚度，各结构构件间有可靠联系，组成可靠的结构体系，最后给出可供实际施工的图纸。

第二节 荷载与作用

结构是建筑物的骨架，支承着自然的和人为的作用力，是建筑物能够存在的根本原因。这种作用力见表2-1。

表2-1　自然灾害类别表

引致灾害的自然作用		灾害类别
气象方面	极端雨量	
	太　多	洪　灾
	太　少	干　旱
	极端气温	
	太　高	热　浪
	太　低	霜冻、大风雪
	极端强风	台风、龙卷风、飓风
地貌方面	板块活动	地震、海啸、火山暴发
	重力作用	泥石流、雪崩
生物方面	与动物、微生物有关	
	蝗虫、白蚁等	虫　害
	细菌或病毒	疾病，如流感、"非典"、瘟疫
	与植物有关	
	真　菌	病害，如小麦的铁锈病
	数量激增	野草蔓延、赤潮

　　结构是建筑物的骨架，支承着自然的和人为的作用力，是建筑物能够存在的根本原因。这种作用力有两类（图2-1）。

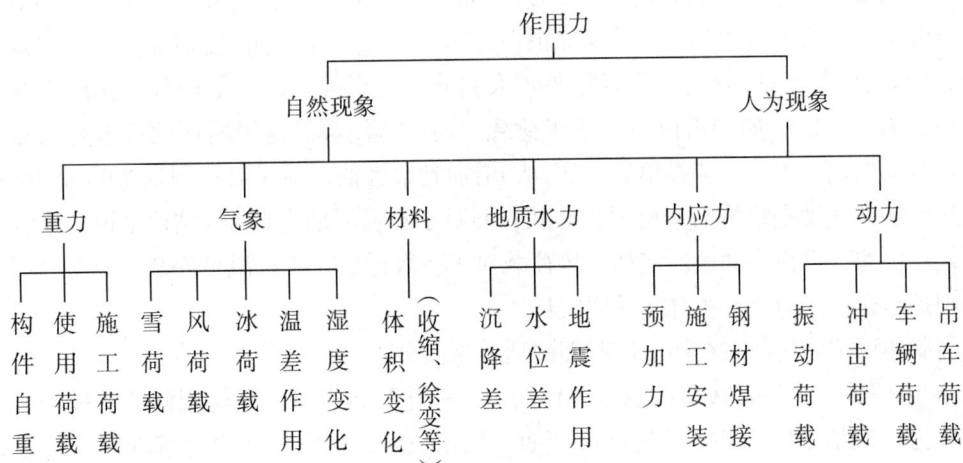

图2-1　建筑物上的作用力

（1）直接施加于结构上的集中力或分布力，使结构（或构件）产生内力效应的称荷载（也称直接作用）。如结构构件自重；构件上构造层（如地面等）的重力荷载；楼（屋）面上人群、设备等的使用荷载，雪荷载和施工荷载；施加在外墙面上的风荷载；建筑物中机器转动产生的振动荷载；突加给建筑物的冲击荷载，如爆炸力；等等。

（2）由某种原因使结构产生约束变形或外加变形，从而产生内力效应，这种原因称为作用（也称间接作用）。如地基不均匀沉降的外加变形引起的沉降作用（图2-2a）；温差或材料体积变化，但结构的变形受到约束而引起的温差（或收缩）作用（图2-2b）；地震时地面运动和质点加速度反应引起的惯性作用；因钢材焊接引起的热效应作用；等等。

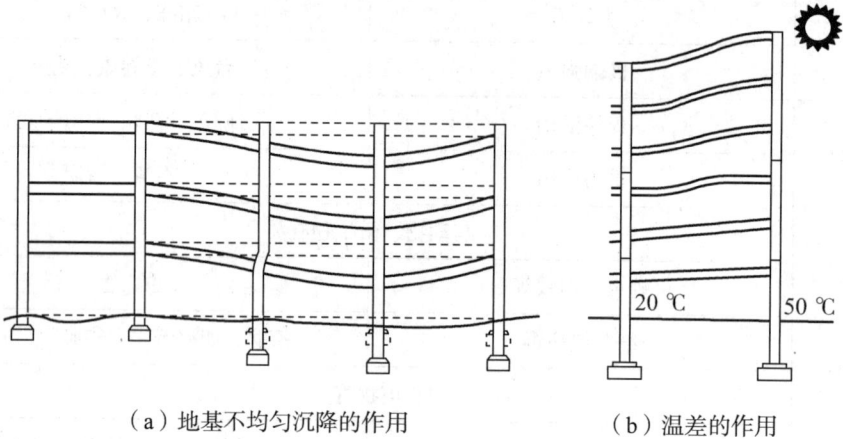

（a）地基不均匀沉降的作用　　　　　（b）温差的作用

图2-2　结构上的作用举例

进行结构概念设计时，应对该结构可能承受上述荷载和作用中的主要部分加以考虑，不要有所遗漏，这是最根本的一点。还要注意哪些是动载（也称动态作用，估算时要考虑动力系数），哪些是静载（也称静态作用，无须考虑动力系数），根据荷载和作用的性质而异。荷载和作用中的大多是动载，因为它们的值大多随时间在变化。但是从它们对结构的影响看，可分为两种情况：一是变化很慢，即它们产生的影响与静载差不多；二是变化很快，即它们所产生的影响与静载相差较大。前者属于静载，这是荷载和作用中的大多数；后者属于动载，如冲击荷载、吊车荷载、地震作用等。这里所谓的快慢是相对于结构的自振周期而言的，如果荷载在1 s内从0增加到最大值，对于自振周期为0.1 s的结构来说，这种加载速度是缓慢的，可视为静载；而对于自振周期为10 s的结构来说，这种加载速度是较快的，可视为动载。例如，风荷载对于一般低层建筑来说是静载，而对高层建筑来说则是动载，因为后者的自振周期较长。

荷载还可按它施加在结构上的时间的变异来区分：

（1）恒载（也称永久荷载或永久作用）——建筑物中每一个构配件的质量所引起的地心吸力，包括结构构件、楼地面、墙面、固定设备等。它们在设计基准期（一般为50年）内的量值不随时间变化，或其变化与平均值相比可以忽略不计，它们都是随机变量。

（2）活载（也称可变荷载或可变作用）——建筑物使用过程中所施加的可移动荷载，它们在设计基准期内的数值随时间变化，且其变化与平均值相比不可以忽略不计，它们都是随机过程。例如，楼面活载实际上是人体和家具加于楼面很小面积上的可移动荷载，在设计时利用等效原理将它们换算成全楼面的等效均布荷载。

（3）偶然荷载（也称偶然作用）——在设计基准期内不一定出现，但一旦出现，它的量值很大、持续时间很短，例如地震荷载、爆炸荷载等。

在结构设计中有时要考虑结构在承受恒载外还承受两种或两种以上活载的情况。由于它们不可能同时到达各自的最大值，因此为了使结构在承受恒载、两种或两种以上活载时的可靠度与该结构在恒载和单一活载作用下的可靠度一致，要考虑荷载的最不利组合问题。也就是说，在计算结构的内力效应（轴力、弯矩、剪力等）或变形、裂缝等时，要考虑各种活载的组合值系数（或频数值系数、准永久值系数，视结构设计的不同极限状态而异）。若只考虑该结构承受恒载和单一活载，则没有此荷载组合问题。

作用在建筑结构上的力通常可能由直接作用的荷载（例如结构自重荷载和作用在结构上的风荷载、雪荷载以及活荷载等）引起，也可能由结构变形或地面变形（例如地基沉降变形、结构收缩或温度变化引起的变形、地震引起的地面运动等）引起。这些作用力有些是永久的，如结构自重，其荷载值及作用位置几乎不变；有些是可变的，如活荷载、风荷载、雪荷载等，其荷载值和作用位置、方向等经常变化；还有一些是偶然的，如爆炸、地震或其他偶然事件引起的作用力，这些偶然作用力往往很少出现且作用时间很短，但一旦出现，其值很大。这三类作用力的大小以及持续的时间不同，对建筑结构的影响及造成的后果也不一样。永久作用力的时间很长，会引起结构材料的徐变变形，使结构构件的变形和裂缝增大，引起结构的内力重分布；可变作用由于其作用位置的变化，可能对结构各部分引起不同的影响，甚至产生完全相反的作用效应，所以在设计中必须考虑其最不利组合作用的影响；偶然作用的时间很短，材料的塑性变形来不及发展，其实际强度会提高一些。另外，由于瞬时作用，结构的可靠度可以取得小一些。常见荷载的标准值可以从我国现行《建筑结构荷载规范》（GB 50009，以下简称《荷载规范》）中查到。

在一般房屋设计的方案阶段，总体估算通常考虑竖向作用荷载和水平作用荷载。

一、竖向作用力的估算

1. 房屋总重

在一般工业与民用建筑中，竖向作用力主要是重力荷载，主要是房屋的自重。在方案阶段的近似估算中，通常可根据房屋类型、结构形式统计出某类房屋单位面积的折算荷载 W（包括楼面自重、墙柱及设备重量以及楼面活荷载等）近似估算，即

$$W = \sum_{i=1}^{m} q_i A_i n_i$$

式中 q_i——由统计资料提供的某类房屋的楼面折算荷载值；

A_i——相同荷载 q_i 的楼层面积；

n_i——相同荷载 q_i 的楼层层数；

m——楼层面积及荷载不同的类型数。

国内多层和高层建筑的 q_i 值为 $12 \sim 16$ kN/m²（其中活荷载为 $1.5 \sim 2.5$ kN/m²）。对于框

架及框架-剪力墙结构，q_i为12～14 kN/m²；对于剪力墙和筒体结构，q_i为14～16 kN/m²；对于混合结构房屋，尤其是在东北地区，因外墙很厚，q_i可能更大一些。因此，q_i随房屋所在地区、采用的结构形式、建筑材料等出入较大，以上数据仅供参考，在设计中应参考当地的统计资料，必要时可对当地同类房屋进行统计分析。

若各层荷载不同或面积不同，则应采用加权平均法分别统计后得出q_i。当房屋不对称或荷载不对称时，还需求出房屋的质量中心的作用位置，以便在计算分析时酌情考虑偏心带来的影响。

2. 房屋的总质量（总重）与地基承载力

房屋的各种荷载最终要通过基础传给地基。在设计方案阶段，先根据勘探提供的地质资料和地基承载力大致估算所需的基底面积以及利用哪一层土壤作为基础的持力层，以便确定基础形式和埋深等。

当房屋总质量不大而地基承载力较高时，可采用独立基础或条形基础；当地基承载力较低或荷载较大时，可考虑采用筏片基础，以扩大基础底面面积；若上层土质较差，也可采用桩基础。对于高层建筑结构，由于上部荷载很大，有时即使将房屋底面积全部做成筏片基础，其承载力也不一定能满足要求，此时应采用设置地下室的办法，挖去地下室的土壤，以补偿上部荷载引起的土壤附加压应力。这样既可使房屋建得更高，又不会引起过大的沉降。如图2-3所示，房屋越高，地下室也相应越深。另一方面，从高层建筑的稳定性及基础锚固、人民防空等方面考虑，也希望设置地下室。地下室深度从室外地面算起应为建筑物总高（h）的1/12～1/8左右。

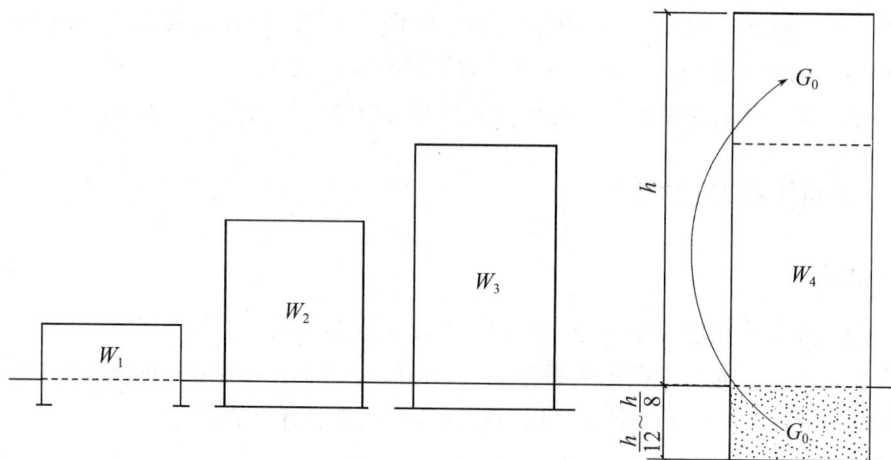

图2-3　地下室对地基附加压应力的影响

3. 墙、柱及基础荷载

估算墙、柱及基础荷载时，通常可近似地不考虑上部结构的连续性，即认为上部结构是简支梁板，墙、柱只承受每侧一半跨度传来的荷载。估算时可按跨度的一半划分墙柱的承受荷载面积，再根据上述楼面荷载估算墙、柱及基础的荷载N，如图2-4所示。

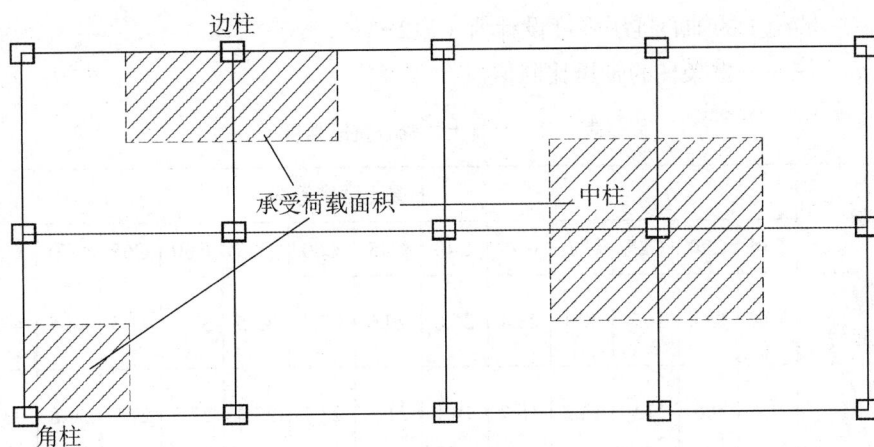

图2-4 墙、柱的竖向荷载估算

$$N=q_iA_in$$

式中 N——墙、柱荷载设计值;

q_i——相应房屋的楼层折算荷载值;

n——楼墙、柱的承受荷载楼层数;

A_i——墙、柱承受荷载面积（不考虑结构连续性）。

设计中需要根据墙、柱荷载和轴压比来确定墙柱的截面尺寸。轴压比 μ_N 是指墙、柱组合的轴力设计值与墙、柱的全截面面积和混凝土强度设计值乘积之比。轴压比直接影响墙、柱破坏时的延性,故《建筑抗震设计规范》（GB 50011—2010）根据房屋的结构类型、抗震设防烈度及抗震等级规定了相应的轴压比限值 $[\mu_N]$,设计中应严格遵照执行。以现浇钢筋混凝土框架结构为例,按有关规范,其相应的抗震等级和柱轴压比限值 $[\mu_N]$见表2-2。

表 2-2 现浇钢筋混凝土框架结构的抗震等级和柱轴压比限值 $[\mu_N]$

参　　数	地震烈度				
	7度		8度		9度
框架房屋高度/m	≤30	>30	≤30	>30	≤25
抗震等级	三　级	二　级	二　级	一　级	一　级
柱轴压比限值 $[\mu_N]$	0.9	0.8	0.8	0.7	0.7

《建筑抗震设计规范》（GB 50011—2010）规定:

$$\mu_N=\frac{N}{f_cA_c}\leqslant[\mu_N]$$

式中 N——框架柱轴力设计值;

μ_N——框架柱的轴压比;

A_c——柱截面面积;

f_c——混凝土的轴心抗压强度设计值（表2-3）；

[μ_N]——框架柱的轴压比限值。

表2-3 混凝土的轴心抗压强度

强　度	混凝土强度等级													
	C15	C20	C25	C30	C35	C40	C45	C50	C55	C60	C65	C70	C75	C80
标准值f_{ck} /（N·mm^{-2}）	10.0	13.4	16.7	20.1	23.4	26.8	29.6	32.4	35.5	38.5	41.5	44.5	47.4	50.2
设计值f_c /（N·mm^{-2}）	7.2	9.6	11.9	14.3	16.7	19.1	21.1	23.1	25.3	27.5	29.7	31.8	33.8	35.9
标准值f_{tk} /（N·mm^{-2}）	1.27	1.54	1.78	2.01	2.20	2.39	2.51	2.64	2.74	2.85	2.93	2.99	3.05	3.11
设计值f_t /（N·mm^{-2}）	0.91	1.10	1.27	1.43	1.57	1.71	1.80	1.89	1.96	2.04	2.09	2.14	2.18	2.22
弹性模量E_c /（10^{4}N·mm^{-2}）	2.20	2.55	2.80	3.00	3.15	3.25	3.35	3.45	3.55	3.60	3.65	3.70	3.75	3.80

二、水平作用力的估算

房屋所承受的水平作用力有风荷载、地震作用、土压力、水压力、吊车或其他车辆的制动力等。对于一般房屋，在方案阶段的整体分析中最重要的水平作用力为风荷载和地震作用。

1.风荷载

空气流动形成的风遇到障碍物（建筑物）时，就在建筑物表面产生压力或吸力，这种流体作用称为风荷载。风的作用是不规则的，风压随着风速、风向的紊乱变化而不停地改变。实际上，风荷载是随时间而波动的动力荷载，但房屋设计中把它看成静荷载。在高度较大的建筑中要考虑动力效应影响，适当加大风荷载数值。

根据《建筑结构荷载规范》（GB 50009—2012），作用在建筑物表面单位面积上的风荷载标准值w_k可按式（2-1）确定。

（1）对主要承重结构：

$$w_k=\beta_z\mu_z\mu_s w_0 \tag{2-1a}$$

（2）对围护结构：

$$w_k=\beta_{gz}\mu_z\mu_s w_0 \tag{2-1b}$$

式中　w_0——基本风压值，kN/m^2；

μ_s——风荷载体型系数；

μ_z——风压高度变化系数；

β_z——z高度处的风振系数；

β_{gz}——z高度处的阵风系数。

风荷载对建筑物的作用是非常复杂的。除了会引起房屋的倾覆以外，局部吸力也是引起房屋破坏的重要原因，尤其是对坡屋顶的破坏。有关风荷载的计算和结构分析，请详细参阅现行国家标准《建筑结构荷载规范》（GB 50009—2012）及相关文献。

2. 地震作用

地震作用是地震时由地面运动加速度引起的房屋质量的惯性力。设计中可近似认为建筑物的质量都集中在各层楼面标高处，地震作用的大小与地震烈度、建筑物的质量、结构的自振周期以及场地土的情况等许多因素有关。通常，地震时既有水平震动又有竖向震动，但在设计中主要考虑水平地震作用引起的惯性力的影响。通常建筑物顶部质量的惯性力最大，向下逐渐减小，在地面及地面以下为0。在方案阶段的总体分析时，一般只考虑房屋水平地震作用合力F_{eq}的作用效应，如图2-5所示。

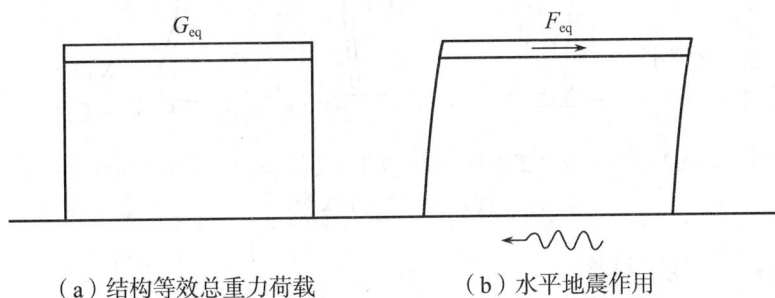

（a）结构等效总重力荷载　　　　　（b）水平地震作用

图 2-5　地面运动和地震作用

$$F_{eq} = \alpha_1 G_{eq}$$

式中　F_{eq}——结构总水平地震作用标准值；

　　　G_{eq}——结构等效总重力荷载；

　　　α_1——相应于结构基本自振周期的水平地震影响系数。

设计中有关地震作用的详细计算和分析请参阅《建筑抗震设计规范》（GB 50009—2016）及相关文献。

第三节　结构的根本功能、材料的基本性能与结构受力失效、可靠性

一、结构的根本功能

结构的根本功能有：① 承受正常使用和施工时可能出现的作用力；② 正常工作时有良好工作性能；③ 正常维护下有足够的耐久性；④ 偶然事件发生时保持必需的整体稳定性。结构的失效意味着上述任一预定功能的丧失。防止结构失效是结构概念设计要确保的任务。

结构失效包括下列5个方面：

（1）破坏——结构或其构件因所用材料的强度被超越，或应变大于其极限值而丧失承载力（图2-6a）；

（2）失稳——结构或其构件因截面过小被压屈或因连接处失效而形成可变体系（图2-6b），在不大的作用力下突然发生大变形的现象（图2-6a），同样也丧失承载力；

（3）变形过大（含裂缝过宽）——结构或其构件在施加作用力后发生影响使用的过大变形（图2-6c，含过宽裂缝）；

（4）耐久性丧失——结构所用材料在长期环境中受破坏因素的影响，丧失使用功能；

（5）倾覆或滑移——结构作为刚体失去平衡的现象（图2-6d，e）。

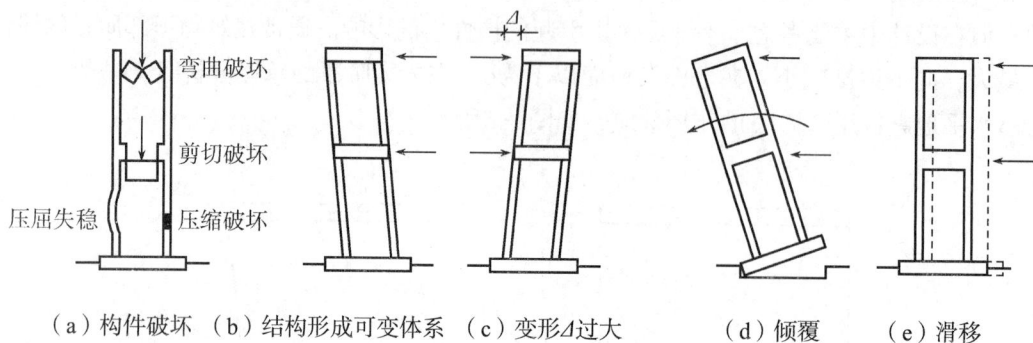

（a）构件破坏　（b）结构形成可变体系　（c）变形Δ过大　　　　（d）倾覆　　（e）滑移

图2-6　结构的失效

二、结构材料的性能

与失效现象直接相关的是结构所用材料的性能，主要包括：

（1）极限应力（钢材指屈服应力）和极限应变，与结构承载力有关。

（2）应力应变关系中的弹性模量、弹性阶段、塑性阶段和延性性能，它们都与结构的变形（含裂缝）有关。

（3）线膨胀系数，与结构的温度效应有关。

（4）其他重要性能，如耐久性、耐火性、冷弯性，冲击韧性等。

建筑结构采用的材料要有钢材、混凝土、砌体（砌块、砖、石等）、木材等。它们的应力-应变关系、极限应力、极限应变的比较，以及弹性、塑性和延性的表现如图2-7（a）所示。

材料的应力-应变关系也反映了由材料组成结构构件的受力P和变形f的关系，如图2-7（b）所示。

从图2-7（b）可见，在一般情况下结构受力和荷载的关系为：

（1）在结构自重和各种构造等恒载作用时，结构的变形（竖向和侧向）较小，结构处于弹性阶段（图2-7b的Ⅰ处）；

（2）结构承受活载时，变形有不大的增值（图2-7b的Ⅱ处，在一般情况下活荷载只相当于恒载的一小部分）；

（3）结构受一般地震作用（或风荷载）时所发生的变形可能比仅有活荷载时大得多，但两者同时发生其最大值的概率很低，这时结构快进入塑性阶段（图2-7b的Ⅲ处）；

（4）除承受规定的恒载、活载与风荷载、地震荷载的组合内力外，结构还应具备足够的储备承载力，而更重要的则是在正常荷载组合下结构要保持在容许应力、容许变形的极限范围内，这些限值通常是由材料的弹性性能界限所决定的；

（5）在遭到大地震时，结构受力和变形可能比一般情况大 2～4 倍，这时允许结构进入塑性阶段；正如材料要有延性，结构也应该有足够的延性（图2-7b中Ⅲ至Ⅳ处），它可以吸收地震能量，减小地震作用，保证结构不致倒塌，待震后修复。

图2-7（b）所示的 P-f 关系应作为结构概念设计时的重要概念。

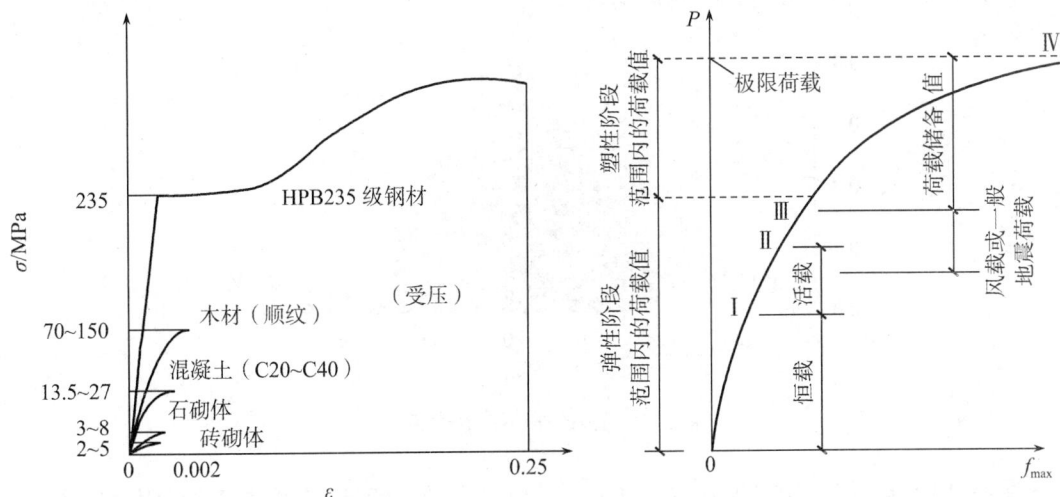

（a）不同材料的应力-应变关系对比　　　（b）不同荷载作用下的结构受力 P 与结构变形 f 的关系

图2-7　结构的失效

三、结构的可靠度和设计方法

建筑结构最主要的功能是确保使用者的生命、财产安全。以往曾按安全系数来定量描述结构确保安全的程度，目前则应用国际上最先进的可靠性理论并结合我国工程实践所确定的可靠度设计法来保证。

结构可靠度的基本概念是：结构在规定的时间内（指设计基准期），在规定的条件（指正常设计施工、使用和维修）下，完成预定功能的安全程度（以概率表示），它取决于荷载（作用）在结构中引起的荷载效应（S）与结构自身抗力（R）的关系：

荷载效应 S　　　结构自身抗力 R

图2-8

（1）当 $R>S$ 时，结构"安全"；

（2）当 $R<S$ 时，结构"失效"；

（3）当 $R=S$ 时，结构处于"极限状态"。

由于 R，S 都是随机变量，所以结构的安全程度取决于"失效"的概率值 P_f（控制结构安全程度的定量表述）的大小。安全度大的结构 P_f 小，安全度降低的结构 P_f 大。P_f 的数值极小，表达起来不方便，故利用统计运算表达为可靠指标 β。β 为标准正态概率分布中距离平均值为 β 倍标准差 σ（即 $\beta\sigma$）时相应的失效概率。实际建筑结构中的 β 值在 2.7 ~ 4.2 之间，相应的 P_f 为 1.3×10^{-5} ~ 3.5×10^{-3}。我国绝大多数建筑结构的 $\beta=3.2$ ~ 3.7，相应的失效概率为 1.0×10^{-4} ~ 7.0×10^{-4}。

正态分布下 $P-\beta\sigma$ 关系如图2-9所示。

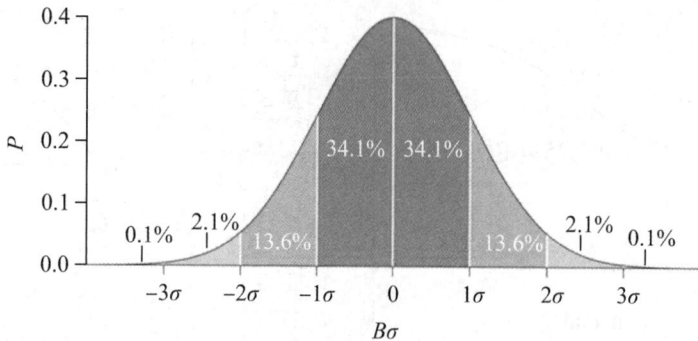

图2-9　正态分布下 $P-\beta\sigma$ 关系

建筑结构设计时采用极限状态设计方法，以可靠指标 β 度量其可靠度并采用分项系数的设计表达式进行设计。这里结构的极限状态指整个结构或其一部分能满足预定功能的特定状态；当超过此特定状态时，结构不能满足这些功能要求。极限状态分为两种：

（1）承载能力极限状态——相应于结构或构件达到最大承载力的情形。所有结构构件都要进行承载力（含失稳）计算；处于地震区的尚应进行抗震承载力验算；有些结构必要时还应进行倾覆、滑移的验算；还要保证结构的整体稳定性，使局部破坏不至于导致大范围或连续的倒塌。

（2）正常使用极限状态——相应于结构或构件的变形、裂缝或耐久性能达到某项规定取值，使其无法正常使用的情形。对使用上需要控制变形值的结构构件，应进行变形验算；对使用上要求不出现裂缝或限制裂缝宽度的构件，应进行混凝土拉应力或裂缝宽度的验算。

结构在极限状态设计中荷载的取值如下：

（1）承载力计算及稳定验算时应采用荷载的设计值，它等于荷载的标准值乘以荷载分项系数；当有两种或两种以上活荷载时，还要考虑荷载的组合问题。

（2）变形、裂缝控制验算时应采用相应的荷载代表值，包括荷载的标准值、组合值、频遇值和准永久值。

（3）进行结构的抗震设计时，地震作用及其他荷载值均应按《建筑抗震设计规范》的规定确定。

（4）预制构件应按制作、运输、安装时相应的荷载值做施工阶段验算；吊装时应考虑自重的动力系数。在极限状态设计中计算结构抗力 R 时，要采用材料强度的设计值，它等于材料强度的标准值除以材料分项系数。

上述极限状态设计方法中主要参数（具体值可查相应规范或标准）的概念如下：

（1）荷载标准值——结构在使用期间正常情况下可能出现的最大荷载概率分布的某

个分位值，现行《建筑结构荷载规范》（GB 50009—2012）规定取出现频率最高的值作为荷载标准值。由于荷载作用性质不同，对各种荷载的标准值又根据实践经验分别做了具体的规定。

（2）荷载分项系数——考虑荷载可能超载，在计算极限状态效应时一般应乘以大于1.0的系数，其中永久荷载分项系数$\gamma_G=1.0\sim1.35$（一般取1.2，现行标准取1.3），可变荷载分项系数$\gamma_Q=1.3\sim1.4$（一般取1.4，现行标准取1.5）。

（3）荷载组合值——当可变荷载有两种或两种以上时，所采用的荷载值等于组合值系数ψ_c与某一荷载设计值相乘，其目的是使组合后的荷载效应在设计基准期内的超越概率与该荷载单独出现时的相应概率趋于一致。荷载组合值系数$\psi_c=0.7$或0.9。

（4）荷载频遇值——在设计基准期内，其超越的总时间为规定的较小比率（或超越频率为规定频率）时的可变荷载值。

（5）荷载准永久值——在设计基准期内，其超越的总时间约为设计基准期一半时的可变荷载值。

（6）材料强度标准值——材料强度具有95%保证率的分位值。

（7）材料强度分项系数——出现不安全因素，从而在分析相应结构构件的可靠度以后引入的一个不小于1.0的系数。钢材的材料强度分项系数$\gamma_s=1.1\sim1.2$，混凝土的材料强度分项系数$\gamma_c=1.40$。

（8）设计基准期——为确定可变荷载以及与时间有关的材料性能而选用的时间参数。我国的国家标准对常用工程结构将设计基准定为50年。

上述结构可靠度和设计方法的基本概念主要在结构计算时应用，在结构概念设计中不一定会直接遇到，但是在结构概念设计中应考虑结构安全程度这一重要概念。

第四节 结构体系与构成

建筑结构是由许多结构构件组成的一个系统，其中主要的受力系统称为结构总体系。结构总体系由基本水平分体系、基本竖向分体系以及基础分体系三部分组成。

结构水平分体系一般由板、梁、桁（网）架组成，如板–梁体系和桁（网）架体系。基本水平分体系也称楼（屋）盖体系，其作用为：① 在竖向，承受楼面或屋面的竖向荷载，并把它传给竖向分体系；② 在水平方向，起隔板和支承竖向构件的作用，并保持竖向构件的稳定。

结构竖向分体系一般由柱、墙、筒体组成，如框架体系、墙体系和井筒体系等。其作用为：① 在竖向，承受由水平体系传来的全部荷载，并把它传给基础体系；② 在水平方向，抵抗水平作用力，如风荷载、水平地震作用等，也把它们传给基础体系。

地基与基础分体系一般由独立基础、条形基础、交叉基础、片筏基础、箱形基础（一般为浅埋）以及桩、沉井（一般为深埋）组成。其作用为：① 把上述两类分体系传来的重力荷载全部传给地基；② 承受地面以上的上部结构传来的水平作用力，并把它们传给地基；③ 限制整个结构的沉降，避免不允许的不均匀沉降和结构的滑移。

　　结构水平分体系和竖向分体系之间的基本矛盾是：竖向结构构件之间的距离愈大，水平结构构件所需要的材料用量愈多。好的结构概念设计应该是寻求一个最开阔、最灵活的可利用空间，满足人们使用的功能和美观的需求，而为此所付出的材料和施工消耗最少，并能适合本地区的自然条件（气候、地质、水文、地形等）。

　　基础的形式和体系要按照建筑物所在场地的土质和地下水的实际情况进行选择和设计。为此，在结构概念设计前至少要拥有该建筑物所在场地的初步勘察报告。这是结构概念设计的必备条件。

　　显然，了解并掌握当地有关环境的基本情况和基本数据，如地形图、地震设防烈度、风雪荷载、气温变化、雨季和最高雨量等，对确定结构的三个基本分体系有着重要影响。

　　建筑物、建筑结构总体系、三个基本分体系、基本结构构件和构件受力状态之间的隶属关系如图2-10所示。

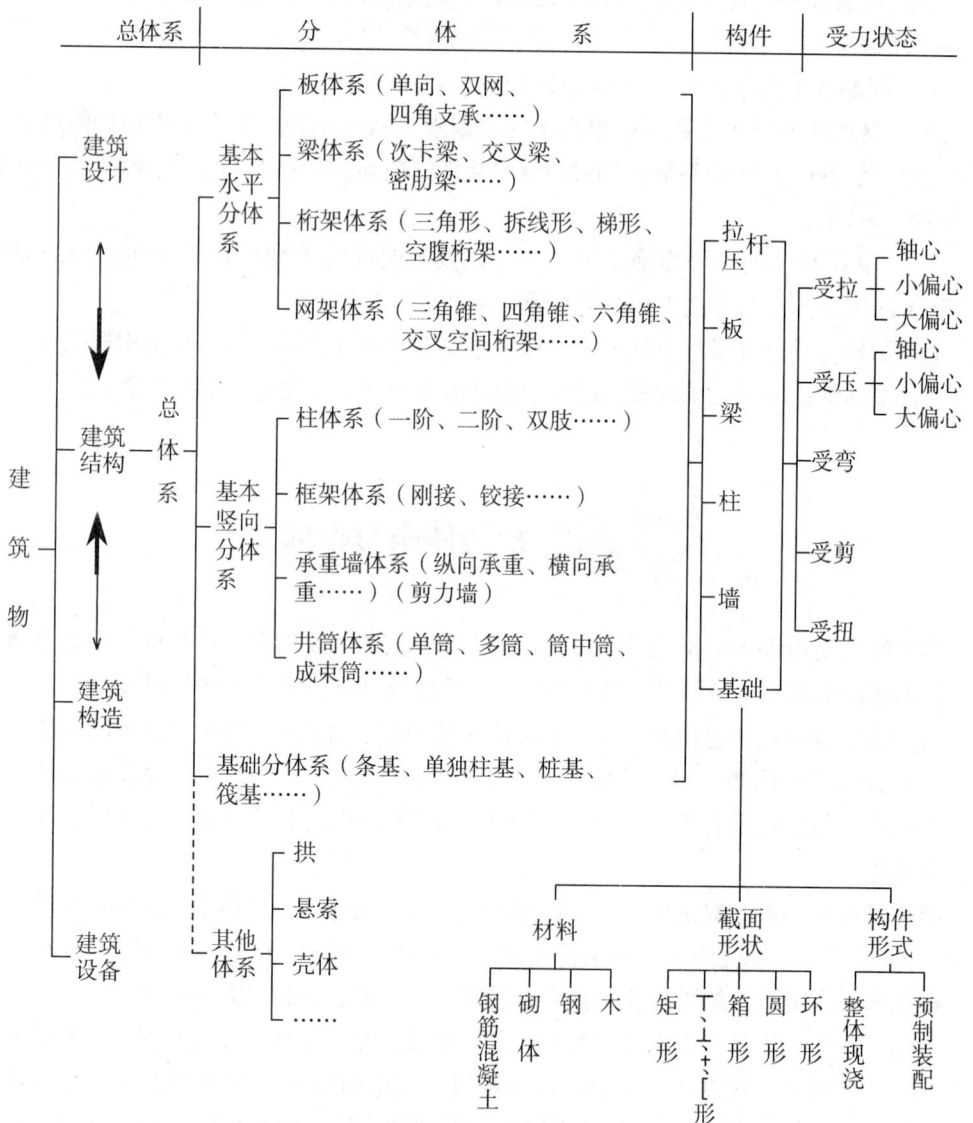

图2-10　结构总体系与基本分体系的隶属关系
（粗箭头方向表示主要作用，开口箭头方向表示反作用）

变形与刚度

结构的极限状态包括承载能力极限状态和正常使用极限状态。一般情况下，设计者对承载能力极限状态都很重视（因为一旦丧失承载能力，结构就会发生倒塌或失稳、倾覆等破坏，将造成生命和财产的重大损失），而对正常使用状态的刚度和变形问题重视不够。实际上，一幢建筑物在施加各种设计所允许的作用力后，若刚度过小，则可能会出现过大变形，致使装饰材料开裂甚至剥落；影响电梯正常运行；影响加工车间的产品加工精度；会使人感到不适；等等，这些都不满足建筑物正常使用要求。随着建筑向着更高层发展，水平作用力成为主要因素；房屋越来越高，同时由于高强度材料的应用，结构构件的截面做得更小更细，因此，结构的刚度和变形问题越来越突出，在设计中应当予以足够的重视。

在结构设计中通常要用到截面刚度、构件刚度和结构刚度等概念，本节将分别讨论。

一、截面刚度和截面变形

根据力学的定义：刚度是产生单位变形所需要的力。这里所指的变形和力是广义的，变形可以是位移、应变、曲率、转角等；力可以是轴力、弯矩、剪力或扭矩。单位力作用下的变形称为柔度，柔度和刚度互为倒数。

截面刚度（图2-11）与截面尺寸、形状、材料有关，与构件长度无关。

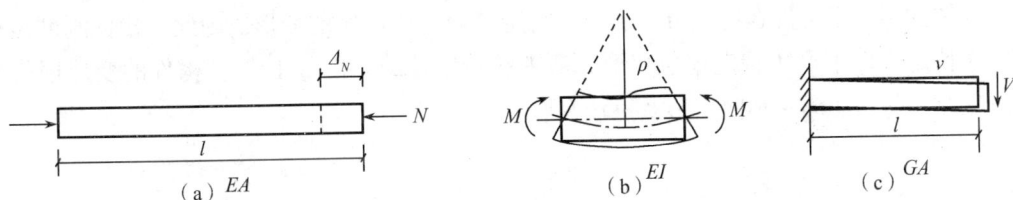

图2-11 截面刚度

1. 截面的轴向刚度EA及轴向变形Δ_N

均匀承受轴心荷载（压和拉）的杆件如图2-11（a）所示，根据力学知识有：

$$\Delta_N = \frac{Nl}{EA} \quad \text{或} \quad EA = \frac{N}{\Delta_N/l} = \frac{N}{\varepsilon}$$

式中　N——轴向力；

　　　l——杆件长度；

　　　E——杆件材料弹性模量；

　　　A——杆件截面面积；

　　　ε——轴向力N引起的轴向应变，$\varepsilon = \Delta_N/l$。

可见，截面轴向刚度EA是使截面发生单位应变时所需要的力，与杆件长度无关。

2. 截面的抗弯刚度EI及弯曲变形1/ρ

弯曲变形是弯曲引起构件截面发生转动的结果，通常由截面曲率1/ρ表示。以纯弯构件为例（图2-11b），根据力学知识有：

$$\frac{M}{EI}=\frac{1}{\rho} \quad 或 \quad EI=\frac{M}{\frac{1}{\rho}}$$

式中　　M——截面弯矩；

　　　　I——截面惯性矩；

　　　　$1/\rho$——构件变形后该处截面的曲率；

　　　　ρ——构件变形后该处截面的曲率半径。

因此，截面的抗弯刚度EI为使截面产生单位曲率所需要施加的弯矩，与构件长度无关。

3. 截面剪切刚度GA

如图2-11（c）所示，由力学知识可得：

$$GA=\frac{V}{\gamma}$$

式中　　V——剪力；

　　　　G——材料的剪切模量；

　　　　γ——剪力引起的剪切角。

截面剪切刚度GA为使截面产生单位剪切角所需的剪力，也与构件长度无关。

二、构件刚度及构件变形

构件变形是指构件在特定方向上作用特定荷载时所产生的变形。因此，构件刚度是指构件在特定方向上产生特定单位变形时所需的特定荷载（图2-12）。构件的变形通常有弯曲变形、剪切变形、轴向变形及扭转变形。

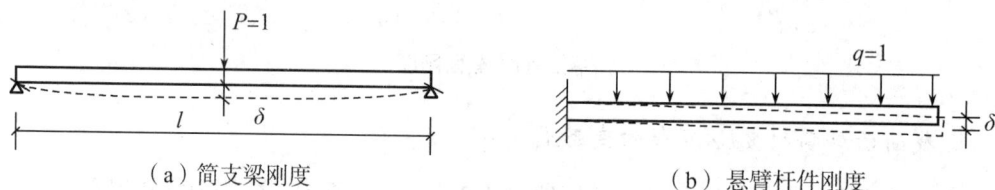

（a）简支梁刚度　　　　　　　　　　　（b）悬臂杆件刚度

图2-12　杆件刚度举例

在建筑结构工程中，对于梁柱这样的杆件，以弯曲变形为主，一般只需考虑第一项——弯曲变形的影响；对于像剪力墙、深梁这样的构件，由于截面较高，剪切变形所占比例较大，应考虑弯曲变形及剪切变形的影响；对于超高层房屋，由于房屋的高宽比较大，长柱子的轴向变形引起房屋的侧移也占有一定的比例，此时宜考虑轴向变形的影响。扭转变形对结构构件受力很不利，通常在结构布置时应尽量避免或减小扭转，故除极个别情况外，一般不考虑扭转变形影响。

下面以悬臂柱为例进行分析。悬臂柱的柱长比截面尺寸大很多，通常称为杆件。杆件的弯曲变形较大，相比之下剪切变形和轴向变形的影响小到可以忽略不计，因此只计弯曲变形。悬臂柱在柱顶水平力作用下的变形 $\Delta = \dfrac{\rho h^3}{3EI}$；在柱顶单位水平力作用下的位移 $\delta = \dfrac{h^3}{3EI}$，称为柔度；产生柱顶单位侧移所需的力 $\dfrac{1}{\delta^3} = \dfrac{3EI}{h^3}$，称为该柱在单位柱顶水平力作用下的抗侧移刚度，如图 2-13 所示。

又如，承受均布荷载的简支梁也是一个杆件，可只考虑弯曲变形，其跨中挠度 $\Delta = \dfrac{5}{384} \cdot \dfrac{qL^4}{EI}$，在单位均布荷载下的跨中挠度 $\delta = \dfrac{5}{384} \cdot \dfrac{L^4}{EI}$，称为柔度，则产生单位跨中挠度所需施加的均布荷载 $\dfrac{1}{\delta} = \dfrac{5}{384} \cdot \dfrac{EI}{L^4}$，称为简支梁在均布荷载作用下的刚度，如图 2-14 所示。其他支承条件、荷载情况下的变形在一般材料力学教材中均可找到，读者可自行查阅参考。可见，构件的刚度与构件支承条件、荷载状况以及特定的变形有关，且柔度和刚度互为倒数。

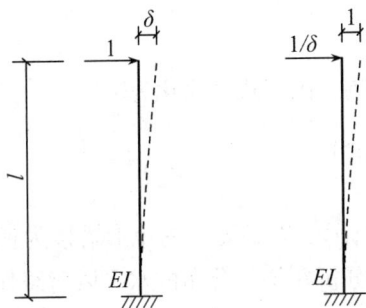

（a）结构柔度 δ　　（b）结构刚度 $1/\delta$

图 2-13　悬臂柱的抗侧移刚度

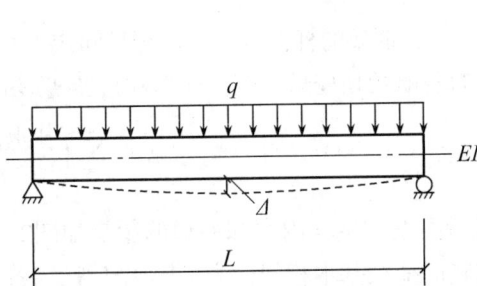

图 2-14　简支梁在均布荷载作用下的变形

对于非杆件的一般构件（如墙或其他薄壁构件），剪切变形、轴向变形和扭转变形有时不能忽略。此时，构件在某特定荷载下沿特定方向的变形 Δ 由弯曲变形、剪切变形、轴向变形和扭转变形四部分组成，用虚位移原理可表达为

$$\Delta = \int_0^L \frac{M_1 M_p}{EI}\mathrm{d}x + \int_0^L \frac{V_1 V_p}{GA}\mathrm{d}x + \int_0^L \frac{N_1 N_p}{EA}\mathrm{d}x + \int_0^L \frac{M_{T1} M_{Tp}}{GI_T}\mathrm{d}x \tag{2-2}$$

式中　EI，GA，EA，GI_T——构件截面的弯曲刚度、剪切刚度、拉压刚度和抗扭刚度；

　　　　M_1，V_1，N_1，M_{T1}——沿特定位移方向上单位力引起的构件弯矩、剪力、轴力和扭矩；

　　　　M_p，V_p，N_p，M_{Tp}——荷载引起的构件弯矩、剪力、轴力和扭矩。

在建筑工程中，对于梁柱这样以弯曲变形为主的杆件，一般只需考虑第一项弯曲变形的影响；对于剪力墙、深梁这样的构件，由于截面较高，弯曲变形很小，剪切变形所占比例较大，应考虑前两项弯曲变形及剪切变形的影响；对于超高层房屋，由于房屋高宽比较大，长柱子的轴向变形引起房屋的侧移也占有一定的比例，此时宜考虑轴向变形的影响。扭转变形对结构构件受力很不利，通常在结构布置时应尽量避免或减小扭矩，故除极个别情况外，一般扭转变形的影响不大。

三、建筑结构刚度

建筑结构刚度是使结构产生单位侧移所需的力。建筑结构通常由许多结构构件组成，因此，结构构件的刚度不同，构件的布置方式及连接方式不同，建筑物形式、受力方向、宽度和材料性质不同，形成的建筑结构刚度亦不同。下面以一栋小塔楼采用不同的布置方案、不同的截面刚度为例，讨论建筑结构刚度的变化。假设结构构件仅考虑截面的抗弯刚度，因此，建筑物的刚度亦取决于整个结构的抗弯刚度。

房屋结构通常是由许多结构构件组成的，即使一榀简单的框架，也是由多根柱和横梁组成的。通常所说框架的抗侧移刚度是指引起框架顶端单位侧移所需的力（或荷载），而框架的侧移是由多根横梁和立柱的变形引起的。框架在荷载下的顶端侧移可表达为

$$\Delta = \sum_{i=1}^{m} \left(\int_0^L \frac{M_1 M_p}{EI} \mathrm{d}x + \int_0^L \frac{V_1 V_p}{GA} \mathrm{d}x + \int_0^L \frac{N_1 N_p}{EA} \mathrm{d}x + \int_0^L \frac{M_{T1} M_{Tp}}{GI_T} \mathrm{d}x \right)$$

式中　m——框架的杆件数，其他符号同式（2-2）。

若忽略剪切变形、轴向变形和扭转变形的影响，则上式可简化为

$$\Delta = \sum_{i=1}^{m} \left(\int_0^L \frac{M_1 M_p}{EI} \mathrm{d}x \right)$$

房屋高度对结构内力和变形的影响如图2-15所示。以最简单的矩形塔楼为例，各标准层的竖向荷载基本相同，为了简化计算，我们只分析在均匀分布的水平风荷载作用下的情况。

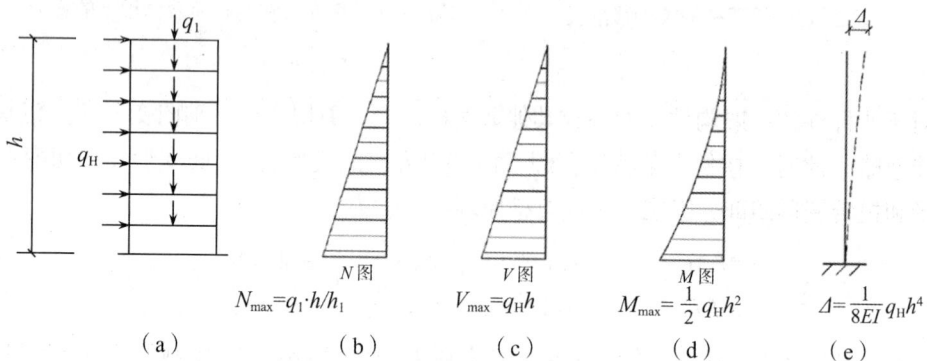

$N_{max}=q_1 \cdot h/h_1$　　$V_{max}=q_H h$　　$M_{max}=\frac{1}{2} q_H h^2$　　$\Delta=\frac{1}{8EI} q_H h^4$

（a）　　　　（b）　　　　（c）　　　　（d）　　　　（e）

图2-15　房屋高度对结构内力和侧移的影响

1. 结构的竖向荷载

由于各标准层的层高和楼层荷载基本相同，所以结构的竖向荷载与计算截面以上的楼层数成正比，也可以说是与结构总高度成正比。如图2-15（b）所示，结构底部竖向荷载最大值 N_{max} 为

$$N_{max}=q_1An=q_1Ah/h_1$$

式中 q_1——包括墙体自重在内的楼层折算均布荷载；

A——计算单元的楼层面积；

n——楼层数，当各层层高相同时，$n=h/h_1$；

h——建筑物总高；

h_1——每层层高。

2. 结构的水平剪力

在均布水平荷载作用下，结构水平剪力V与计算截面以上高度成正比。如图2-15（c）所示，底部最大剪力V_{max}为

$$V_{max}=q_Hh$$

式中 q_H——假设均匀分布的计算单元的水平风荷载。

3. 结构的总弯矩

结构截面弯矩与计算截面以上高度的平方成正比。如图2-15（d）所示，底部最大弯矩M_{max}为

$$M_{max}=\frac{1}{2}q_Hh^2$$

4. 房屋的顶部侧移

由结构力学知识，若假定各层结构截面不变，如图2-15（e）所示，则承受均布荷载的悬臂柱的顶端位移为

$$\Delta=\frac{q_H}{8EI}h^4 \tag{2-3}$$

以上是在均布水平荷载下的剪力、弯矩和顶端侧移的关系式。可见，对于高层房屋，随房屋高度h的增加，如何解决结构的刚度和侧移问题将转化为主要矛盾。有时控制侧移的难度要更大一些。从位移计算公式（2-3）可见，要减小侧移只有增大结构的截面刚度EI。对于高层建筑来说，事实上水平风荷载和地震水平力都是按倒三角形分布的，情况将更为不利。

5. 关于房屋刚度的讨论

下面讨论一座小塔楼的几种结构方案，研讨如何提高结构刚度。如图2-16所示，设塔楼平面尺寸相同，边长均为5.2 m，结构截面面积均为4 m²。

方案1：由四根1 m见方的小柱组成，其截面刚度即四根柱截面刚度（单位为m⁴）的总和EI_1为

$$EI_1=E\times4\times\frac{1}{12}\times1^3=\frac{4}{12}E=\frac{1}{3}E$$

方案2：若将四根小柱合并为一根大柱，则刚度EI_2（单位为m⁴）为

$$EI_2=E\times\frac{2}{12}\times2^3=\frac{16}{12}EI_1=\frac{4}{3}EI_1$$

方案3：若将四根1 m见方的柱"拍扁"，做成四片独立的墙，每片尺寸为0.2 m×5 m。由于墙体出平面的刚度很小，而平面内的刚度比出平面的刚度大得多，在水平荷载作用下，垂直荷载方向墙的刚度可以忽略不计，荷载仅由沿着荷载方向的两片墙来承受，故其刚度EI_3（单位为m⁴）为

$$EI_3 = E \times \frac{2}{12} \times 0.2 \times 5^3 \approx 12.5EI_1$$

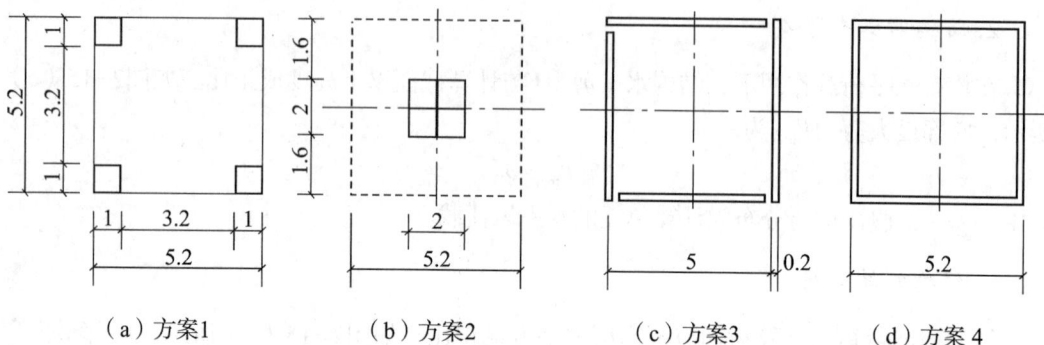

（a）方案1　　　　（b）方案2　　　　（c）方案3　　　　（d）方案4

图2-16　结构截面刚度的比较（单位：m）

方案4：若将上述四片墙在墙角处连成整体，形成箱形截面，则根据材料力学知识有

$$EI_4 = E \cdot \frac{1}{12} \times (5.2^4 - 4.8^4) \approx 50EI_1$$

比较以上几种结构方案可以看出，尽管截面面积相同（使用相同数量的建筑材料），但合理改变结构形式可以大大提高刚度。

由以上分析对比可见：

（1）将小柱合并成大柱，可有效地提高抗侧移刚度，这是结构设计中所谓材料集中使用的原则。

（2）结构墙的平面内刚度比柱大得多，利用结构墙可大大提高房屋的抗侧移刚度。

（3）垂直荷载方向的墙体在独立工作时处于平面外受弯状态，其抗弯刚度与平面内的抗弯刚度相比可以忽略不计。然而，当组成整体箱形截面后，它是作为箱形截面的翼缘参加抗弯工作的，内力臂很大，是箱形截面抗弯刚度的主要部分，大大提高了抗弯承载力。

（4）对比方案3和方案4，可见它们的刚度相差4倍，而实际上的差别仅在于将四片独立墙联系起来，使其整体共同工作，形成一个完整的箱形截面（即筒体），截面变形符合平面假定。由此也可以看出墙片间连接构造的重要性，即如果连接失效，方案4又会恢复为方案3，抗弯刚度下降。

由此推理，若能将方案1的4根柱加上刚性联系，使其共同工作，截面变形符合平面假定，则刚度还可以进一步提高。上述方案都只是在结构平面上的改进，其实还可在立面上想办法。

方案5：如图2-17所示，若在4根小柱顶端加上刚性很大的横梁，形成框架，保证4根小柱像整体截面一样共同工作，则其抗弯刚度比方案4的还大。下面来分析一下方案5的受力状态，例如在左侧水平荷载下，若没有刚性横梁，则两排柱都像独立悬臂柱一样自由侧

移；若在柱顶加上刚性横梁，并与柱刚性连接，则刚性横梁在柱变形前与柱垂直相交，在柱变形后仍要保持与柱垂直相交，为此刚性横梁中存在很大剪力，迫使左柱拉长、右柱压缩，从而在柱中产生轴力，左柱受拉、右柱受压，形成反向力矩，抵消了一部分倾覆力矩。若以柱顶刚性横梁作为隔离体，则刚性横梁受到左柱拉力和右柱压力的力矩作用，转角大大减小。可见，柱间刚性横梁使柱顶变形一致，引起柱内附加轴力，并组成反向力矩，大大减小了柱顶侧移，提高了结构刚度。

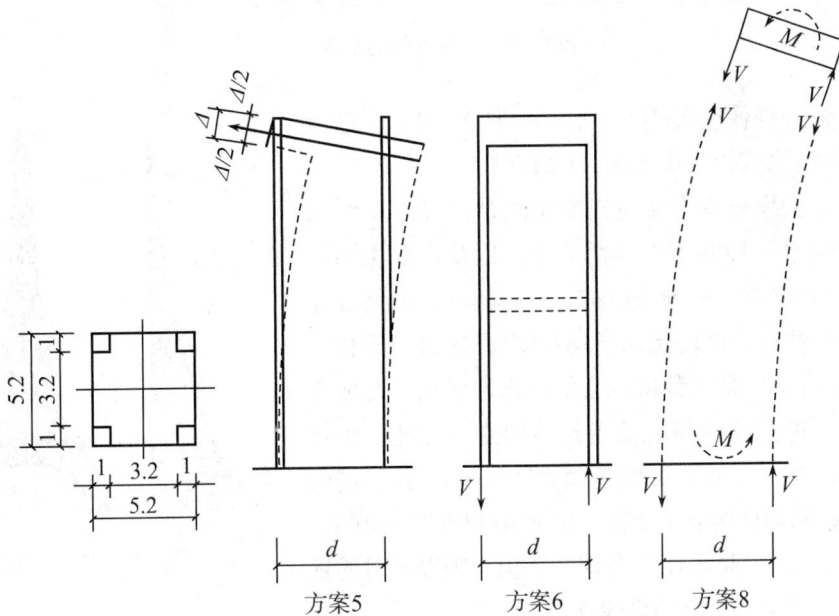

图2-17　柱顶加横梁

　　方案6：形成多层框架（图2-17）。方案5实际上是一榀带刚性横梁的单层框架，单层框架的抗侧移刚度比独立柱好得多。但若柱子过长、过高，则受压过程中容易失稳。为此，可以增设多个中间横梁（与所需的楼层一致），形成多层框架，不仅减小了柱的计算长度，防止了柱子失稳，而且满足了使用要求。

　　方案7：形成桁架体系（图2-18）。方案6这种多层框架的杆件内力以弯矩为主，而杆件的弯曲变形比较大，若在多层框架中加上交叉支撑，形成桁架体系，则构件内力以轴力（拉压）为主，弯矩大大减小，从而大大提高了结构的抗侧移刚度。

　　方案8：让塔楼体形接近弯矩图（图2-18），桁架体系减小构件弯矩，内力以轴力（拉压）为主，大大提高了结构的抗侧移刚度，但一座塔楼就像一根嵌固在地上的悬臂梁，在水平均布荷载作用下的弯矩图近似为抛物线，而上述塔楼抗侧移刚度结构是平行弦桁架。很明显，此桁架弦杆的底部内力很大，顶部内力很小，因而结构不合理。若在立面上把立柱的外形也做成抛物线，则弦杆的内力几乎处处相同，结构就会比较合理。

　　不难看出，这几种方案先从平面上改进，又从立面上（图2-18）改进，在材料用量基本不变的情况下，结构刚度越来越大，受力更加合理。由此可见，作为一名结构工程师，运用所学的力学知识和结构知识，在结构设计中是可以大有作为的。经过上述不断改

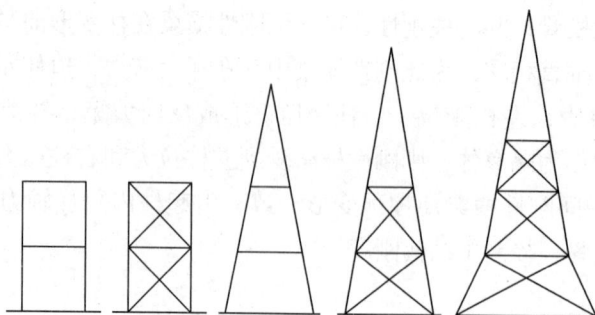

图2-18　立面外形的改进

进的塔楼越来越像巴黎埃菲尔铁塔（图2-19），这就再一次证明了埃菲尔铁塔的结构合理性。

图2-19　埃菲尔铁塔

埃菲尔铁塔矗立在法国巴黎市战神广场上，旁靠塞纳河。为举行1889年世界博览会，以及庆祝法国大革命胜利100周年，法国政府进行建筑招标，最终确立建造埃菲尔铁塔。该塔始建于1887年1月26日，于1889年3月31日竣工，是巴黎博览会的标志性建筑，并成为当时世界上的最高建筑。该建筑结构受力合理，雄伟壮观，塔高H=321 m，塔底平面为80 m×80 m，塔脚由四个角铁和扁铁构成桁架柱，用钢量Q为0.85×10^4 t，Q/H=26.5 t/m。如果采用不合理的结构，则以当时的铁强度就无法建起这么高的塔建筑。

四、建筑物的形式（不对称）对结构的影响

通常，建筑物的总体形式对结构的刚度及承载力会产生较大的影响。例如，当建筑立面对称时，恒载不会引起总体水平弯曲；当建筑立面为非对称时，或当支承体系合力不在房屋重心轴上时，恒载将引起总体弯曲，形成倾覆力矩，造成结构受力不均匀、倾覆或产生不均匀沉降，如图2-20所示。设计中必须考虑这种不利影响。当竖向荷载与结构产生偏心时，类似于水平荷载的作用，将形成倾覆力矩；在地震作用和风荷载组合时，由于地震作用与风荷载方向的任意性，偏心的竖向荷载可能成为重要问题。因此，应该在最初就

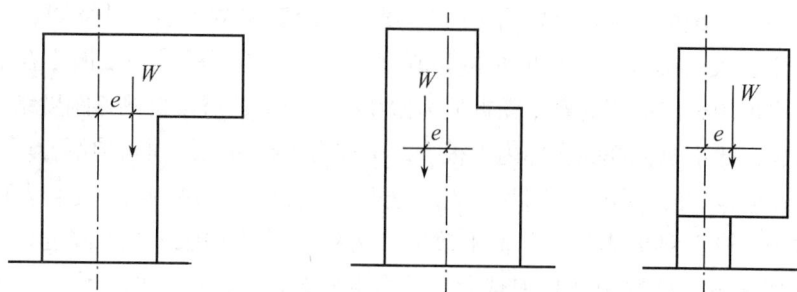

图2-20　建筑物不对称的影响

分析竖向荷载的偏心，并将非对称性的竖向荷载及水平作用按最不利情况组合起来，计算出可能的最大倾覆力矩，进行整体设计。

　　结构平面布置亦必须考虑有利于抵抗水平和竖向荷载，受力明确，传力途径清楚，平面布置尽量对称、规则，以减小扭转及地震作用的影响。除平面形状外，各部分尺寸都有一定的要求。首先平面的长度L不宜过大，长宽比L/d一般宜小于6（表2-4），以避免两端相距太远，振动不同步，而使结构受到损伤；同时为了保证楼板在平面内刚度很大，也为了防止建筑物各部分之间振动不同步，建筑平面外伸长度也应尽可能小。平面各部分尺寸如图2-21所示，宜满足表2-4。

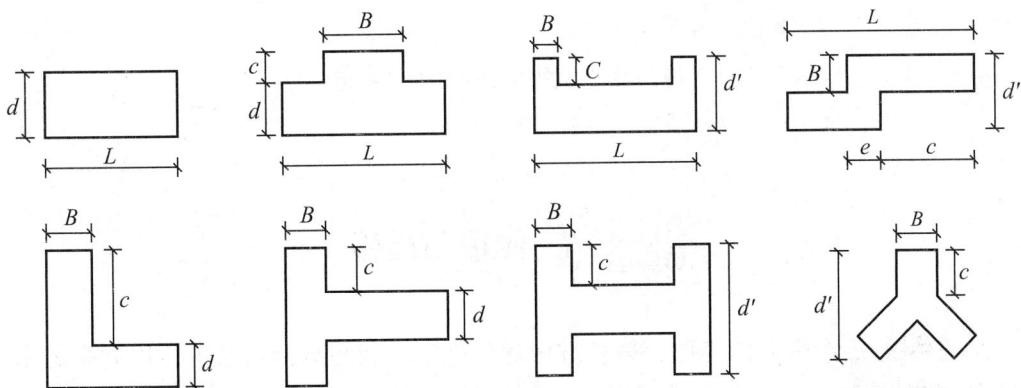

图2-21　各种平面形状

表2-4　平面尺寸的限值

设防烈度	L/d	L/d'	C/B	e/d'
6度、7度	<6	<5	<2	≥1
8度、9度	<5	<4	<1.5	≥1

　　在高层建筑结构中，结构抗侧移刚度不对称会使水平荷载与结构抗侧移刚度的中心（简称刚度中心）偏心，将使房屋整体发生扭转。建筑总体形式与支承体系之间不对称，也会引起风荷载和地震作用；与抵抗剪力之间存在水平方向不对称问题（图2-22），也会产生水平扭转。结构在水平荷载作用下，不仅有侧移，还有扭转变形。扭转将使结构产生非常不利的影响，如使靠近四角的结构部分的内力和变形增大许多，甚至发生破坏。因此，在设计中应设法避免或尽可能减小扭转变形，使水平荷载合力与结构的刚度中心或支承平面中心重合。

　　结构的抗侧移刚度为组成结构的抗侧移构件刚度之和，而构件抗侧移刚度为构件产生单位变形所需的反力，因此结构的刚度中心即这些反力的合力。在进行结构设计中，尽量使水平荷载合力通过结构刚度中心。

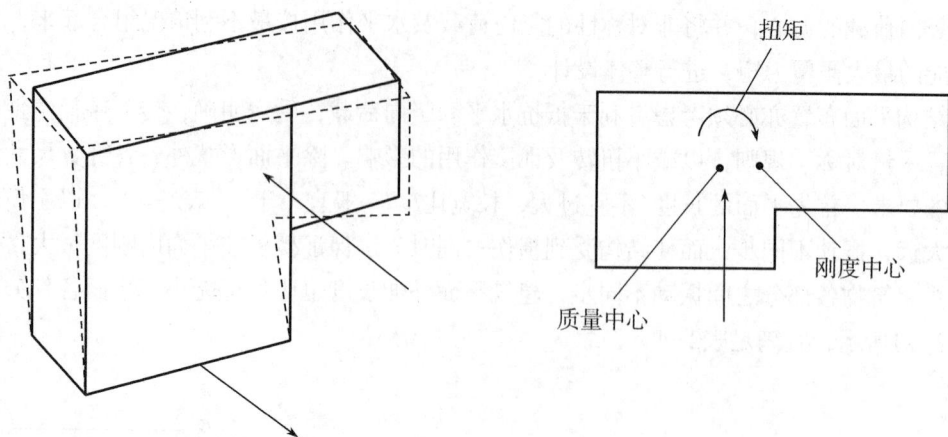

图2-22　建筑物不对称产生的扭矩

第六节　倾覆与滑移

对于一般矩形平面的房屋，较长方向比较稳定，较短方向易倾覆，因此高宽比的"宽"是指房屋较短方向的结构尺度。一般情况下，悬挑部分或围护结构对抗倾覆没有作用，不应计算在内。

以双列柱构成的房屋为例，水平力 H 引起的倾覆力矩必须由支承体系的竖向反力组成的力偶来抵抗，如图2-23所示。

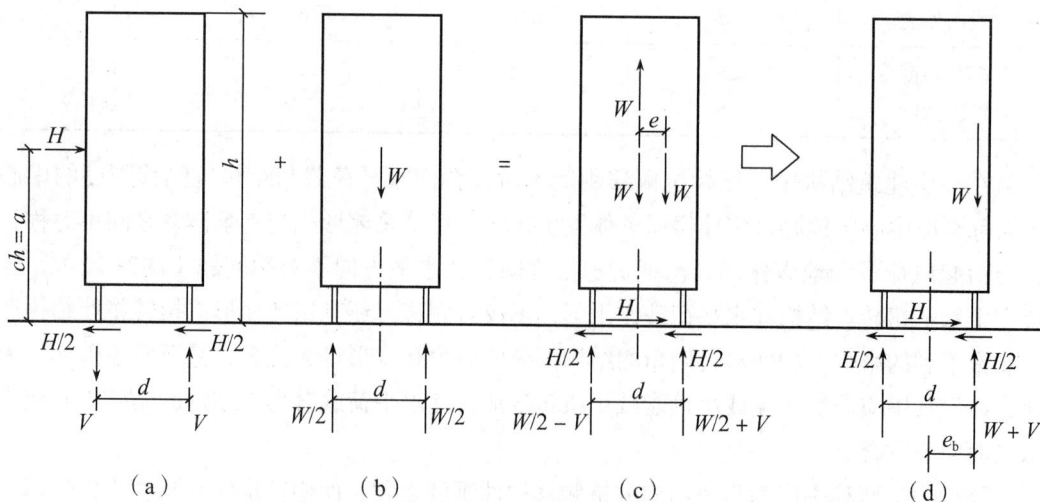

图2-23　房屋高宽比与抗倾覆

$$Ha=Hch=Vd$$

$$V=Hc\frac{h}{d}$$

式中，$c=a/h$ 为水平力 H 作用点的相对高度，与房屋体型和水平力分布有关，称为倾覆力臂系数。

很明显，支承体系的竖向反力 V 与结构宽度 d 成反比，与房屋高度 h 成正比，可见房屋的高宽比 h/d 是建筑结构抗倾覆能力的重要指标。

建筑结构同时还要承受竖向荷载 W，对于对称的双列柱结构，竖向荷载将由竖向支承平均分担。同时承受竖向荷载 W 和水平荷载 H 时，可以进行简单的叠加，也可用等效偏心力来代替，其偏心距 e 为

$$e=\frac{Hch}{W} \tag{2-4}$$

房屋结构的地基一般只承受压力，如果地基要受拉，则必须设锚杆，这将大大增加建筑造价和施工难度。因此，一般情况下认为地基不能抗拉，即在竖向荷载 W 和水平荷载 H 共同作用下，支承体系底部不得产生拉力，否则房屋会倾覆。由图2-23可见，对于双列柱的情况，偏心距 e 最大不能超过 $d/2$，即最大偏心距 $e_{max}=e_b=d/2$，此时为临界状态或倾覆极限状态。

现引入相对偏心距（或叫偏心比）e_r 的概念，即

$$e_r=e/e_b \tag{2-5}$$

式中　e——水平荷载 H 和竖向荷载 W 引起的荷载偏心距；

　　　e_b——相应建筑结构倾覆临界状态下的偏心距，对于双列柱，$e_b=d/2$。

e_r 反映了荷载偏心距 e 与抗倾覆极限偏心距 e_b 的比值。很明显，当 $e_r<1$ 时，地基无拉力，结构稳定；当 $e_r=1$ 时，结构处于倾覆极限状态；当 $e_r>1$ 时，地基要承受拉力，若不设锚杆，结构将倾覆。

对于双列柱结构，将 $e_b=d/2$ 与式（2-4）一起代入式（2-5），得

$$e_r=\frac{Hch}{W}\cdot\frac{1}{d/2}=2\frac{H}{W}c\frac{h}{d}=2\beta c\frac{h}{d}$$

$$\beta=H/W$$

$$\beta=a/h$$

式中　β——水平荷载与竖向荷载之比；

　　　c——水平荷载合力作用点的相对高度，与房屋形状及水平荷载分布有关；

　　　h/d——房屋的高宽比。

当房屋的总体形式（矩形、三角形或金字塔形等）确定后，上述系数 β 和 c 就不会有太大的变化，高宽比 h/d 就成为影响结构抗倾覆能力的重要因素。高宽比 h/d 不仅对结构的抗倾覆有着重要的影响，而且还直接影响结构内力和变形，尤其在高层建筑抗震设计中，房屋结构的高宽比是一个比房屋高度更重要的参数，且高宽比越大，地震作用下的侧移越大，地震引起的倾覆越严重。巨大的倾覆力矩在柱中引起的附加拉力和附加压力很难处理。1985年墨西哥地震时，一幢九层钢筋混凝土大厦因倾覆力矩而倾倒，埋深2.5m 的箱形基础被翻转45°，甚至基础下的摩擦桩也被拔了出来。1967年委内瑞拉的加拉加斯地震中，一幢11 层旅馆由于倾覆力矩引起的巨大压力使柱的轴压比大大增加，降低了柱截面

的延性,使柱头发生剪压破坏;另一幢18层框架结构Caromay公寓,巨大的倾覆力矩使地下室柱中引起很大的附加轴力,许多柱的混凝土被压碎,钢筋弯曲成灯笼状。为此,各国设计规范对房屋高宽比都有相应限制。日本1982年批准的《高楼结构抗震设计指南》(简称《指南》)指出:高楼的高宽比决定了地震中剪切变形和弯曲变形的比例。《指南》通常以高宽比小于4的建筑物为设计对象,而对于高宽比大于4的高楼,在抗震设计中一般采取加大地震作用的等效静力来考虑倾覆效应和$P-\Delta$效应的影响。新西兰 Dowrick教授建议,为避免地震中倾覆力矩的严重影响,地震区房屋的高宽比不宜大于4。

2009年6月27日凌晨5:30左右,上海闵行区莲花南路、罗阳路附近的在建小区"莲花河畔景苑"中一栋13层的在建的住宅楼倒塌了(图2-24)。该房屋倒塌事故的主要原因是两侧压力过大,房屋结构设计等不符合要求。

据调查,事发楼房附近有过两次堆土施工:半年前第一次堆土距离楼房约20 m,离防汛墙10 m,高3~4 m;第二次从6月20日起施工方在事发楼盘前方开挖基坑堆土,6 d内即高达10 m,致使压力过大。

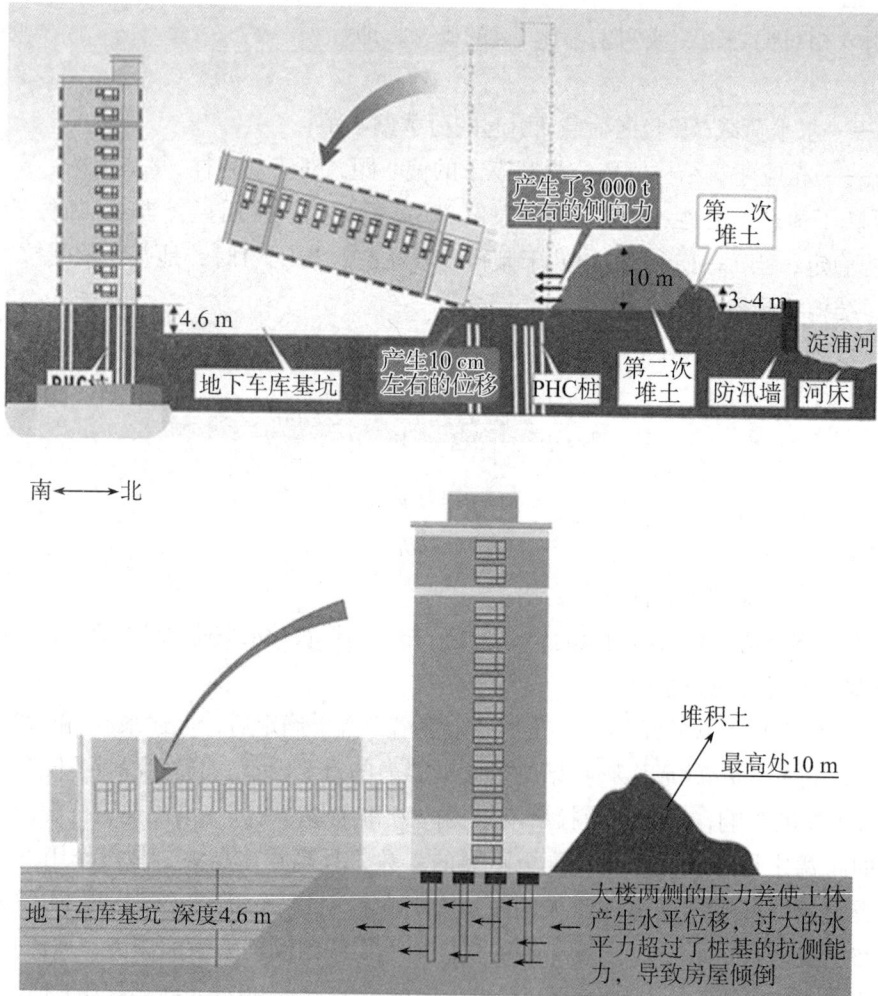

图2-24 "莲花河畔景苑"在建楼房倾覆事故原因示意图

紧贴7号楼北侧，短期内堆土过高，最高处达10 m左右；紧邻大楼南侧的地下车库基坑正在开挖，开挖深度4.6 m，大楼两侧的压力差使土体产生水平位移，过大的水平力超过了桩基的抗侧能力，导致房屋倾倒；南面4.6 m深的地下车库基坑掘空13层楼房基础下面的土体，可能加速房屋南面的沉降，使房屋向南倾斜。

7号楼北侧堆土太高，堆载已是土承载力的两倍多，使第3层土和第4层土处于塑性流动状态，造成土体向淀浦河方向的局部滑动，滑动面上的滑动力使桩基倾斜，使向南倾斜的上部结构加速向南倾斜。

同时，10 m高的堆土是快速堆上的，且这部分堆土是松散的，在雨水的作用下，堆土自身要滑动，滑动的动力水平作用在房屋的基础上，不但使该楼水平位移，更严重的是这个力与深层的土体滑移力引成一对力偶，加速桩基继续倾斜。高层建筑上部结构的重力对基础底面积形心的力矩随着倾斜的不断扩大而增加，最后使得高层建筑上部结构向南迅速倒塌。 这个过程是逐步发生的，是可以监测得到的，高层建筑直到倾斜到一定数值才会突然倾倒。土体不滑动，高层建筑的上部结构是不会迅速倒塌的。这是土体滑动造成的失稳破坏的例子。

我国《高层建筑混凝土结构技术规程》（JGJ 3—2010，J 186—2002）对高层建筑结构高宽比也做了严格规定，见表2-5。

表2-5　A级高度钢筋混凝土高层建筑结构适用的最大高宽比

结构类型	非抗震设计	抗震设防烈度		
		6度、7度	8度	9度
框架、板-柱、剪力墙	5	4	3	2
框架-剪力墙	5	5	4	3
剪力墙	6	6	5	4
筒中筒、框架-核心筒	6	6	5	4

在建筑设计的方案阶段，建筑师和结构工程师都必须认真控制好高宽比h/d。当然，除上述分析外，在抗倾覆计算中还必须考虑结构抗倾覆的安全度，要留有余地，不能直接按倾覆的极限状态来设计。工程中抗倾覆的安全系数一般取为1.5。

第七节 | 地基与基础

在结构设计和施工中最难驾驭的是建筑物的地基和基础（图2-25）。地基持力层的选择、地基承载力的确定、基础形式和体系的落实以及施工时软弱地基的处理等都不容易。因为人们只能在设计前通过土样试验钻几个孔来得知其少量信息，不可能完整地掌握它的更全面的情况。在实际工程中往往凭经验处理所遇到的问题，这样就会产生误差乃至错误。在进行结构概念设计时，掌握以下关于地基的基本概念十分重要：

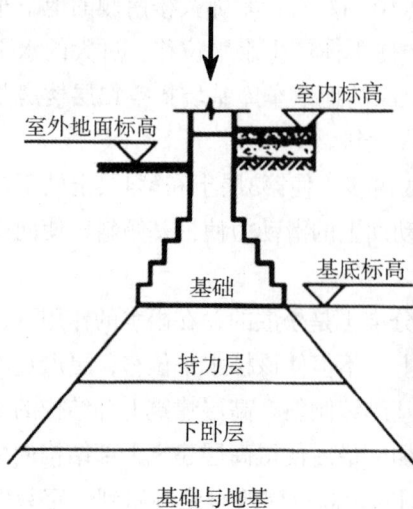

图2-25 基础与树根

（1）地基土一般有3个特性：一是压缩性大（C20混凝土的弹性模量约为饱和细砂的1 600倍）；二是强度（土的强度指抗剪强度）低；三是透水性大。

土的基本物理性指标有：

① 天然容重（重度）$\gamma = 16 \sim 20 \ kN/m^3$；

② 含水量w＝水的质量/固体颗粒的质量×100%＝0%～60%（砂土0%～40%，黏性土20%～60%）；

③ 孔隙比e＝孔隙体积/固体体积＝0.5～1.2（砂土＜0.6，黏性土＜1.0时为良好地基）；

④ 无黏性土的类别，包括密实（如中砂，$e<0.6$）、中密、稍密、松散（如中砂$e>0.85$）四类；

⑤ 黏性土的物理特性以图2-26表示。其中，w_L（%）称为液限，为液态与塑态分界的含水率；w_p（%）称为塑限，为塑态与半固态分界的含水量；$I_L=(w-w_p)/(w_L-w_p)$，称为液性指数，是确定黏性土相对稠度与承载力的重要指标。

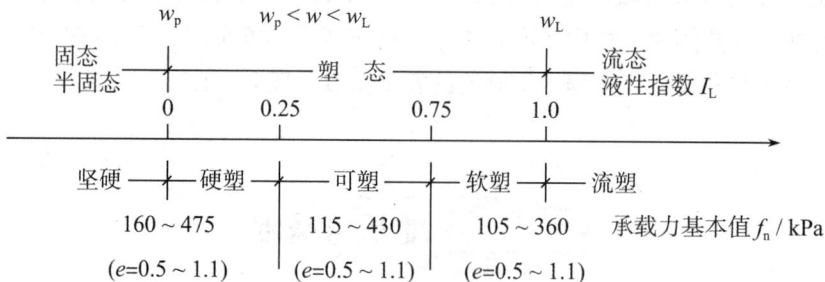

图2-26 黏性土的稠度和承载力

（2）常见的不良地基有以下几种：

① 软土，指抗剪强度低、压缩性高、渗透性小的淤泥、淤泥质土，尚未压实固结的吹、冲填土，以及松散砂土等。它们的参考性能指标是：天然含水量$w=30\%\sim80\%$，甚至达200%；孔隙比$e=1\sim2$，甚至达6；压缩系数$\alpha_{1-2}=0.5\sim1.5$，甚至达4.5；液性指

数 $I_L = 0.75 \sim 1.0$，甚至大于1.0；剪切强度小于20 kPa，甚至为5 kPa。

② 杂填土，指人类活动所形成的无规则堆填物。

③ 河岸河沟附近场地，山坡或山脚下场地。

④ 断层或岩层节理发育场地。

对不良地基需要进行处理，处理类别有换土垫层、夯实、振动挤密、排水固结、化学加固（注入或拌合固化材料）等，它们各自的处理方法、原理和适用范围见表2-6。

（3）掌握场地地面以下土层和地下水信息的主要方法是本地区工程地质勘察。就结构概念设计来说，至少应有初步勘察报告。在初步勘察报告中，要求做到在相关的场地中每50～150 m布置一个钻孔，孔深达10 m左右，目的是查明建筑场地下土层、岩层和水文情况，了解不良地质现象的成因、分布和发展趋势，以便确定建筑物总平面布置、选择地基持力层和基础的设计方案，对不良地基的治理方法提供依据。

（4）地基承载力指地基承受建筑结构传来荷载的能力。若大于此能力，一是地基发生的不均匀变形将超越建筑物所能容许的限度，建筑物会开裂或倾斜；二是土体会因剪切破坏而丧失稳定，使建筑物倒塌。因此，地基承载力是指能满足上述变形和强度两方面要求，并考虑足够安全储备后确定的地基土单位面积的负载能力。先根据勘察报告给出的土的物理力学指标查《建筑地基基础规范》得到地基承载力特征值，再在设计时根据所确定的基础宽度和埋置深度予以修正，进而得到地基承载力。

《建筑地基基础设计规范》（GB 50007—2011）中规定，由山地基土的载荷试验测定的地基土压力变形曲线变形段内规定的变形所对应的压力值称为地基承载力特征值。

（5）地基的变形特征有沉降量、沉降差、倾斜和局部倾斜，它们都应限制在规范规定的地基变形允许值以内。一般多层建筑物在施工期间完成的沉降量，对砂土可认为完成80%以上，对低、中和高压缩性土可分别认为完成50%～80%，20%～50%和5%～20%。饱和黏土地基的沉降往往需要几年甚至几十年。

（6）地下水对建筑结构的影响有以下6个方面：① 基础埋深；② 地基沉降；③ 地下室渗水；④ 使地下空心结构物浮起；⑤ 对混凝土和钢筋产生腐蚀；⑥ 施工时排水和出现流砂、管涌等不利现象。

表2-6　地基处理方法、原理及适用范围

分　类	处理方法	原理及作用	适用范围及要求
换土垫层	砂垫层 碎石垫层 素土垫层 灰土垫层	挖除地下水位以上软弱、松散土层，换填砂、碎石并分层夯实至所要求干重力密度，从而提高垫层承载能力，减少地基变形	适用于处理地下水位不高，但软弱土层埋藏较浅且建筑物荷重太大的情况
夯　实	重锤夯实 强夯	重锤夯实是通过夯锤自由下落能量压实地基土表层；强夯则是通过较大的、自由下落的夯实能量，迫使较深范围内软弱、松散土动力压密，使地基土密度增加	适用于杂填土、砂及含水量不高的黏性土，强夯时应注意对邻近建筑物的影响

分　类	处理方法	原理及作用	适用范围及要求
振动及挤密	振冲桩 挤密碎石桩 挤密砂桩 挤密土桩 挤密灰土桩	通过挤密或振动成孔使深层土密实，并在振动挤密过程中或成孔后，向孔中回填砂、碎石等材料，形成砂桩、碎石桩，与土层一起组成复合地基，从而提高地基承载力、减少地基变形	适用于处理砂土、粉土或黏粒含量不高的黏性土层，有时也可用来处理软弱黏土层
排水固结	砂井排水预压 纸板排水预压 真空排水预压	通过在软弱土地基上堆载（或在覆盖在地基上的薄膜下抽真空），以及采取改善地基排水固结条件（如设砂井或排水纸板），加速地基在堆载下固结，地基强度增长、压缩性减小、稳定性提高	适用于处理大面积软弱黏土层，但需有预压条件（如预压堆土荷载、预压时间），预压前应做出周密细致的预压工程设计
化学加固（注入或拌合固化材料）	电硅化 旋喷桩 水泥石灰搅拌桩	通过向土孔隙中注入化学溶液（如硅酸钠）或向土中喷射或拌合固化材料（如水泥浆或水泥、石灰粉）将土颗粒胶结，增强土体强度	适用于处理松散、软弱土层，特别适用于加固已建建筑物地基

第三章　结构水平分体系

在建筑方案设计阶段，由总体系到分体系的分层次设计方法是成功贯彻结构设计意图的关键。当把基本的结构分体系当作总体系的方案组成部分时，对于各单独构件来说，只是它们的平面布置才对总的整体性假定具有关键性的影响。事实上，这个阶段的主要问题是怎样看待空间形式方案中的主要部件对基本结构分体系的作用。因此，对于一个空间组成部件，应该首先考虑其在总体方案中所能起的结构作用，其次考虑各单个构件的布置、尺寸大小，或确定连接大样等具体方案。

结构的水平体系可以由板、梁、桁架等多种构件组成。水平体系在竖直方向通过弯、剪承受竖向荷载，并把它传给竖向体系；在水平方向通过弯、剪承受水平荷载，并把它传给抗侧力的竖向体系。应当指出，水平体系构件的竖向高度（如板厚、梁高、桁架高度）比它的水平跨度小得多，且竖向荷载在数值上比水平荷载大得多，因此，水平体系构件在竖直方向上的弯剪承载力和变形是这些结构构件设计计算的主要内容。

根据建筑结构计算跨度的大小及建筑设计使用功能的要求，水平分承重体系可设计成屋架、屋面板结构体系、装配式梁板体系、现浇钢筋混凝土楼盖结构体系、空间网架体系、张拉索结构体系及薄壳结构体系等。在实际工程中，应综合考虑使用功能要求、施工水平及材料供应等因素，合理选择结构分体系类型。从结构形式的历史发展来看，基本结构形式有梁、柱、墙、板，其中梁为最基本的结构形式或构件。

第一节　梁、板

一、梁

梁是水平的结构元素，是平面内的跨越构件，也是最基本的结构形式。路易斯·H·沙利文说过，神奇的一刻在于将梁放在支座上，当力传布的那一刻，人们发现这种力传布的原理时，也就是建筑发生之时，就像两种化学物质相遇后产生一个新的化学物质一般。

梁以受弯为主，提供空间平面两个方向的尺度。梁的最初用途可能是桥。桥的作用一般是连接被水隔断的两处陆地，供人通行。枯水期桥下的空间可以为人们提供挡风的空间。古时候人们对通行所用的桥和提供掩蔽处所的梁没有明显的区分。从字义理解，二者都是木质材料,横向承担竖直荷载,以受弯为主,其次受剪。

根据材料力学原理,最简单的梁是在竖向均布荷载作用下的简支梁,其受弯、受剪、正应力迹线分布、截面正应力分布等如图3-1所示。

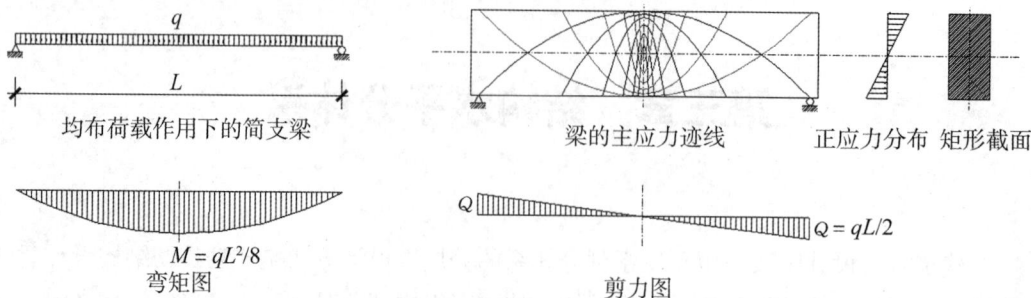

均布荷载作用下的简支梁　　　　　　梁的主应力迹线　　　　正应力分布　矩形截面

$M = qL^2/8$
弯矩图　　　　　　　　　　　　　　剪力图　　$Q = qL/2$

图3-1　均布荷载作用下简支梁的受力状态

在结构的水平分体系中应用最多的是承受竖向荷载的梁和板。对于梁来说,如果竖向荷载的重心作用在梁的纵轴平面内,则梁只承受弯矩M和剪力V,否则还要承受扭矩T。

梁在设计中的基本概念如下:

(1)梁的特点。

梁一般指承受垂直于其纵轴方向荷载的线形构件,它的截面尺寸小于其跨度。如果荷载重心作用在梁的纵轴平面内,则该梁只承受弯矩和剪力,否则还承受扭矩。如果荷载所在平面与梁的纵对称轴面斜交或正交,则该梁处于双向受弯、受剪状态,甚至还可能同时受扭矩作用。

(2)梁的分类方法和角度。

① 按几何形状分为水平直梁、斜直梁、曲梁、空间曲梁(螺旋形梁属此)等。

② 按截面形状分为矩形梁、T形梁、倒T形梁、L形梁、倒L形梁、Z形梁、工字形梁、槽形梁、箱形梁、空腹梁、薄腹梁、扁腹(指截面宽度大于截面高度)梁等,还有等截面梁(指全梁的截面等高)、变截面梁(如鱼腹式梁、折线式梁,即全梁的截面不等高)、叠合(指两次浇筑成型)梁等。

③ 按受力特点分为简支梁、伸臂梁、悬臂梁、两端固定梁、一端简支另一端固定梁、连续梁等。梁的受力特点还与它在结构中所处位置以及所受荷载情况有关,如在平面楼盖中有次梁、主梁、密肋梁、交叉梁(即井字梁)、挑梁,在楼梯中有斜梁,在工业厂房中有承受动力荷载的吊车梁,在桥梁中有桥面梁等;圈梁则是砌体结构中埋置在墙砌体内的一种构件,不直接承受荷载,其主要作用是承受因墙体不均匀沉降引起的内力,增加楼(屋)盖的水平刚度。梁的高跨比h/L一般为$1/16 \sim 1/8$,其中悬臂梁可高达$1/6 \sim 1/5$,预应力混凝土梁可小至$1/25 \sim 1/20$。高跨比大于$1/4$的梁称为深梁。

④ 按所用材料分为钢筋混凝土梁、预应力混凝土梁、型钢梁、钢板梁、组合梁(如型钢与混凝土组合)、实木梁、胶合木梁等。

梁的常用截面为矩形和T形。更合理的截面为工形和箱形（它们都可将截面分成翼缘和腹板两部分）。对后者而言，可以认为截面的弯曲承载力M主要由翼缘承担，截面的剪切承载力V主要由腹板承担。

（1）单跨梁中合理的形式为两端（或一端）伸臂梁，而两端伸臂梁中更合理的形式为每端外伸（$0.221 \sim 0.225$）L，因为它们的最大正负弯矩值（$\pm M$）和最大挠度值（f）都比单跨简支梁小得多，如图3-2（a）所示。

（2）等跨连续梁要在考虑荷载组合后用结构计算手册提供的内力系数值（也可用下述不等跨连续梁近似的内力图）来估算设计该梁所需的各截面的M和V。对于用塑性材料做成的不等跨连续梁（包括配筋率不太高的钢筋混凝土梁），当最短跨不小于最长跨的2/3时，可用下述近似法画出弯矩图（图3-2b）。

① 在各跨上端画出相应单跨简支梁的弯矩图（$M_{max}=ql^4/8$）。

② 假定各支承处截面负弯矩值，可参考下列公式计算：

每端第二支座$M=0.11q\left[(l_1+l_2)/2\right]^2$；

每端第三支座$M=0.08q\left[(l_1+l_2)/2\right]^2$。

③ 将各支座处负弯矩值连成直线，直线与各跨相应单跨简支梁弯矩图之间的图形即不等跨连续梁的弯矩图。

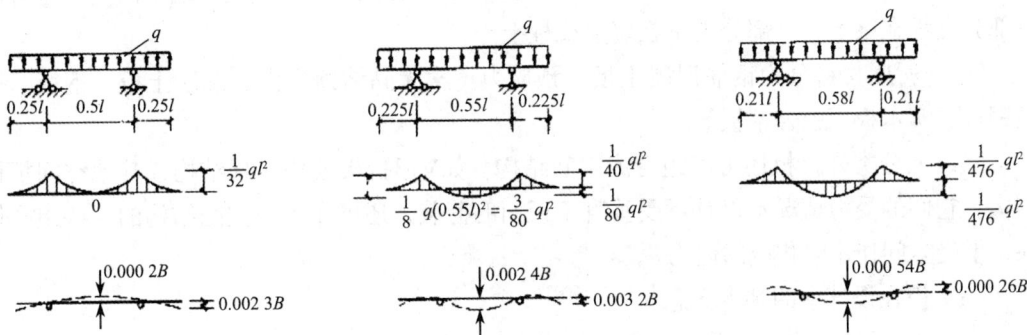

（a）两端伸臂梁伸臂长度变化对弯矩图和变形图的影响 $\left[B=ql^4/(EI)\right]$

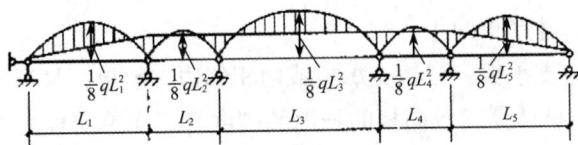

（b）不等跨连续梁弯矩图近似画法

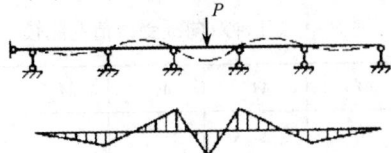

（c）连续梁只有一跨承受集中荷载时

图3-2 几种不同类型梁的弯矩和变形比较

二、板

（1）板的特点。

板是覆盖一个具有较大平面尺寸，但具有较小厚度的平面形结构构件。它通常水平设置（有时也可能斜向设置），承受垂直于板面方向的荷载，受力以弯矩、剪力、扭矩为主，但在结构计算中剪力和扭矩往往可以忽略。板可以看成梁在平面方向上的延拓，是非常宽的梁，其截面宽度比较大，与其跨度相当。

（2）板的分类。

① 按平面形状分为方形、矩形、圆形、扇形、三角形、梯形和各种异形板等。

② 按截面形状分为实心板、空心（如圆孔、矩形孔）板、槽形板、单（双）T形板、单（双）向密肋板、压型钢板、叠合板（如压型钢板与混凝土板叠合、预制预应力薄板与现浇混凝土板叠合）等。

③ 按受力特点分为单向板、双向板；按支承条件可分为四边支承、三边支承、两边支承、一边支承和四角点支承板；按支承边的约束条件可分为简支边（沿支承边无弯矩、板端可发生转角）、固定边（沿支承边有反力、弯矩、无转角）、连续边（沿支承边有反力、弯矩、转角）、自由边（沿支承边无反力、无弯矩）板；按设置方向分为平板、斜板（如楼梯板）、竖板（如墙板）。板可以仅支承在梁上、墙上、柱上或地平面上，也可以一部分支承在梁上，一部分支承在墙上或柱上。

④ 按所用材料分为钢筋混凝土板、预应力（含无黏结预应力）混凝土板、钢板、压型钢板、实木板、胶合木板等。

除以上分类外，板还可以组合成空间结构，如V形折板结构、幕结构或其他空间折板结构。它们的受力情况不仅是承受垂直于板面的荷载，还可作为该空间结构的一些组合构件，承受空间作用时相应的内力。

（3）板在设计中的基本概念。

① 单向板只在单方向受力，它和单跨梁、连续梁的受力概念相同，不另赘述；单向板是双向板的特殊情况，指板的四边只有两个相对的边是支承边和板的边长比（长边长度／短边长度）≥2时，才是单向板。

② 双向板指四边支承板、三边支承板或两相邻边支承板，且当板的边长比<2时，才称为双向板或按双向板计算。双向板的强度和刚度肯定比单向板大得多。下面列出5种双向板进行比较（表3-1和图3-3）。

表3-1　几种双向板受力情况比较

支承条件	M_1	M_2	M_1^0	M_2^0	M_{01}	M_{02}	R_1	R_2	R_{12}	f_{max}
两边简支	0.125 0		0					0.750		0.013 0
两边固端	0.041 7		−0.083 3					0.750		0.002 6
四边简支	0.072 8	0.028 1	0	0			0.266	0.484		0.007 7
四边固端	0.033 8	0.010 2	−0.075 0	−0.056 6			0.247	0.503		0.002 2
四角支承	0.082 8	0.268 9			0.207 5	0.310 0			0.375	0.037 1

注：$l_2/l_1=1.5$。

表3-1中，M_1，M_2分别为平行于l_1，l_2方向板中点弯矩；M_1^0，M_2^0分别为l_1，l_2固端边中点弯矩；M_{01}，M_{02}分别为平行于l_1，l_2方向自由边的中点矩；R_1，R_2和R_{12}分别为l_1，l_2边支座总反力和板角支座处的反力；B为截面抗弯刚度，$B=Eh^3/[12(1-\mu^2)]$，其中E为弹性模量，h为板厚，μ为泊松比；f_{max}等于表中数据乘以ql_1^4/B。

（4）表3-1说明双向板受力有以下规律性：

① 两相对边支承板无论简支还是固端均为单向板；四边支承板当$l_2/l_1>2$时，也可近似按单向板设计（这时$M_1\approx0.10ql^2$，$M_2\approx0.015ql^2$）。

② 四边支承板都有$M_1>M_2$，$R_2>R_1$，且f很小的情况，说明其主要受力方向为短向，其刚度比单向简支板和四角支承板大得多。

③ 四角支承板的受力和刚度情况都比四边支承板更为不利（$M_{1角}>M_{1边}$，$M_{2角}\gg M_{2边}$，$f_角\gg f_边$），这在概念设计时应予以特别注意。双向板有两点与四边支承板相反：其主要受力方向是长向，支承点附近板带承受的弯矩大于跨中板带承受的弯矩（$M_{01}>M_1$，$M_{02}>M_2$）。

④ 四边支承板受竖向作用力后四角有上翘现象（图3-3a），在实际工程中必然会在四角引起约束负弯矩产生的内力。这在概念设计时也应予以注意。

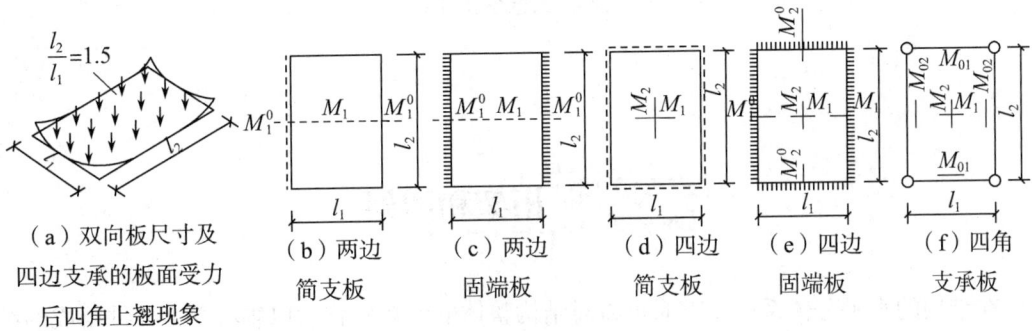

（a）双向板尺寸及四边支承的板面受力后四角上翘现象　（b）两边简支板　（c）两边固端板　（d）四边简支板　（e）四边固端板　（f）四角支承板

图3-3　不同支承条件板的受力情况

实际工程中还常用到双向或三向等截面交叉梁（也称格栅），它一般有正放正交、斜放正交和三向斜交等几种（图3-4a）。从整体上看，它们的受力和变形规律都非常接近于板。正放正交适用于方形或矩形楼（屋）面。图3-4（b）为两种楼面，均设置间距为a的交叉梁系。对于$2a\times2a$的情况，两个方向梁所承受的楼面荷载是相等的，各占50%；对于$2a\times3a$的情况，短、长方向梁承受的楼面荷载分别为83.3%和16.7%。其差异是后一种情况中短向梁的线刚度（EI/l）比长向梁大，故在等截面交叉梁系中，短向是主要受力方向。其他多格各种交叉梁系的内力系数均可查阅相关结构手册。

从图3-4（a）可见，若在格栅的某一根梁上施加一个集中荷载P，周围的梁都会协同受荷，因而双向格栅梁比单向梁的强度和刚度都大得多。如果将双向格栅梁做成零间距，则就成为双向板。

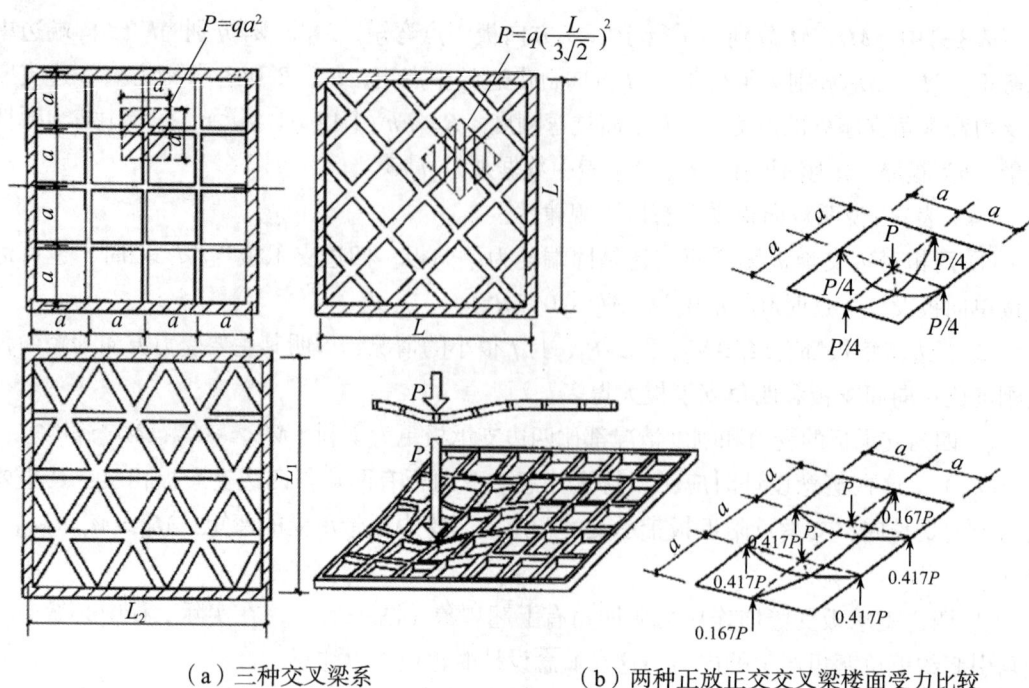

(a) 三种交叉梁系　　　　　　　　(b) 两种正放正交交叉梁楼面受力比较

图3-4　几种交叉梁系及其受力特征

第二节　桁架和网架

在结构的水平分体系中，有时可将对结构整体的弯矩转化为以轴心受力杆件组成的结构，它们一般有两类：平面桁架和空间网架。

一、平面桁架

水平方向设置的平面桁架可看成由工字形截曲梁演变而来的。若将该梁截面中正应力较小的腹板挖去，组成由上下弦杆和斜腹杆连接的格构式结构，就是平面桁架。上下弦杆承受因弯曲引起的内压力和内拉力，相应于梁的翼缘；斜腹杆承受因剪切引起的斜拉力或斜压力，相当于梁的腹板。由于桁架的杆件都是全截面受力，材料强度得到充分利用，故桁架可比梁的跨度大得多（当跨度大于15～18 m时，常采用桁架）。因此，通常认为桁架由梁格构化演变而来。图3-5是矩形梁的逐步格构化过程。

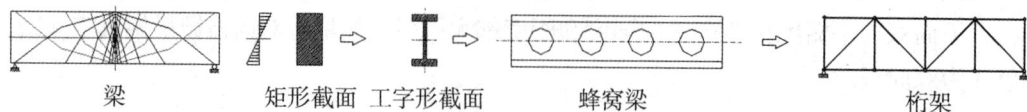

梁　　　矩形截面　工字形截面　　蜂窝梁　　　　桁架

图3-5　矩形梁的逐步格构化过程

理想桁架的特点：① 所有节点都是铰接点；② 所有外力都施加在节点上；③ 各杆的轴线都是直线且通过铰中心。

理想桁架只受轴向力，称为主内力。但是工程实际与理想状态有所不同，如实际桁架中的节点为刚接点，杆件是连续的，等，由此产生的附加内力称为次内力。一般桁架的次内力比较小、对结构整体影响不大，可忽略，但对于大跨度和特殊受力的桁架则不能忽略，这在结构概念设计中应予以注意。

常用的桁架有平行弦桁架、拱形桁架、三角形桁架、折线形桁架、梯形桁架等。它们在单位荷载作用下的杆件主内力如图3-6（a），（b），（c）所示。由图可见桁架的杆件布置对内力影响很大，其中以拱形（或梯形）桁架较为合理，但杆件布置时除要求合理承受荷载外，还要考虑其他使用要求，如屋面防水、屋面板的布置等，要综合多种因素后方能确定。

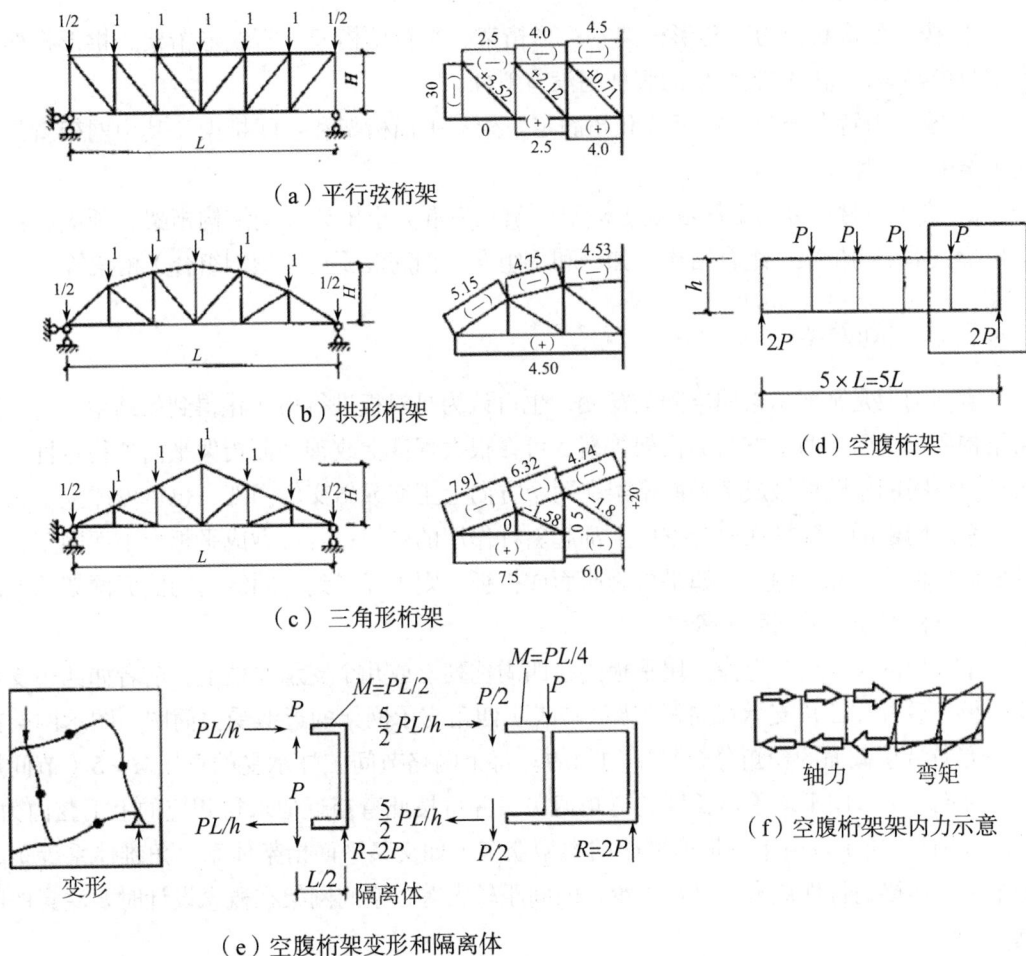

（a）平行弦桁架

（b）拱形桁架

（d）空腹桁架

（c）三角形桁架

（e）空腹桁架变形和隔离体

（f）空腹桁架架内力示意

图3-6 各种形式的平面桁架（$H/L=1/6$）

平面桁架的优点是跨度大、用料省、制作安装方便；缺点是节间有斜杆，不利于通过管道和设置门窗洞口；侧向刚度小，平曲外稳定性差；高度较小，体型笨重。因而人们进一步发展了空腹桁架和空间网架。

空腹桁架是平面桁架的特例，它仅由平行的上下弦和直腹杆组成，没有斜腹杆，因而在其空腹处可通过管道或设置门窗。图3-6（d）所示空腹桁架可按水平框架取近似解（取反弯点在各杆中点处）；它受力后的变形图和隔离体如图3-6（e）所示，求得各杆的轴力和弯矩示意于图3-6（e）中。可见空腹桁架各杆件除承受轴向力外还承受弯矩，严格来说，应当定义为"框架"。

（1）桁架的特点。

桁架是由若干直杆组成的一般具有三角形区格的平面或空间承重结构构件。在竖向和水平荷载作用下，各杆件主要承受轴向拉力或轴向压力（当有侧向荷载作用在桁架的个别杆件上时，它们也会像梁一样受弯曲），从而能充分利用材料的强度；适用于较大跨度或高度的结构物，如屋盖结构中的屋架、高层建筑中的支撑系统或格构墙体、桥梁工程中的跨越结构、高耸结构（如桅杆塔、输电塔）以及闸门等。

（2）桁架的分类。

① 按立面形状分为三角形桁架、梯形桁架、平行弦桁架、折线形桁架、拱形桁架以及空腹桁架等，其中空腹桁架的腹杆间没有斜杆。

② 按受力特点分为静定桁架和超静定桁架、平面桁架和空间桁架（其中网架就是空间桁架中的一种）。

③ 按所用材料分为钢筋混凝土桁架、预应力混凝土桁架、钢结构桁架、预应力钢结构桁架、木结构桁架、组合结构（如钢和木组合、钢筋混凝土和型钢组合）桁架等。

二、空间网架

空间网架是平面桁架向空间的演变，也可认为是对板进行格构化得到的结果。平板网架结构要求平面上两个方向的桁架等高，可在很大程度上改善平面桁架平面外稳定性差的弱点。空间网架既可做成将平面桁架在两个方向上正交或斜交的网架，也可做成上下弦各自联系成网格的、腹杆在两个方向上都起斜杆作用的网架；既可做成平板形平面网架，也可做成折板形或壳形网架。如果板为曲面或折板，则可以得到空间结构的曲面网架（或网壳）、折板网架（或网壳）等。

平板形网架在概念上像一块平板搁在四周柱列上或几个支承立柱上，前者如四边支承双向板，后者如四角支承双向板。图3-7表示四角支承网架的近似受力简图。图示网架在任一方向沿总截面的弯矩分布是不均匀的。每个网格节间弦杆承受的弯矩$M=S$（节间尺寸）$\times m_{平均}$（节间平均单位长度的弯矩值），并可按此弯矩近似求得相应的上下弦内力C（压）和T（拉）。由于平板形网架的类型众多（如交叉平面桁架体系、角锥体系等），每个节点连接的杆件众多，以及支承柱的间距较大等，空间网架在概念设计时要注意的问题有：

① 选择合适的网格类型（图3-8）和杆件组成（以钢管为宜，也可用型钢）。

② 选择网架的节点做法（图3-9）。

③ 注意网架与支承立柱的连接。对于跨度较大的网架，受挠度较大和温度应力的影响，宜采用弧形支座或摇摆支座（图3-9d）。

$$M=m \times S$$

$$M=Cd=Td$$

$$M=Cd=Td$$

（a）四角支承双向板的截面弯矩　　　　　（b）四角支承网架的截面弯矩和截面内力CT

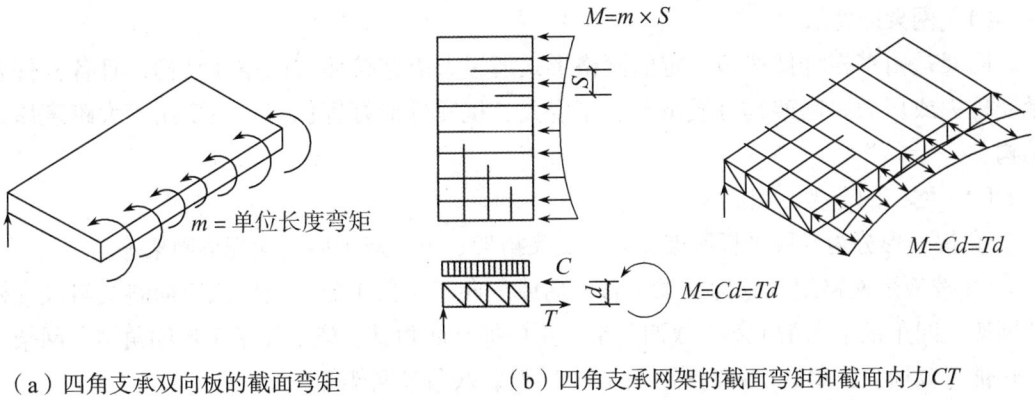

图3-7　四角支承平板形网架近似受力分析

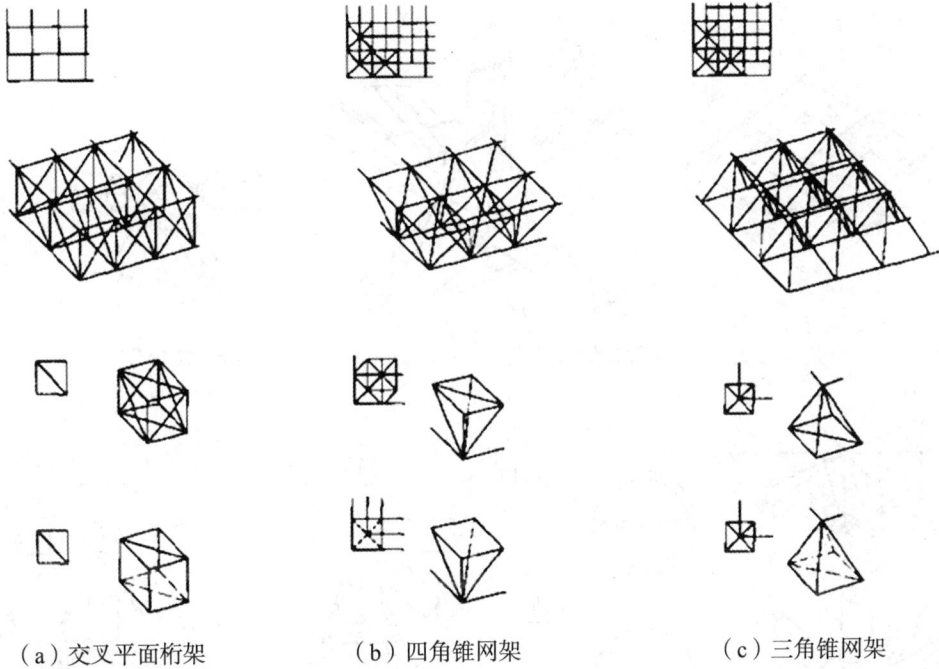

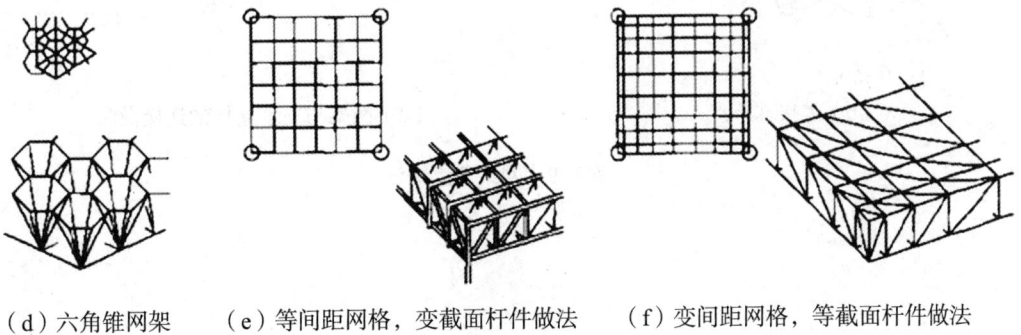

（a）交叉平面桁架　　　　　（b）四角锥网架　　　　　（c）三角锥网架

（d）六角锥网架　　（e）等间距网格，变截面杆件做法　　（f）变间距网格，等截面杆件做法

图3-8　不同类型的网架

（1）网架的特点。

网架是由多根杆件按照一定的网格形式通过节点连接而成的空间结构，且各杆件要承受拉力或压力。网架具有质量轻、刚度大、抗震性能好等优点，主要用于大跨度屋盖结构。

（2）网架的分类（图3-8）。

① 按外形分为双层平板网架、立体交叉桁架、单（双）层曲面壳形网架等。

② 按板形网格组成分为交叉［含两向或三向正（斜）放、两向或三向斜交斜放］桁架网架、四角锥［含正（斜）放四角锥、正放抽空四角锥、棋盘（星）形四角锥］网架、三角锥（含抽空三角锥、蜂窝形三角锥）网架、八角锥网架等。

③ 按形成曲面的形式分为圆柱面壳网架、球面壳网架、双曲抛物面壳网架等。

④ 按所用材料分为钢筋混凝土网架、钢网架、木网架、组合网架等。

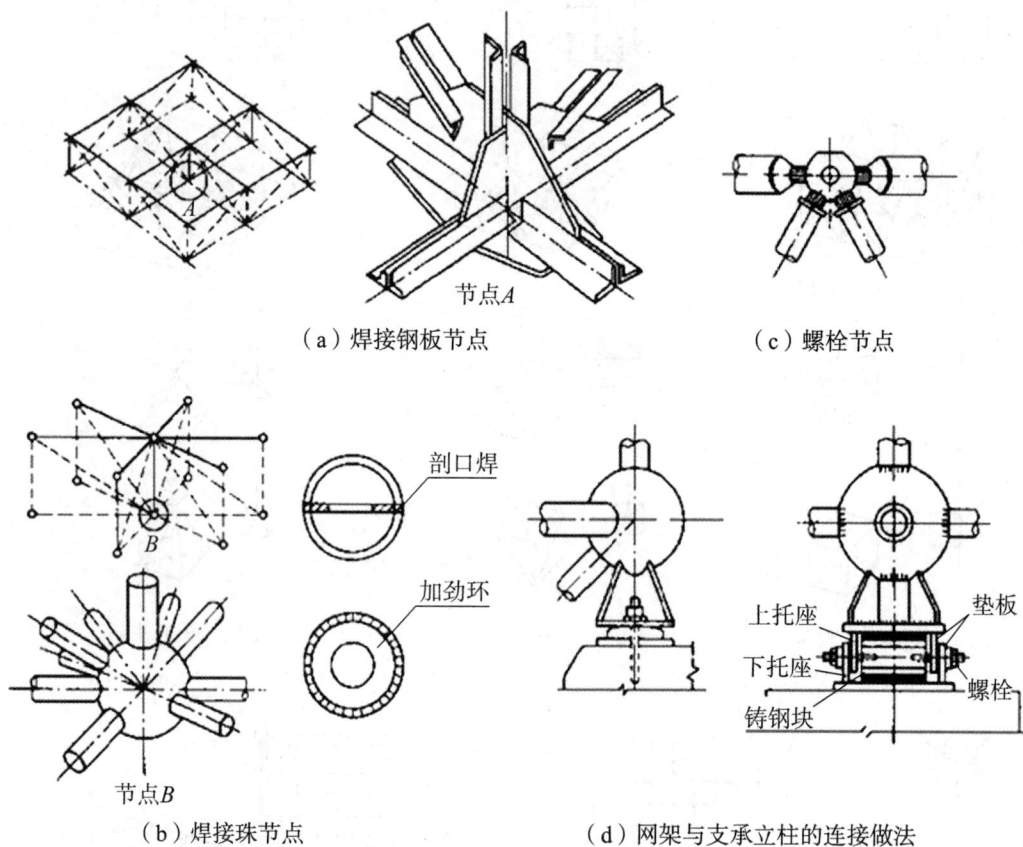

（a）焊接钢板节点　　　　　　　　　（c）螺栓节点

（b）焊接珠节点　　　　　　（d）网架与支承立柱的连接做法

图3-9　网架节点做法

一、拱

拱（图3-10）可以看成由梁的主压应力迹线衍生而来，它主要承受压力，因此它所选用的材料通常为受压性能好、受拉性能可以较差的砖、石、混凝土等廉价材料。

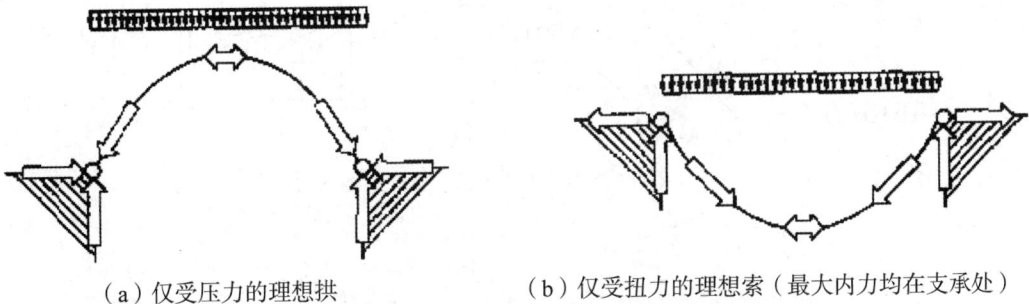

（a）仅受压力的理想拱　　　　　　（b）仅受扭力的理想索（最大内力均在支承处）

图3-10　拱和索

（1）拱的特点。

拱是由曲线形或折线形平面杆件组成的平面结构构件，含拱圈和支座两部分。拱圈在荷载作用下主要承受轴向压力（有时也承受弯矩和剪力），支座可看成能承受竖向和水平反力以及弯矩的支墩。也可用拉杆来承受水平推力。由于拱圈主要承受轴向压力，与同跨度、同荷载的梁相比，能节省材料、提高刚度、跨越较大空间，因而它的应用范围很广泛，既可用于大跨度结构，也可用于一般跨度的承重构件。

（2）拱的分类。

① 按拱轴线的外形分为圆弧拱、抛物线拱、悬链线拱和折线拱等。

② 按拱圈截面分为实体拱、箱形拱、管状截面拱和桁架拱等。

③ 按受力特点分为三铰拱、两铰拱和无铰拱等。

④ 按所用材料分为钢筋混凝土拱、混凝土砌块拱、砖拱、石拱、钢拱（含钢桁架拱）和木拱（含木桁架拱）等。

拱结构是有推力的结构。拱的外形一般是抛物线、圆弧线或折线，目的是使拱体各截面在外荷载、支承反力和推力作用下基本处于受压或较小偏心受压状态，从而大大提高拱结构的承载力（图3-11a）。在结构概念设计时，如果采用拱结构，除依据作用力情况合理选择拱的外形外，关键是确定承受水平推力的结构措施。一般有4种措施可供选择（图3-11）。

（1）由拉杆承受——优点是结构自身平衡，使基础受力简单；可用作上部结构构件，替代大跨度屋架。

（2）由基础承受——这时要注意能承受水平推力的基础做法。

（3）由侧面结构物承受——这时结构物必须有足够的抗侧力刚度。

（4）由侧面水平构件承受——一般是设置在拱脚处的水平屋盖构件；水平推力先由此构件1为刚性水平方向的梁承受，再传递给两端的拉杆或竖向抗侧力结构。此外，还有一个关键点，即当拱承受过大内压力时，防止失稳的办法是在拱身两侧加足够的侧向支撑点（图3-11e）。

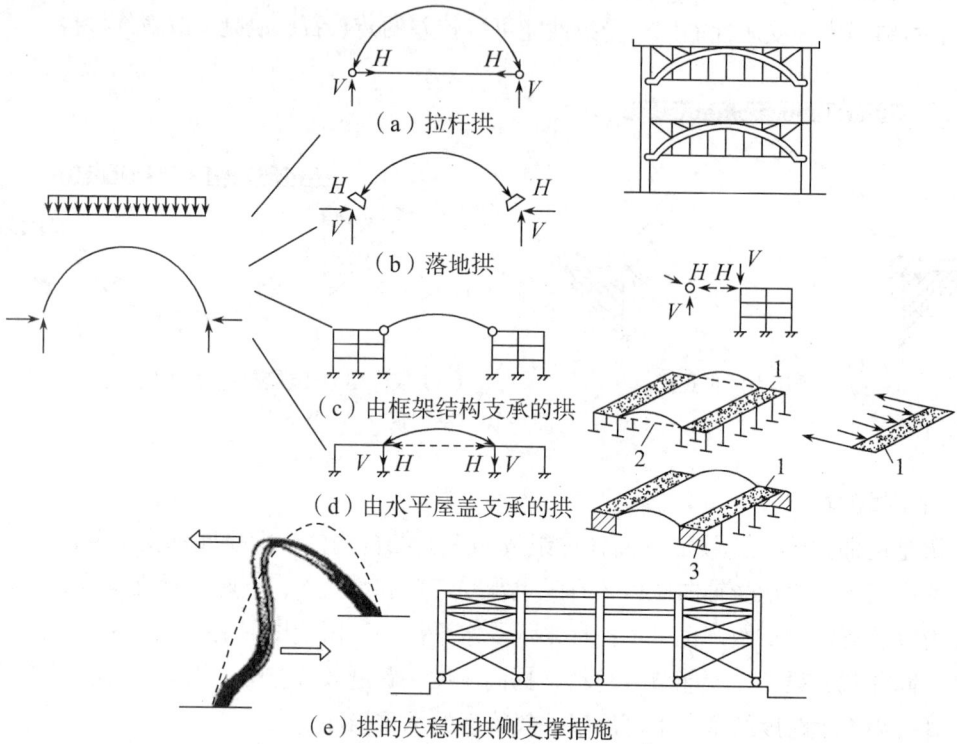

（a）拉杆拱
（b）落地拱
（c）由框架结构支承的拱
（d）由水平屋盖支承的拱
（e）拱的失稳和拱侧支撑措施

1—水平屋盖；2—两侧拉杆；3—抗侧力结构。

图3-11　拱结构的支承方式

二、壳

将拱进行延拓就可以得到曲面的壳体。拱是平面结构，壳是空间结构。球面壳可看作由一组竖拱和一组水平圆环组成（图3-12a）。如果在无矩状态中拱只有一种内力即轴向压力，那么壳有两个方向的轴力（竖拱的和水平圆环的）。壳不仅在某个特定荷载下，而且在各种荷载下基本处于无矩状态。此外，拱与壳的区别还可以从边界力的影响来说明：如果在拱底加一对水平力 H（图3-12b），则其传力路线只有一种，即由一端经拱顶传至另一端，全拱受弯曲，拱顶弯矩值最大；如果在球面壳底部加一圈水平力 H（图3-12c），则其传力路线有两种，既可沿竖拱传，又可经水平圆环传。在沿竖拱传递引起弯曲时，水平圆环能起阻止作用，其结果是只在近壳体边缘附近局部范围内竖拱受弯曲，

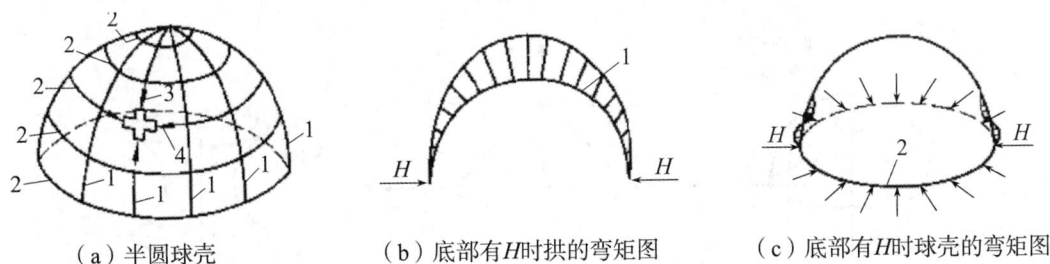

（a）半圆球壳 　　　　（b）底部有H时拱的弯矩图 　　　　（c）底部有H时球壳的弯矩图

1—竖拱；2—水平圆环；3—经向内力；4—纬（环）向内力。

图3-12　拱与壳的受力对比

且很快衰减。由此可见，空间的壳和平面的拱相比有很大的优越性。

　　壳体结构是一种薄壁空间曲面结构（图3-13），在一般荷载下可设计成使壳主要处于无矩（也称薄膜）状态，因而受力性能好、刚度大、自重轻、材料省，可以覆盖大跨度空间，形成新颖美观的建筑造型。但其缺点是：① 一般用钢筋混凝土成型，模板制作较困难，施工费用较高（近年来发展有用钢丝网模具成型、柔模喷涂成型、柔模气压成型、地面现浇整体吊装等方法）；② 有些壳体结构（如球壳、扁壳）占用建筑空间太多，对保温不利，且有回声现象；③ 由于薄壳是以受压为主的构件，当跨度很大、厚跨比减小时（有的壳体结构厚跨比为1/1 500，甚至更小），稳定问题十分突出。

　　壳体结构的曲面形式多种多样，基本上有旋转曲面、直纹曲面和平移曲面三类，如图3-14所示。

　　壳体结构的经典计算理论在19世纪末20世纪初开始形成，至今已很成熟，但由于涉及高阶偏微分方程的求解，能够用经典方法解决计算问题的仅限于一些几何形状、边界条件及荷载都较为简单的特殊情况。一般情况下求解须借助于有限单元等数值方法，或针对具体情况引入近似简化的工程分析，甚至可采用模拟试验的方法。

　　壳体结构今后的发展，在造型上是从单一曲面到多种曲面的组合（图3-14）；在材料上是从钢筋混凝土结构到用钢管及型钢组成的钢网壳结构；在结构体系上是将壳体与悬索等其他结构组合等，已在建筑工程中实现，还将不断发展。关于壳体结构的一些理论问题，如地震作用和风振问题，自由壳面形状的制定和计算问题，薄壁混凝土构件的稳定问题、徐变问题等，都是有待解决的复杂问题。

　　（1）壳体的特点。

　　壳体是一种曲面形的构件，它与边缘构件（可由梁、拱或框架等构成）组成的空间结构称壳体结构。壳体结构具有很好的空间传力性能，能以较小的构件厚度覆盖大跨度空间。它可以做成各种形状，以适应多种工程造型的需要；无论做成什么形状，一般都能做到刚度大、承载力高、造型新颖，且兼有承重和围护双重作用，能较大幅度地节省结构用材，因而广泛应用于结构工程中。壳体的曲面一般可由直线或曲线经旋转或平移而成，它们在壳面荷载作用下主要的受力状态为双向受压，因而可以做得很薄，但杆与边缘构件连接处的附近除受压力外还受弯、受剪，因而需局部加强、加厚。

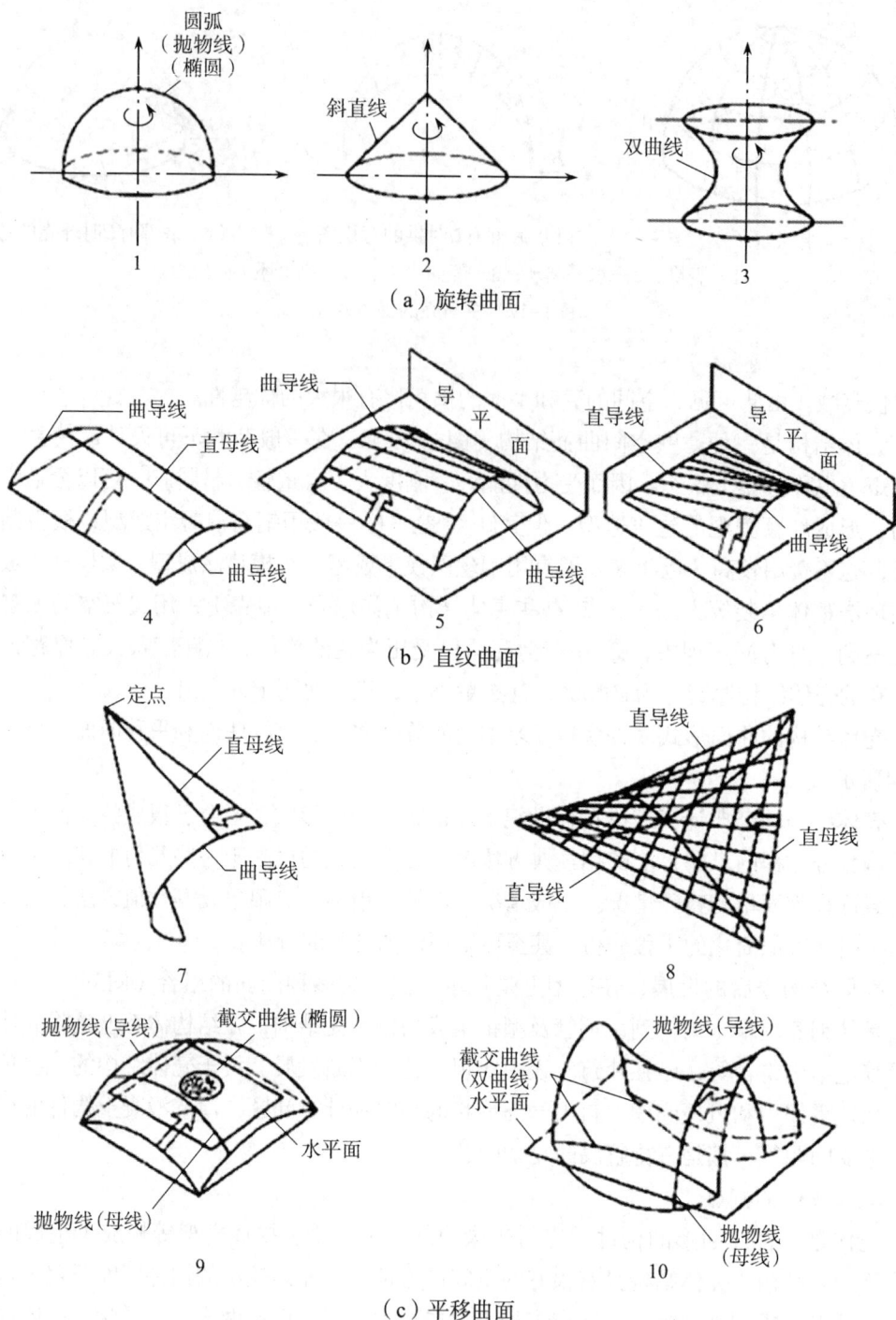

（a）旋转曲面

（b）直纹曲面

（c）平移曲面

1—球壳；2—圆锥壳；3—双曲面壳；4—柱面（筒）壳；5—柱面壳；
6—劈锥壳；7—锥形壳；8—扭壳；9—双曲扁壳；10—双曲抛物面壳。

图3-13 壳体结构的曲面形式

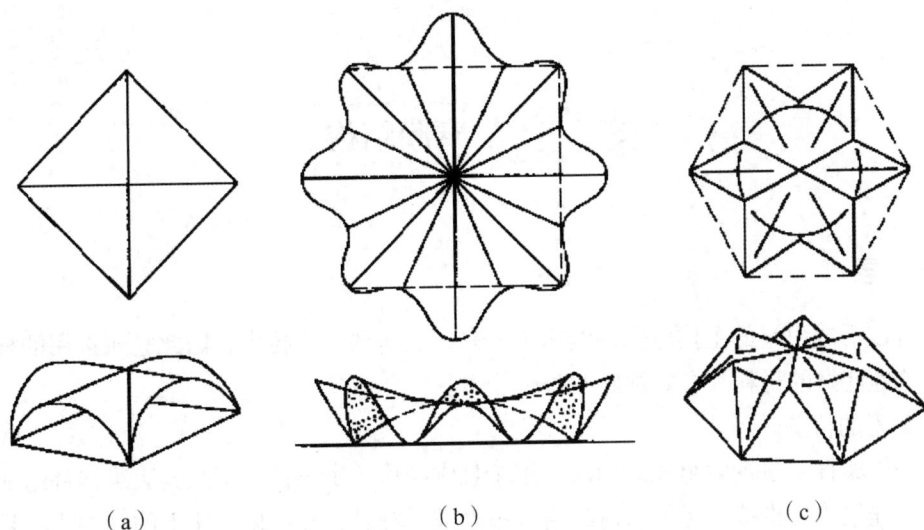

（a） （b） （c）

图3-14 壳体的曲面组合示意

（2）壳体的分类。

① 按曲面几何特征分为正高斯曲率壳（如圆球面壳、椭圆球面壳、抛物面壳、双曲扁壳）、负高斯曲率壳（如双曲面壳、双曲抛物面扭壳、双曲抛物面鞍形壳）、零高斯曲率壳（如圆柱面壳即筒壳、椭圆柱面壳、锥面壳）等，如图3-13所示。

曲面的高斯曲率K是指曲面两个方向主曲率k_1和k_2的乘积，即$K=k_1 \cdot k_2$。正高斯曲率为k_1，k_2同号，即$K>0$；负高斯曲率为k_1，k_2异号，即$K<0$；零高斯曲率为k_1或k_2为0，即$K=0$。其中，零高斯曲面都可展成平面，负高斯曲面部分可展、部分不可展，正高斯曲面都不可能无损害地展成平面。越是不可展成平面的曲面，其形状刚度越大。

② 按所用材料分，以钢筋混凝土壳为主，也可用钢网架壳、砖壳、胶合木壳等。

自然界存在着大量的壳体，如蛋壳、龟壳、贝壳、脑壳以及各种动植物的器官等，它们的强度很高，但壳壁极薄且具有丰富的几何形状，这意味着神奇的自然用最少的材料为生物界做成大量可以自我保护的器官。人们正是从这里受到启示，发展了建筑工程中的壳体结构（图3-15）。

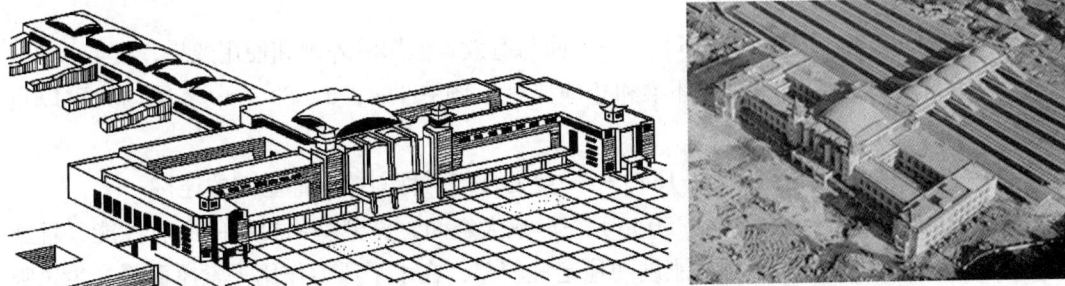

图3-15 北京火车站鸟瞰图

第四节　索膜结构

一、索

索可以看成由梁的主拉应力迹线衍生而来，它主要承受拉力，因此它所选用的材料通常为受拉性能好的材料，有非常好的跨越能力。

（1）索的特点。

索是以柔性受拉钢索组成的构件，用于悬索结构（由柔性拉索及其边缘构件组成的结构）或悬挂结构［指楼（屋）面荷载通过吊索或吊杆悬挂在中体结构上的结构］。悬索结构一般能充分利用抗拉性能很好的材料，做到跨度大、自重小、材料省且便于施工（如大跨屋盖结构或大跨桥梁结构）。悬挂结构则多用于高层建筑，其中吊索或吊杆承受重力荷载，水平荷载则由筒体、塔架或框架柱承受。

（2）索的分类。

① 按所用材料分为钢丝束、钢丝绳、钢绞线、链条、圆钢、钢管以及其他受拉性能好的线材等；个别的也可用预应力混凝土板带或钢板带代替。

② 按受力特点分为单曲面索（单层、双层）、双曲面索和双曲交叉索（都是空间索），形式有单层、双层、伞形、圆形、椭圆形、矩形、菱形等。悬挂结构还有悬挂索、双曲面悬挂索、斜拉索等。

③ 按悬挂的支承结构分为筒体支承、柱或塔架支承的悬索结构、悬挂结构等。

（3）索结构的组成。

索结构是仅承受拉力的结构。作为屋面的索结构，一般由索网、边缘构件和支承构件三部分组成。索网（图3-16）有单曲面（呈圆筒形微凹面，用单层或双层拉索）、双曲面（呈凹形或凸形旋转面，也可用单层或双层拉索）和交叉双曲面（由两组曲率相反的拉索交叉形成，主拉索下凹为承重索，副拉索上凸为稳定索）三种类型。在结构概念设计时，如果采用索结构做屋面，除选用合理的索网外，另一个关键是它的支承处理。通常采用三种措施：

① 用斜向牵索（图3-16a，b）——虽简易有效，但影响外观和使用效果；

② 用封闭的圆形或马鞍形环梁和相应支柱（图3-16c，d，f）——环梁内力可以自平衡；

③ 用对称的斜撑体系（图3-16e）——要处理好对称斜撑底部基础的连接。

索结构能跨越大跨度（40～150 m），形成大空间，充分利用材料的固有性能，且施工便捷、造型新颖。但索结构的刚度和稳定性较差，在水平风力作用下索屋面将产生风吸力，使屋盖出现被掀起或失稳和产生颤动的现象（图3-17），因而往往需用稳定索。

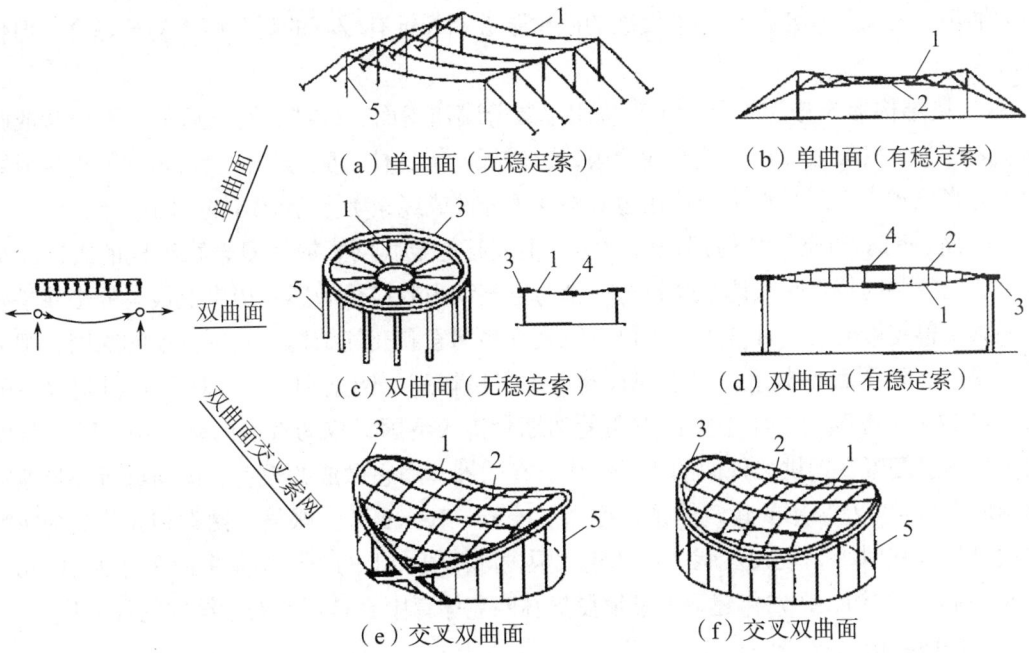

（a）单曲面（无稳定索）　　　　　（b）单曲面（有稳定索）

单曲面

双曲面

双曲面交叉索网

（c）双曲面（无稳定索）　　　　　（d）双曲面（有稳定索）

（e）交叉双曲面　　　　　　　　（f）交叉双曲面

1—承重索；2—稳定索；3—边缘构件；4—中心拉环；5—支承立柱。

图3-16　索结构类型

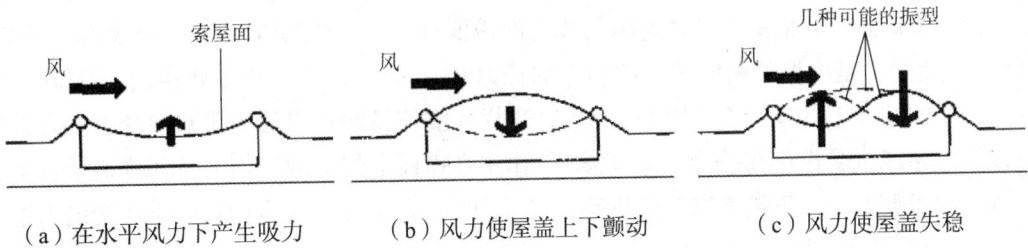

（a）在水平风力下产生吸力　　（b）风力使屋盖上下颤动　　（c）风力使屋盖失稳

图3-17　索屋面在水平风力下的影响

二、薄　膜

将索进行延拓，就可以得到曲面的薄膜。

（1）薄膜构件的特点。

薄膜构件是指用薄膜材料制成的构件。它或者由空心封闭式薄膜充入空气后形成，或者将薄膜张拉后形成。它具有质量小、跨度大、构造简单、造型灵活、施工简便等优点；但隔热、防火性能差，且充气薄膜尚有漏气缺陷，需持续供气，故仅适用于轻便流动的临时性和半永久性建筑。

（2）薄膜构件的分类。

① 按所用面材材料分为玻璃纤维布、塑料薄膜、金属编织物、高分子材料等薄膜用材，常用涂有聚氯乙烯的聚酯纤维、涂有聚四氯乙烯的玻璃纤维或涂有硅树脂的玻璃纤维做成。聚酯纤维强度高但易老化。聚氯乙烯的价格不贵，耐火，易黏合，但面层易退色、

易沾油污，寿命约10年。近年来发展的硅树脂玻璃纤维有较好的耐久性，易于黏合，但价格较高。

② 按结构形式分为气承式（直接用单层薄膜作屋面、外墙，充气后形成圆筒状或圆球状表面）、气囊式（将空气充入薄膜，形成板、梁、柱、壳等构件，再将它们连接成结构）、张拉式［将薄膜直接张拉在边缘构件（杆件或绳索）上形成结构平面］等。

帐篷、网索和充气结构都是由薄膜、钢或其他金属网索或其复合物组成的柔性面结构。它们的共同特点是只能承受拉力，都对空气动力效应很敏感。历史上最早的帐篷是游牧民族用兽皮做成的。日常生活中可以见到许多网索和充气结构的实例，如蜘蛛网、肥皂泡、足球、轮胎就是典型。在近现代建筑中采用帐篷、网索和充气结构是17世纪以后的事。1747年（乾隆十二年）中国发明的油纸伞传入英国，成为普遍的防雨用具后，就发展了将帐篷绷紧在钢拱架外面的帐篷结构。在欧洲，用它做成的教室、运动场所、野地医院等成为当时广泛采用的建筑体系，称为"Perma System"。帐篷、网索和充气结构在第二次世界大战时得到较大发展。1970年大阪国际博览会上的美国馆是平面尺寸为140 m×83.5 m的充气结构，1972年建成的慕尼黑奥林匹克体育中心是现代网索结构的代表作。

a. 帐篷结构

帐篷结构的基本概念可从拉紧手帕的实例（图3-18a）中看出：若用手绷紧手帕的两个对角，它的另两个对角必然耷落下来，这时若在另两对角施加力，必然是一对向下的力，这就使手帕完全绷紧并呈马鞍形曲面，此曲面上所有纤维都受到拉伸（图3-18d）。实际帐篷结构的单元如图3-18（b）中$ADCE$所示。其中A和C是一对支承桅杆，A和C两点是篷面的最高点。它们的中点B是AC曲线上的最低点，又是D和E曲线上的最高点。如果A和C处所受的力是由桅杆两侧传来的向上的拉力T_1（图3-18d），那么帐篷面上D和E处所受的力必须是向下的拉力T_2（图3-18d），这样才能使篷面各点都处于双向受拉状态，这时该帐篷才能承受作用在篷面上的荷载P。作用在篷面上的荷载有篷面及其构造层自重、风压力和风吸力、雪荷载和施工荷载等，向下的竖向荷载使一个方向的纤维所受的力增加而另一个方向的纤维所受的力减小。

帐篷结构的其他形式如图3-18（e），（f），（g）所示。无论什么形式，篷面的双向曲率都不能过小，曲面不能过于平缓，因为过小或过缓意味着帐篷能承受的荷载P很小。另外，还要注意篷膜与桅杆的联系以及篷膜边缘的处理：若篷膜直接支承在桅杆顶部，就要加设加强的曲顶盖以防篷膜发生冲剪破坏（图3-18h）；若篷膜是从桅杆顶端吊下来的，则应在篷膜周围设置钢缆环，以便将桅杆承受的力分配给篷膜或网索（图3-18i），同理，在篷膜的边缘处也应设法予以加强（图3-18j）。

网索结构的基本概念同帐篷结构，因为网索是篷膜的特例，即用双向正交的钢缆来代替了篷膜。

b. 充气结构

充气结构的基本概念有所不同，它是在封闭的薄膜内充塞压缩空气后形成的，它有两大类：气承式和气囊式。气承式结构是用单层薄膜作为屋面和外墙，将其周边锚固在圈梁或地梁上，如图3-19（a）所示，薄膜在充气后承受着内拉力。当这种结构要跨越大跨度空间时，为了减小薄膜内拉力，可在薄膜上面设置钢索网。气承式结构的室内气压要略大于室外气压，室内、外气压差既要保证在任何室外荷载（荷载的内涵同上述帐篷结构）作用下都不会使薄膜受压，又不会使在室内活动的人们感到不适。因此，气承式结构是一个低压气包，而不是一个高压气球。气囊式结构是将空气充入由薄膜制成的气囊形成柱、梁、拱、壳等构件，再将这些构件连接组合而成的结构，如图3-19（b）所示。气囊中的气压为室外气压的2~7倍，它是一种高压体系。

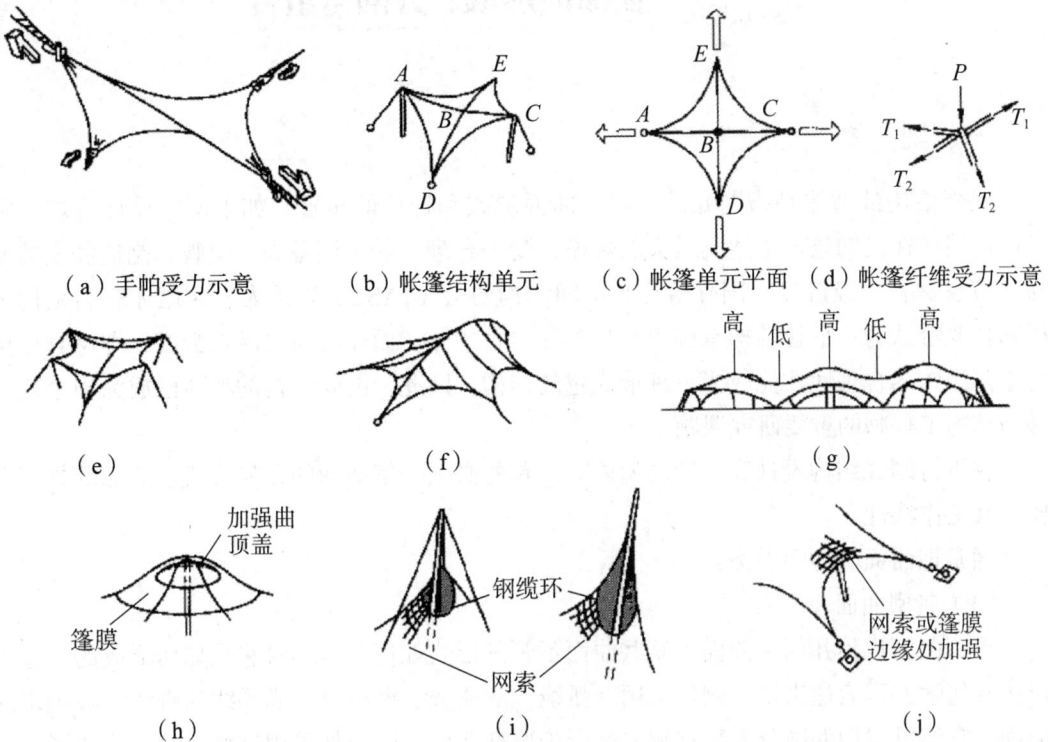

（a）手帕受力示意　（b）帐篷结构单元　（c）帐篷单元平面　（d）帐篷纤维受力示意

（e）　　　　　　　　（f）　　　　　　　　（g）

（h）　　　　　　　　（i）　　　　　　　　（j）

图3-18　帐篷结构受力概念

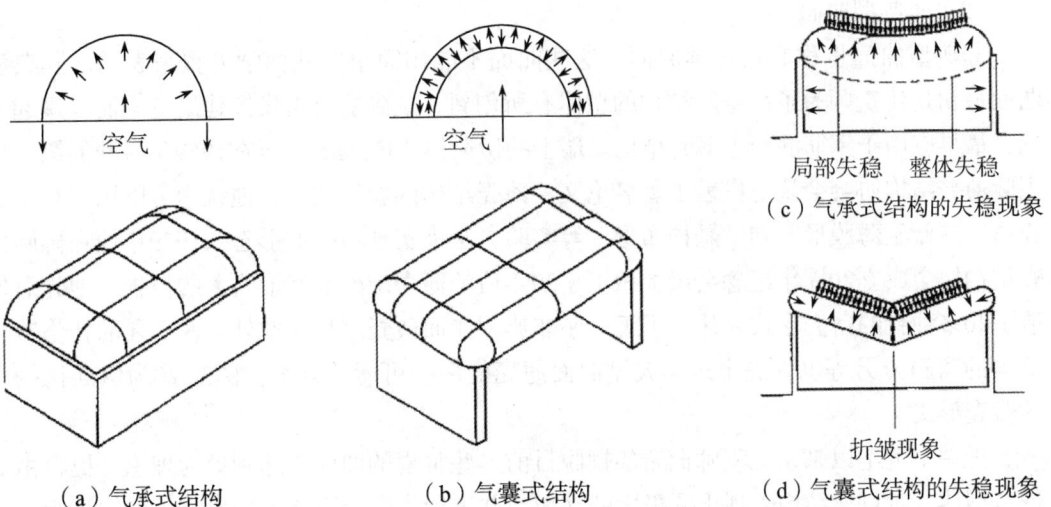

（a）气承式结构　　　　　（b）气囊式结构　　　　　（c）气承式结构的失稳现象

（d）气囊式结构的失稳现象

图3-19　充气结构受力概念

气承式结构在外荷载作用下既可能发生局部失稳，也可能发生整体的突然下陷，如图3-19（c）所示。气囊式结构在外荷载作用下可能发生折皱式破坏，如图3-19（d）所示，防止这种破坏的措施是加大充气的内压。

第五节　曲面的形成、分割与组合

一、型　体

网壳结构的型体是指网壳的形状、曲面形式和杆件的布置。如果型体设计合理，则可以使结构在已知条件下达到最大的规模，受力合理、安全储备高、美观、制造和安装简易、节省材料、经济等。国际薄壳与空间结构协会（IASS）创始人、西班牙著名结构工程师托罗哈认为：最佳结构有赖于其自身受力之型体，而非材料之潜在弧度，即网壳结构凭借其型体的合理性才能成为一种最优越的结构。因此，网壳结构的型体已成为当今建筑师与结构工程师的重要研究课题。

在进行网壳结构设计和创造新型体时，首先必须了解曲面的几何形式、曲面的物理性质及其工作特性。

通常把曲面分为两大类：

（1）典型曲面。

典型曲面也称几何学曲面。某些曲面不管其形式如何，也不管它是如何形成的，总可以用几何学方程表达出来。例如，用圆弧线、双曲线、抛物线、椭圆线和直线等表示出的曲面，它们可以用偏微分方程求解，都属于典型曲面。国内外采用这种曲面已建造了大量的型体优美、经济合理的建筑。如果将这种曲面进行适当的切割或组合，还可以构成更多的型体，创造出新颖的网壳结构。

（2）非典型曲面。

非典型曲面也称非几何学曲面。这些曲面不能用简单的几何学方程来表示。非典型曲面最初是建筑师为了使空间结构的型体有所创新，达到能自由发挥建筑造型而发展起来的，最早应用于钢筋混凝土薄壳结构。瑞士的伊斯拉（H. Isler）早在1959年召开的第一届国际薄壳结构协会会议上发表了著名论文《薄壳结构的新形式》，他认为可以用"自由山丘形""低压薄膜形"和"悬挂布形"等实验方法来实现薄壳的形态。1979年他在国际薄壳结构协会成立20周年纪念会议上做了《20年后的薄壳结构的新形式》的报告。他先后创造了40多种新的薄壳形式，建造了近千座非典型曲面薄壳工程。此外，西班牙的托洛哈、日本的斋藤公男等也曾提出过非典型曲面薄壳的多种可能的方案。图3-20为伊斯拉构思的薄壳形式。

近一个世纪以来，工程师们希望摆脱目前一些常规的曲面，达到更为理想、更自由地创造型体，对自然结构表现出了极大的兴趣，并进行了广泛而深入的研究。他们认为：形态万千的自然界蕴藏着无穷的、优美的、可供选用的建筑造型，自然界的创造能力常常超

图3-20　伊思拉构思的薄壳形式

越人类的设计能力。他们从贝壳、蛛网、鸟类头颅、昆虫翅膀、植物的根叶、花瓣和细胞结构，到山川、地形，再到蚁穴、鸟巢和人类的原始建筑，经过考察再综合分析，从中寻求更理想的结构。从这种仿生学的研究中看到，自然界中的曲面比简单的数学方程式所表达的曲面要合理得多。美国的斯塔勒（W. Staler）甚至提出：自然界的进化过程彻底完成了一个优化设计。他认为在连续体力学中，其优化表现为结构的重量最轻，同时结构受荷后的变形最小。

　　虽然用仿生原理来理解和发展空间结构的型体具有很大的意义和潜力，但是解决工程问题更为直接和重要的造型手段是在实验室内完成的，即所谓人工的空间结构曲面造型。目前该法受到极大的重视和广泛的应用，但仅限于对柔性材料在一定荷载下的曲面研究，具体包括：

① 塑料薄膜或金属薄膜在充气或吸气荷载下的型体研究；

② 皂膜在各种周边支承下将自重作为荷载的型体研究；

③ 张紧的金属薄膜在点支承条件下变形的研究等。

这些研究已有了突破性的进展，在尽可能接近实际工程的条件下，不但取得了相当精确的结果，而且成为校核理论计算的重要手段。索网结构造型理论是这些研究成果中最具有代表性的，特别是格兰迪格（L. Grundig）等提出并发展了"力密度法"，不但可以寻求弹性索网的薄膜型体，还可确定其荷载和变位的关系，进行内力分析。

索网结构和网壳结构的曲面都可以从薄膜近似地离散化而得到，而索网结构的造型理论对网壳结构的造型也有重要作用。索网结构的倒置形式，从理论上说是网壳结构的更合理的形式。这种结构可以构成无弯矩作用、型体优美和最轻巧的结构。当然，索网结构与网壳结构有很多不同之处，特别是在保证结构成为几何不变体系并具有相当大的刚性曲面结构上，索网比网壳要求的条件更多、更复杂。在网壳结构的型体研究中，杆件和网格的布置或者说杆件的空间组合方法也是一个重要问题，对于球面网壳，目前主要采用多面体。

在现有的理论和技术条件下，有些优美的网壳结构型体还不能付诸实施，其主要困难在于：① 结构分析上的困难，当网壳结构为非典型曲面，具有不规则的边界和承受复杂荷载时，用通常的解析法分析内力是不容易的，尤其是稳定性和动力特性的分析更为困难。② 结构构造和施工上的困难，当曲面形式复杂，特别是一些不能展开的曲面，将会出现数量很大的不规则的杆件，杆件的长度、节点的方向角和屋面构件等的尺寸各不相同，为制造与施工带来诸多麻烦，同时也提高了建筑造价。但是，科学技术日新月异，目前已基本具备了建造任意型体的网壳结构的条件，在具有一定要求的工程中可以发展应用，因为：

① 大型的微型计算机的应用与技术开发和近年来发展起来的"外形判定"（form finding）理论等，不但可以摆脱结构型体发展在计算方法上的束缚，也可取代用实验形成型体的方法。

② 新的结构理论、实验和测量技术的创造与应用。

③ 生产自动化和高度工业化为杆件与节点精密制造提供了可靠条件。

二、曲面的基本知识

在论述网壳结构类型及内力分析、计算之前，掌握一些简单曲面的理论知识，对于进一步研究壳体的几何关系、变形规律是很必要的。

1. 壳体

弹性力学中所谓的"壳体"是指由两个曲面所限定的弹性体。壳体上、下曲面的距离定义为壳体的厚度，以 h 来表示。壳体不同位置的厚度可以是相等的，也可以是不相等的。本书中所讨论的等效连续体壳体只考虑等厚度的壳。实际工程中所遇到的壳体，其厚度远小于该壳体的其他尺度。当厚度 h 与壳体中面的最小曲率半径之比小于1/20时，通常称为薄壳。

2. 中面

壳体中距上、下曲面等距离的曲面称为壳体的中面。下文所讨论的曲面都是指壳体中面。壳体的厚度 h、壳体的中面形状及周边轮廓（边界）一经确定，壳体的几何形状就完全给定了。

3. 曲面的曲率与主曲率

任何光滑的曲面在笛卡尔坐标系中可以用下列方程组确定

$$\begin{cases} x=f_1(\alpha,\beta) \\ y=f_2(\alpha,\beta) \\ z=f_3(\alpha,\beta) \end{cases}$$

式中，α、β 为参数；f_1，f_2，f_3 为 α，β 的单值连续函数。参数 α，β 可以称为所考虑曲面的曲线坐标。一对确定的 α，β 值对应于曲面上的一个点，或者说，曲面上任意一个点都可以认为是 α，β 坐标线的交点。

在图3-21所示曲面上的任一点 M 作该曲面的法线 MN，再通过 M 点的法线 MN 作一平面，称为法截面。法截面与曲面相交的曲线称为法截线。通过 MN 可作无数个法截面，并得出相应的无数条法截线。法截线就是壳体表面上的某一曲线。

曲面微分几何证明，在曲面的任何一点 M 处都有两个正交的方向。在这两个方向上，与 M 点相邻点的曲面法线均与 M 点的曲面法线相交。如图3-21所示，这两个方向可用 α，β 来表示。在曲面上平行于这两个方向取不同的 α，β 值可得到两簇正交的曲线。这两簇正交曲线称为曲率线。图3-21中给出了与某曲率线上一点 M 无限邻近的一个点 M_1 的曲面法线，过 M 和 M_1 点的两个曲面法线相交于 O_1（称为曲面上 M 点法截线的曲率中心）。

图3-21　曲线坐标

由曲率中心 O_1 到曲面上某点 M 的距离称为曲面上 M 点沿 α 方向的曲率半径（R_1）。曲率半径的倒数称为曲面在该点的曲率。曲率是表达曲面的主要特征之一。通过曲面上任意一点 M 可以构成无数条曲线，其中必有一对正交曲线，它们的曲率为极值，称为 M 点的两个主曲率。其中一个是最大曲率，另一个是最小曲率。对应于每一个主曲率的方向称为曲面在 M 点的主方向。

可用位于曲面主曲率方向的正交曲线坐标系来定义曲面几何。通常采用壳体未变形曲面的主曲率线作为坐标曲线，并把坐标线 α 和 β 的曲率表示为 k_1 和 k_2，与其相应的曲率半径表示为 R_1 和 R_2。

4. 高斯曲率

曲面的两个主曲率之积称为曲面在该点的高斯曲率，以 K 表示，即

$$K=k_1k_2=\frac{1}{R_1R_2}$$

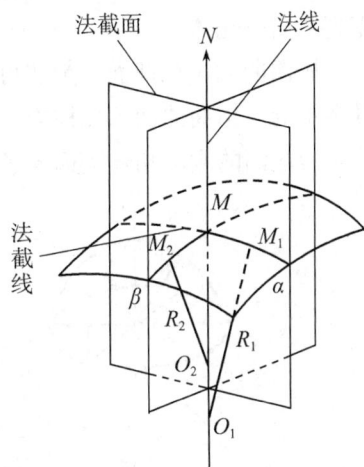

曲面上任意一点的高斯曲率可分为正、负、零，为方便，取向下的曲率为正，向上的曲率为负。高斯曲率的大小和正负号是空间几何曲面的重要特征。在工程结构中，经常采用的壳体或网壳的曲面形式可按其高斯曲率来分类。

第一类是非零高斯曲率的壳体。这类壳体具有各种双曲率曲面。双曲率壳体又可以分为两种形式：

（1）正高斯曲率壳体。其曲面是凸形的，两个主曲率中心在曲面的同一侧（图3-22a），故两个主曲率同号，因此，$K=k_1k_2>0$。球面、椭圆抛物面壳等均属正高斯曲率壳体。

（2）负高斯曲率壳体。其曲面的一个方向是凸形的，另一个方向是凹形的，两个主曲率中心不在曲面的同一侧（图3-22b），故两个主曲率不同号，因此，$K=k_1k_2<0$。双曲抛物面壳属负高斯曲率壳体。

第二类是零高斯曲率壳体。壳体曲面中有一个坐标方向的曲率为零，另一个方向的曲率不为零（正值或负值），故也称为单曲壳体（图3-22c），因此，$K=k_1 0=0$。柱面壳属零高斯曲率壳体。

同向曲面（如球面）为非可展曲面，除非把它们截割成许多块，否则张拉是不可能将其展平的。单曲曲面（如柱面）为可展曲面，因为无须对其截割或张拉即可将曲面展平。非可展曲面的刚度和强度远大于可展曲面的刚度和强度。

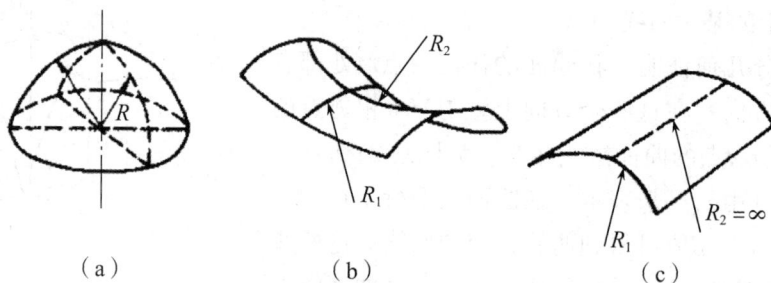

（a）　　　　　　　　（b）　　　　　　　　（c）

图3-22　曲面的局部几何特性

三、曲面的形成方法

目前用于工程中的多数网壳，如球面网壳、柱面网壳、双曲扁网壳、双曲抛物面网壳，以及折板形网壳等，都是由几何定义的曲面。这些曲面是按几何特点采用旋转法或平移法两种基本方法之一形成的。

1. 旋转法

由一根平面曲线作母线，绕其平面内的竖轴在空间旋转而形成一种曲面，该种曲面称为旋转曲面。

旋转曲面的母线可以是任意曲线或直线。一条圆弧线可以形成一个球面（图3-23a）一条椭圆线可以形成一个旋转椭圆面（图3-23b）；一条抛物线可以形成一个旋转抛物面（图3-23c）；一条双曲线可以形成一个旋转双曲面（图3-23d）；一条直线可以形成一个圆锥面（图3-23e）或一个柱面（图3-23f）。

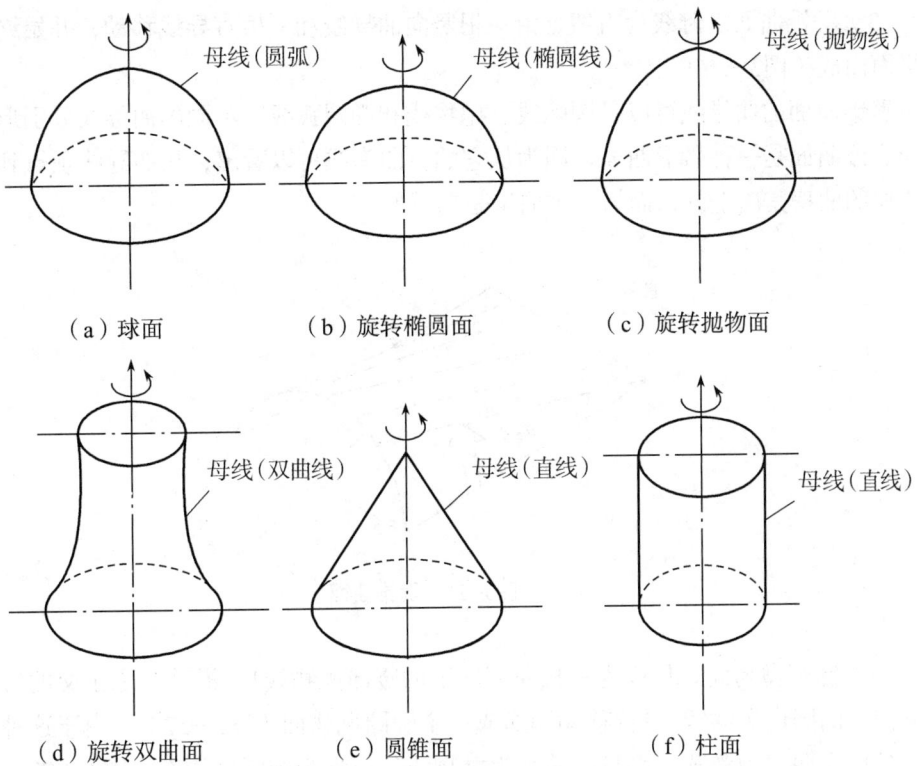

（a）球面 （b）旋转椭圆面 （c）旋转抛物面

（d）旋转双曲面 （e）圆锥面 （f）柱面

图3-23 旋转曲面

2.平移法

由一竖向平面曲线（母线）在空间沿着另两根竖向平面曲线（导线）平行移动而形成的曲面称为平移曲面。当母线为直线，将其两端各沿两根固定曲线或直线平行移动所形成的曲面亦称直纹曲面。

因为可以选用任意曲线的组合，所以由平移法可以得到多种形式的曲面，其分类如下：

（1）柱面。母线为直线，沿两根曲率相同的竖向导线（如圆弧线、抛物线、椭圆线等）平行移动而成（图3-24）。

（2）柱状面（截锥曲面）。母线为直线，沿两根曲率不同的竖向导线移动并始终平行于一导平面而成（图3-25）。

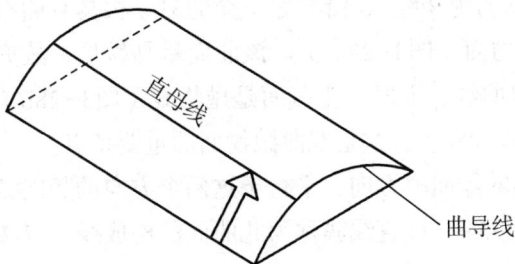

图3-24 柱面

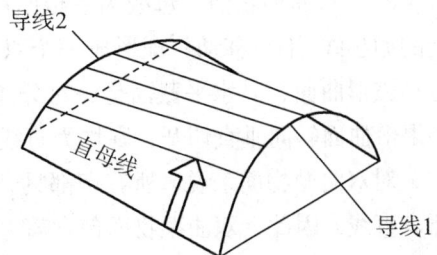

图3-25 柱状面

（3）劈锥曲面。母线为直线，沿一根竖向曲导线和一根直导线移动，并始终平行于一导平面而成（图3-26）。

劈锥曲面的曲导线可以是圆弧线、抛物线和椭圆弧线，不同的曲导线分别形成不同的曲面。该曲面是一种鞍形曲面，因为从它的主曲率线可以看出，从曲导线顶点到对角的连线方向的曲率是向上的，而另一主曲率是向下的。

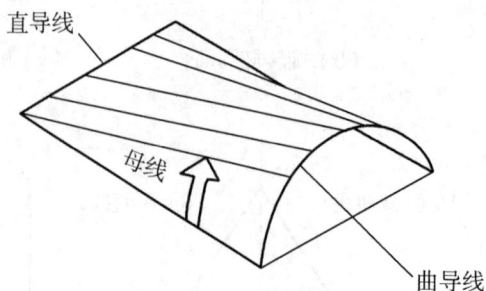

图3-26　劈锥曲面

（4）椭圆抛物面。母线为一根曲率向下的竖向抛物线1，沿着与之正交的另一根具有曲率向下的竖向抛物线2平行移动即形成一个椭圆抛物面（图3-27）。由于这种曲面和水平面的截交曲线为椭圆，而竖向截面为抛物线，故称为椭圆抛物面（图3-27b），它覆盖一个矩形面积。当两根抛物线相同时，则覆盖一个正方形面积，但其水平截面变为圆。

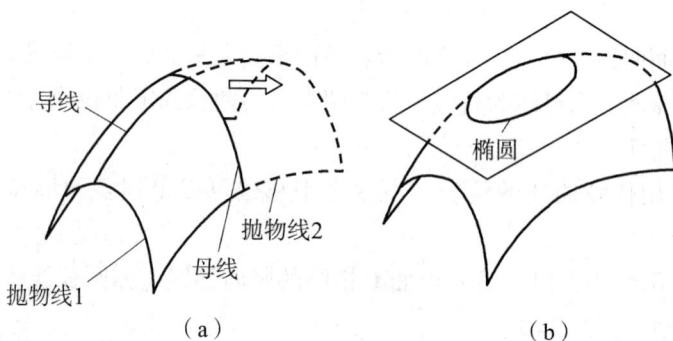

（a）　　　　　　　　　　　　　　　（b）

图3-27　椭圆抛物面

（5）双曲抛物面。母线为一根曲率向下的抛物线1，沿与之正交的另一根具有曲率向上的抛物线2平行移动，即形成一个双曲抛物面（图3-28a）。该曲面呈马鞍形，故亦称为马鞍形曲面，其水平截面是一对分离的双曲线，而竖向主截面是抛物线（图3-28b）。如果沿曲面斜向垂直切开，则均为直线（图3-28c），这是双曲抛物面的重要特点。

对双曲抛物面来说，所有点都具有相同的零曲率方向，平行于这两个方向的竖向截面都是直线，因此，双曲抛物面包含着一对直线簇，该直线簇称为此曲面的构成线。双曲抛物面网壳即沿零曲率方向采用直线杆件构成的。

双曲抛物面也可将一根直线的两端沿两根在空间倾斜但不相交的直线移动而形成，如

图3-28所示。该种曲面在工程中常常称为扭面。扭面可以认为是从马鞍形曲面中按一定的方式沿直线方向截取的一部分，如图3-28中的*ABCD*，它覆盖的是矩形平面。

从以上曲面形成的方法中可以看出，同一种曲面可用不同的方法形成。例如，柱面既可用旋转法也可用平移法形成；扭面（图3-29）可以从双曲抛物面中沿直纹方向截取一部分，也可平移一直线于两根倾斜直线上形成。上述的各种曲面统称之为基本曲面。

在实际工程中，根据建筑的要求，当网壳的矢高较小，又必须设计成矩形平面或接近矩形平面时，往往采用双曲扁网壳。当网壳的矢高f与壳体投影平面的短边L_1之比$<1/5$或壳面与底平面间的切线角小于$18°$、边长比$L_2/L_1<2$时，称为扁壳（图3-30）。椭圆抛物面、球面、双曲抛物面等都可做成扁壳。但考虑到网壳的几何关系和施工方便，一般采用平移方法的椭圆抛物面，而采用旋转方法的球面扁网壳也不少。

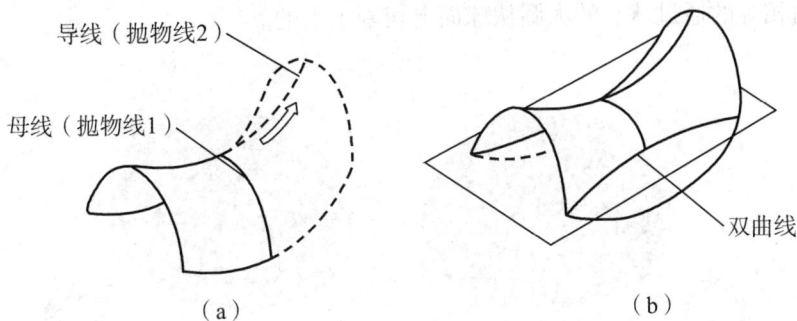

图3-28　双曲抛物面

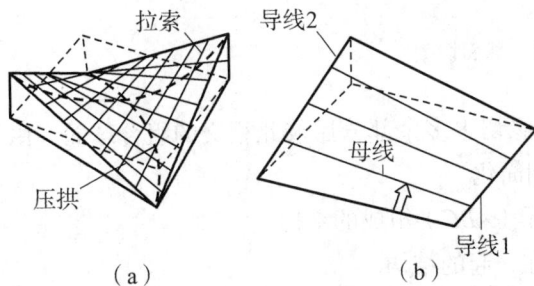

图3-29　扭面

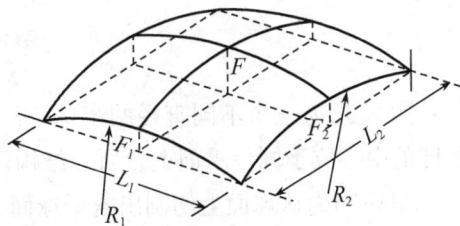

图3-30　扁壳

四、曲面的切割与组合

基本曲面的形式虽然不多，但可根据建筑平面、空间和功能的需要，通过对某种基本曲面的切割或组合，得到任意平面和各种美观、新颖的复杂曲面。因此，曲面的切割与组合是网壳结构设计中的重要手段。进行曲面的切割与组合时，除了满足建筑方面的要求外，还应考虑整体结构的受力特性、支承条件以及几何学等因素。下面介绍一些曲面切割与组合方法。

1. 球面的切割与组合

图3-31为一球面切割示意图。对球面采取的切割方法不同，可形成不同的投影平面和不同的支承数目。图3-32为将球面切成投影平面带圆弧三边形的部分，它是由三个与水平面夹角相等的通过球心的大圆从球面上切割出来的。

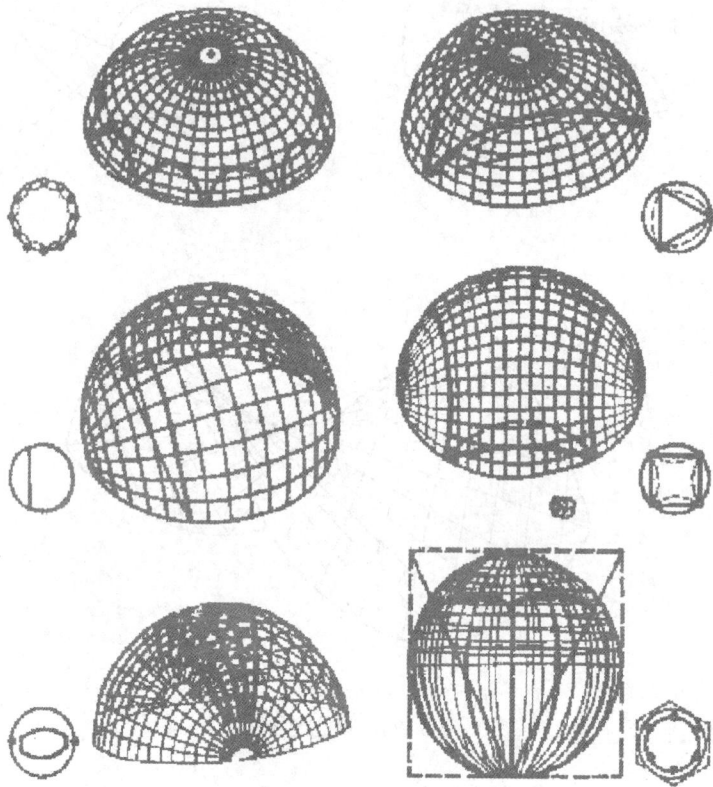

图3-31 球面切割

图3-32为三个不同直径的半球，沿边缘切去多余部分后彼此相交的组合球面，由于各球的中心位于同一平面上，所以结构得到简化。

图3-33为从球面上切割出若干球面单元（ABC）组成的结构。

图3-34为若干球面经切割后，再组合在一起的结构。

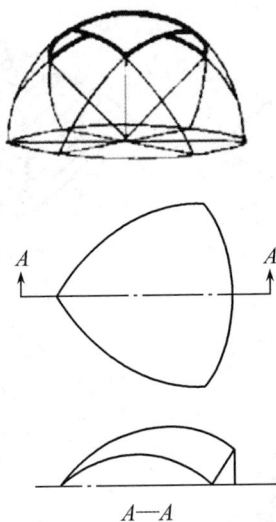

图3-32　曲边三角形的球面切割　　　　图3-33　球面单元组成的结构

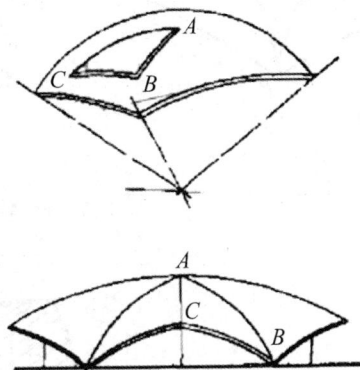

2. 柱面的切割与组合

将若干个跨度与波宽相同或不同的柱面连接在一起，可以组成连续的柱面，在工程中称为连续柱面网壳，如图3-35所示。

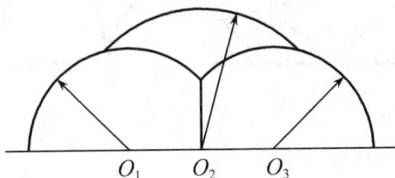

图3-34　相交的球面　　　　　　图3-35　连续的柱面

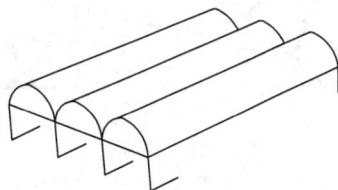

图3-36是一种常见的柱面的切割与组合方法。将一段柱面沿对角线切开（图3-36a），则可分成两个帽檐柱面（*ABE*和*CDE*）和两个瓜瓣柱面（*BCE*和*ADE*）。如果将4个帽檐柱面组合在一起，则可构成建筑平面为方形或矩形的新曲面（图3-36b）；如果将4个瓜瓣柱面组合在一起，则可构成另一种曲面（图3-36c）。在工程中有时采用二段柱面正交（相贯）组成新曲面。如果将这种柱面再做适当的切割，则可使结构更加优美，如图3-37所示。

如果从柱面上切割出不同形状的柱面单元（如三角形、扇形等），也可组成多种美观的壳面，而且其建筑平面可以是不规则的，如图3-38所示。

在大型体育馆、展览馆等建筑中，常常采用柱面与部分球面相组合的壳体。图3-39是一半圆柱面与四分之一球面相组合的图形。

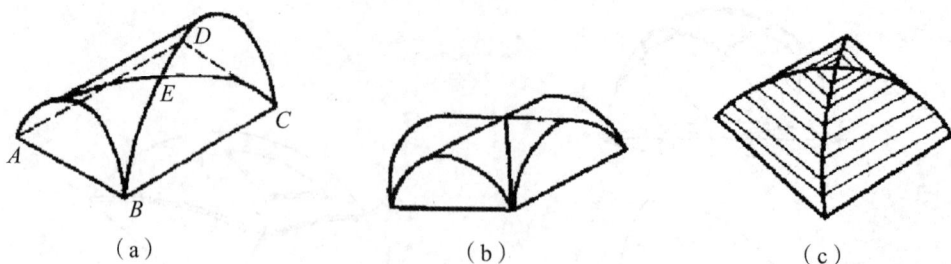

（a）　　　　　　　　　（b）　　　　　　　　　（c）

图3-36　帽檐柱面、瓜瓣柱面

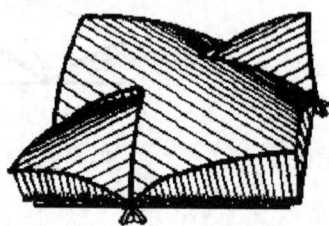

图3-37　具有曲边的相贯柱面

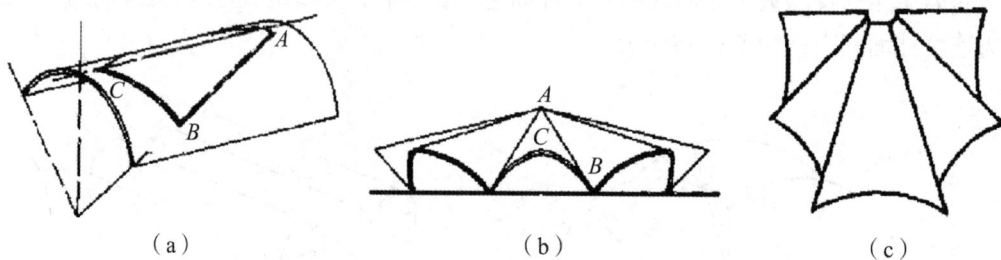

（a）　　　　　　　　　（b）　　　　　　　　　（c）

图3-38　柱面单元组成的结构

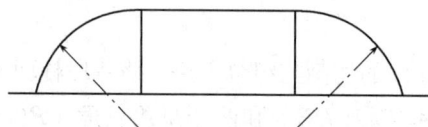

图3-39　柱面与球面的组合

3. 双曲抛物面的切割与组合

双曲抛物面的形式很多，它覆盖的建筑平面形状也是多种多样的，其边缘可以是直线的，也可以是曲线的，如圆形、椭圆形等，因而它有着组成无数建筑形式的可能性。

将双曲抛物面经过一定的切割，可以得到用两点支承的单块扭面（图3-40），这种曲面可以是单轴或双轴对称的，它的投影平面多为正方形、矩形、菱形或不等边菱形。

单块扭面仅支承于二点是不稳定的。为了确保整个结构稳定，必须另设附加支柱或墙。图3-41列出了几种附加支承的方案。

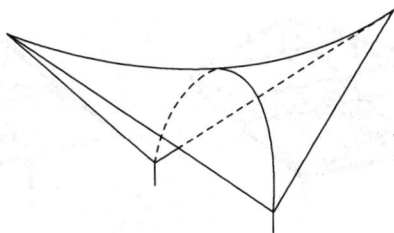

图3-40　单块扭面

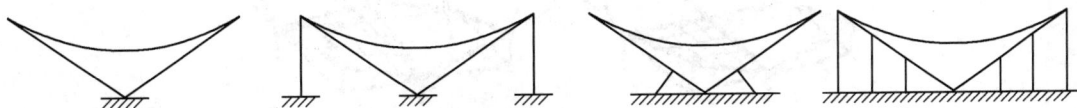

图3-41　单块扭面的附加支承

扭面一般是直边的，要将直边扭面改成曲边扭面，可以采用图3-42所示的方法：直边扭面ABC在平面上的投影是一个菱形AbCd，若将Ab线向里转到Ab′，则其垂直平面与扭面的交线AB′就成为上凸的抛物线；若将Ad线向外转到Ad′，则其垂直平面与扭面的交线AD′就成为下凹的抛物线。该方法说明，只要调整扭面边缘的旋转方向和大小，就能得到许多不同形式的扭面边缘和水平投影平面。

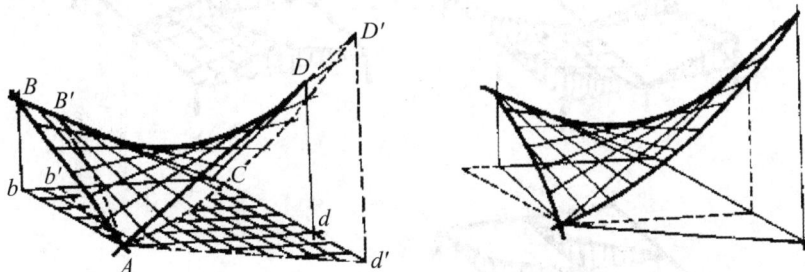

图3-42　直边扭面改成曲边扭面

单块扭面除了二点支承外，还可以采用三点或四点支承。在工程中最常采用的是利用四边形单块单倾或双倾扭面构成各种形式的组合扭面。图3-43是一些典型的四边形单块扭面的组合方法。

图3-44为由四块扭面组成的网壳，建筑平面为八边形，其上部支承于两根正交的空间桁架上。图3-45为由四块矩形扭面组成的网壳，有四点支承、四点悬挑，使得建筑造型生动活泼，更加优美。类似的形式在国外应用很多，如图3-46所示。

图3-47是将一双曲抛物面进行切割，去掉多余部分得到的一个具有曲边的双曲抛物面单元。将8个这样的单元组合，可得到形似花朵的新结构。

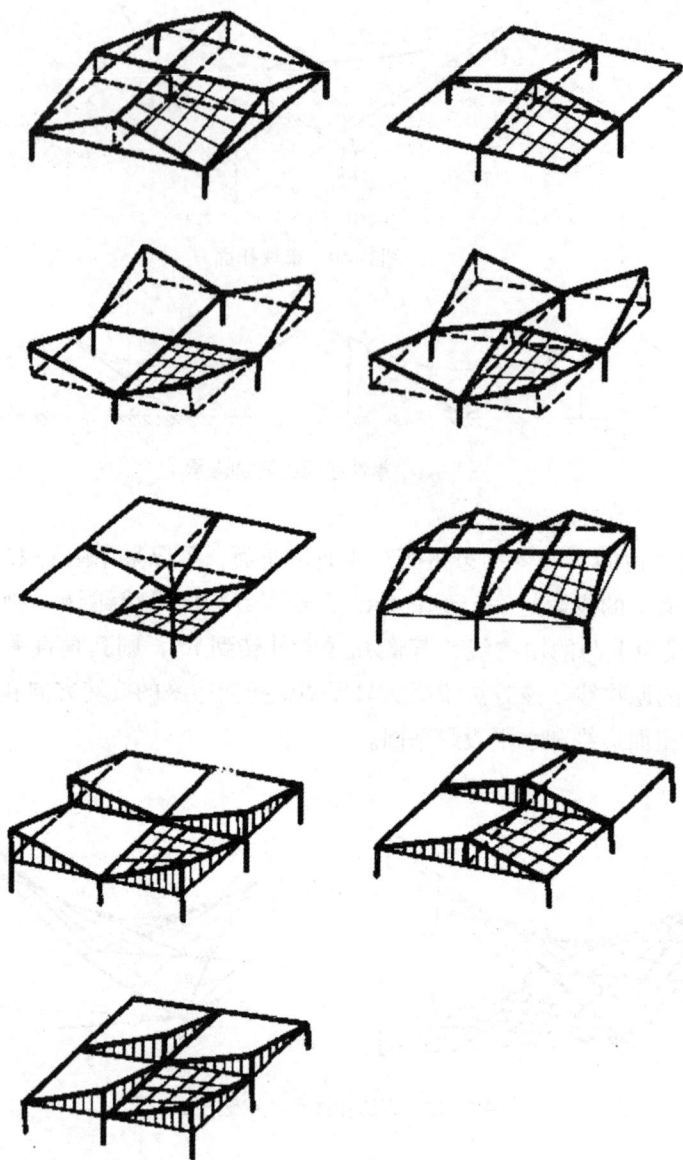

图3-43　四边形单块扭面的组合

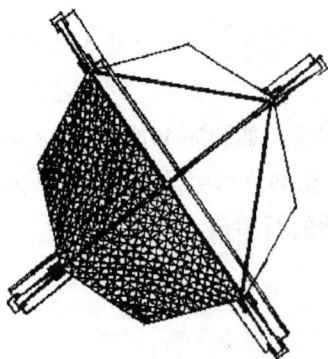

图3-44　四块扭面覆盖八边形平面

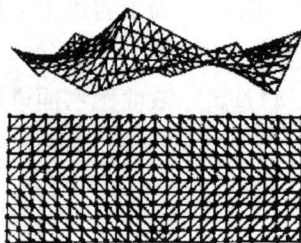

图3-45　四块扭面覆盖矩形平面

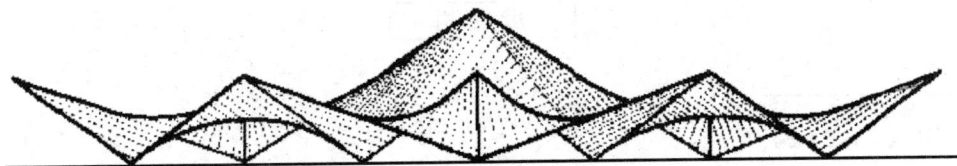

图3-46 多个不同跨度与矢高的扭面组合

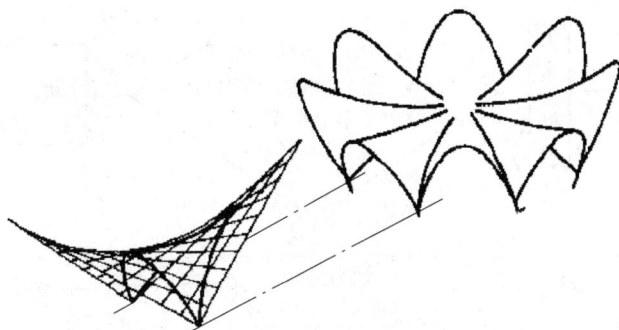

图3-47 8个扭面单元覆盖圆形平面

五、利用曲面引导力流

当我们采用各种手段或方法得到需要的曲面后，就得到了一个适宜的建筑结构造型。在此基础上，我们可以布置构件（壳体曲面板）或者杆件，用以拟合所得曲面，并进一步引导荷载所产生的力流的传递，如图3-48所示。一个新型结构判断优劣的原则如图3-49所示。

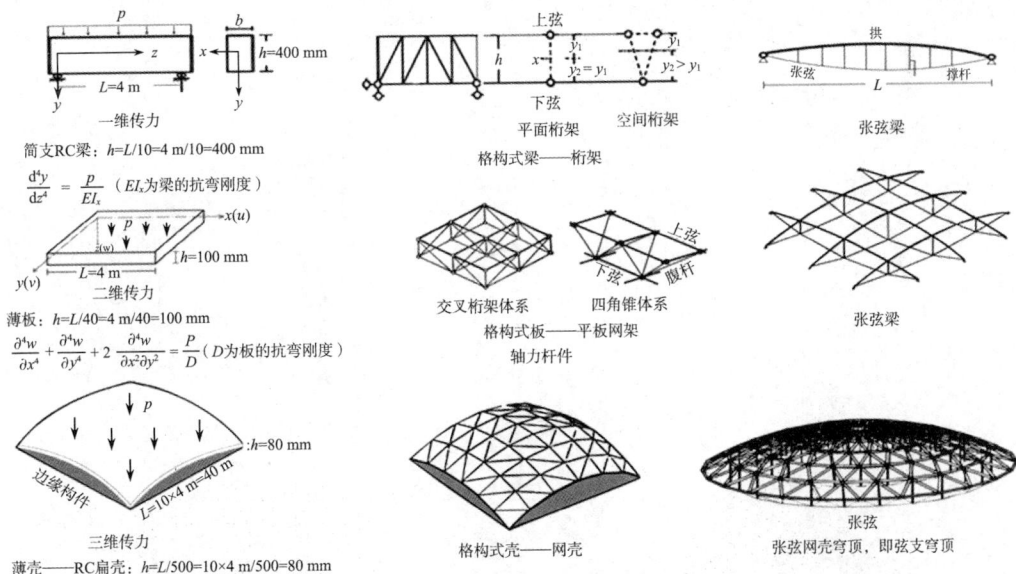

一维传力

简支RC梁：$h=L/10=4\text{ m}/10=400\text{ mm}$

$$\frac{\mathrm{d}^4 y}{\mathrm{d}z^4} = \frac{p}{EI_x} \quad (EI_x\text{为梁的抗弯刚度})$$

二维传力

薄板：$h=L/40=4\text{ m}/40=100\text{ mm}$

$$\frac{\partial^4 w}{\partial x^4} + \frac{\partial^4 w}{\partial y^4} + 2\frac{\partial^4 w}{\partial x^2 \partial y^2} = \frac{P}{D} \quad (D\text{为板的抗弯刚度})$$

三维传力

薄壳——RC扁壳：$h=L/500=10\times4\text{ m}/500=80\text{ mm}$

上弦 下弦
平面桁架 空间桁架
格构式梁——桁架

交叉桁架体系 四角锥体系
格构式板——平板网架
轴力杆件

格构式壳——网壳

拱 张弦 撑杆
张弦梁

张弦梁

张弦
张弦网壳穹顶，即弦支穹顶

图3-48 一、二、三维传力结构体系

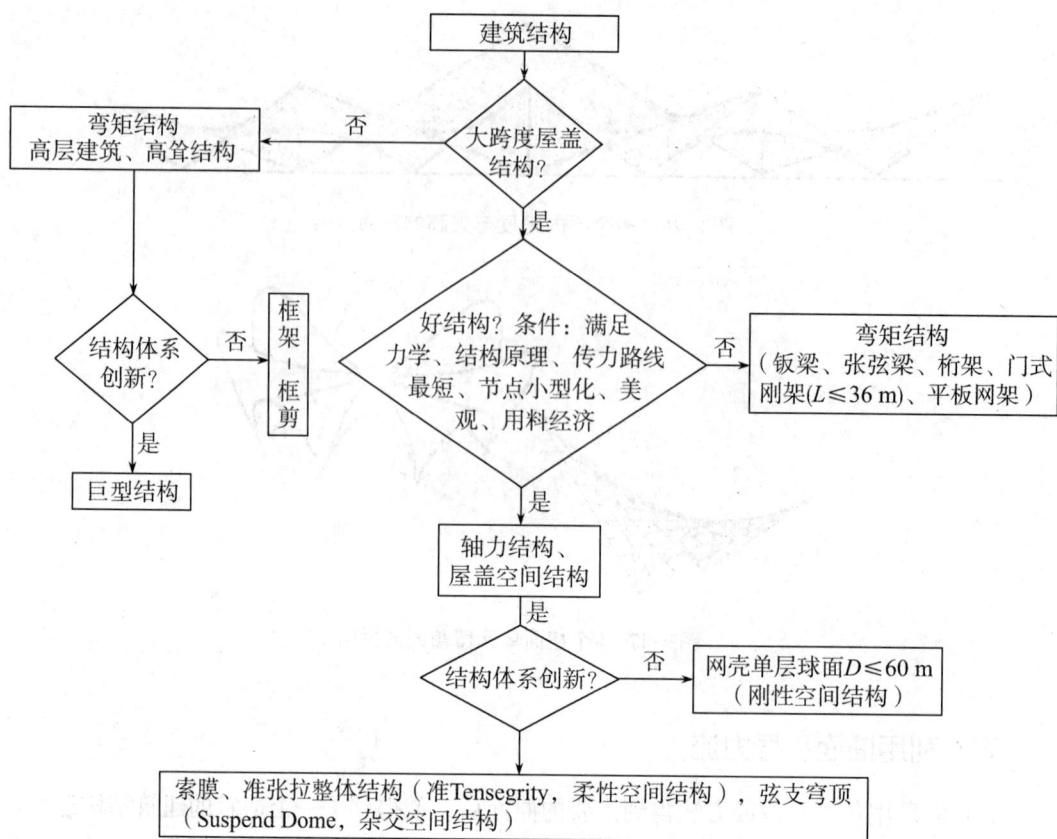

图3-49　新型结构判断优劣原则

第四章　结构竖向分体系

　　建筑结构的竖向体系是水平体系的支承。竖向体系的作用是承受水平结构传来及自身所受竖向荷载和水平荷载，并把它们传给基础。竖向体系不仅要有足够的承载能力，也要有足够的抗侧移刚度。结构竖向体系的基本构件是柱（墙），以及由梁柱组成的框架，或由墙组成的剪力墙（筒体）。

　　框架、剪力墙、框架-剪力墙结构体系是多层及高层建筑中传统的、广为应用的抗侧力体系；在高度较大的建筑中，利用结构空间作用又发展了框架-筒体结构、框筒结构、筒中筒结构及多筒结构等多种抗侧力很好的结构体系。

　　1. 柱

　　（1）柱的特点。

　　柱是承受平行于其纵轴方向荷载的线形构件，它的截面尺寸小于它的高度，一般以受压和受弯为主，故也称压弯构件。

　　（2）柱的分类。

　　① 按截面形状分为方（矩）形、圆（环）形、工（L、十）字形截面柱、双肢柱、格构柱、单（双）阶柱（用于有吊车的单层厂房结构）等。

　　② 按受力特点分为轴心受压柱和偏心受压柱两种。构造柱是墙砌体中的一种构件，不直接承受荷载，其作用主要是增加墙体的整体性，并改善其延性。

　　③ 按所用材料分为石柱、砖柱、砌块柱、钢筋混凝土柱、钢柱、组合柱（如型钢与混凝土组合砌块与钢筋混凝土组合）、木柱等。

　　2. 墙

　　（1）墙的特点。

　　墙是承受平行于墙面方向荷载的竖向构件。它在重力和竖向荷载作用下主要承受压力，有时也承受弯矩和剪力，但在风、地震等水平荷载作用或土压力、水压力等水平力作用下则主要承受剪力和弯矩。

　　（2）墙的分类。

　　① 按形状分为平面墙（含空心墙、空斗墙）、筒体墙、曲面墙、折线墙。

　　② 按受力分为承重墙（以承受重力为主）、剪力墙（以承受平行于墙面的风力或地震产生的水平力为主）、挡水（土）墙（以承受垂直于墙面的水或土的侧向水平压力为

主），以及作为隔断等非受力用的非承重墙。承重墙多用于单、多层建筑，剪力墙多用于多高层建筑。

③ 按材料分为砖墙、砌块墙（混凝土或硅酸盐材料制成）、钢筋混凝土墙、钢格构墙、组合墙（两种以上材料组合）、玻璃幕墙、竹墙、木墙、石墙、土坯墙、夯土墙等。

④ 按施工方式分为现场制作墙、大型砌块墙、预制板式墙、预制筒体墙。

⑤ 按位置或功能分为内墙、外墙、纵墙、横墙、山墙、女儿墙、挡土墙，以及隔断墙、耐火墙、屏蔽墙、隔音墙等。

3. 框架

（1）框架的特点。

框架是由横梁和立柱联合组成的能同时承受竖向荷载和水平荷载的结构构件。在一般建筑物中，框架的横梁和立柱都是刚性连接，它们间的夹角在受力前后是不变的；连接处的刚性给予框架在承受竖向和水平荷载时提供承载能力和稳定性的尺度，使框架的梁和柱既受轴力（框架梁在设计时轴力可忽略），又受弯曲和剪切（框架柱在设计时剪切可忽略）。在单层厂房中，由横梁和立柱刚性连接的框架称刚架，横梁和立柱间用铰支承连接的框架称排架。排架和刚架统称为框架。

（2）框架的分类。

① 按跨数、层数和立面构成分为单跨、多跨框架，单层、多层框架，以及对称、不对称框架。当梁柱为刚接时，单跨对称框架又称为门式刚架。

② 按受力特点分，框架的各构件轴线处于同一平面内的称为平面框架，不在同一平面内的称为空间框架，空间框架也可由平面框架组成。

③ 按所用材料分为钢筋混凝土框架、预应力混凝土框架、钢框架、胶合木框架和组合框架（如钢筋混凝土柱和型钢梁、组合砖柱和钢筋混凝土梁）等。

第一节　框架作用

结构的竖向体系可由柱、排架、框架、结构墙或筒体结构组成，也可由上述几种结构构件联合组成。柱是最简单的竖向构件。在建筑结构中通常有许多柱，当柱顶与横梁铰接时称为排架。排架节点构造简单，对房屋变形的影响不敏感。在单层工业厂房中，吊车是很大的集中荷载，常会引起厂房较大的局部变形，从而引起复杂的内力重分布。采用排架结构，构件间均为铰支，结构受力明确，设计计算和节点构造相对简单，所以单层工业厂房往往采用排架结构。当柱顶和横梁做成刚性节点时称为框架。框架节点把柱和横梁连成整体，荷载作用下变形一致，柱的变形会引起横梁变形，它们共同工作，抵抗外部荷载。一般说来，框架受力比排架合理，刚度也较大。

下面对独立柱、排架和框架在荷载作用下的工作特点进行简单比较，如图4-1所示。

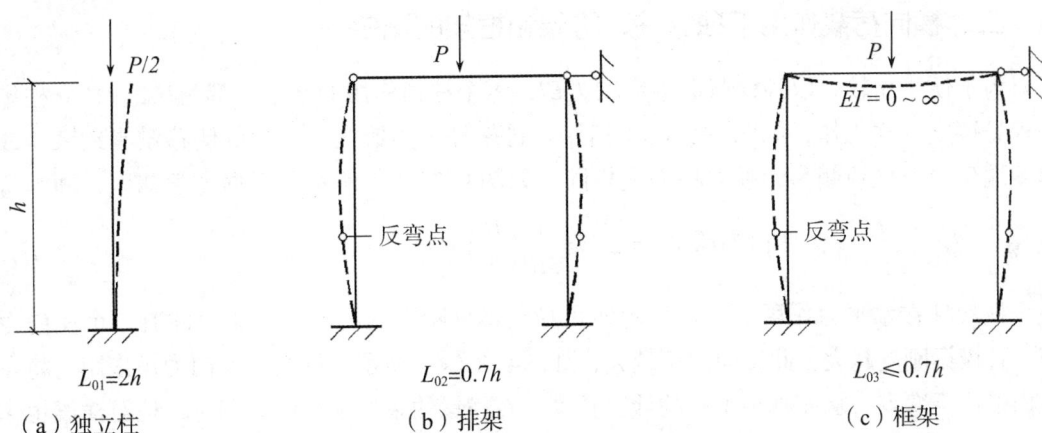

图4-1　竖向荷载作用下独立柱、排架和框架的比较

一、竖向荷载作用下独立柱、排架和框架的比较

假设各柱截面完全相同。独立柱的承载力和柱的计算长度有关，根据力学知识，杆件的计算长度相当于荷载作用下杆件弹性变形曲线的半波长。独立柱的计算长度$L_{01}=2h$，如图4-1（a）所示。

排架在房屋中由于与屋盖系统的连系，各柱的侧向变形要协调，在竖向荷载作用下排架的侧向变形很小，可以忽略不计，相当于在计算简图上加上一个水平连杆支座，此时的柱相当于下端嵌固、上端为无侧移（允许竖向变形）铰支座，柱的计算长度$L_{02}=0.7h$，如图4-1（b）所示。计算长度减小，柱不易失稳，承载力将略有提高。

对于柱顶与横梁刚性连接的框架，柱顶的转动受到横梁刚度的约束，如图4-1（c）所示。横梁刚度为零时，横梁对柱没有约束，此时柱的变形与在排架中完全一样；当横梁刚度无穷大时，柱顶不能有一点转动，相当于两端嵌固，此时柱的计算长度$L_{03}=0.5h$。可见，在框架中，横梁刚度将影响柱的计算长度，减小柱的失稳趋势，在一定程度上提高柱的抗压承载力。

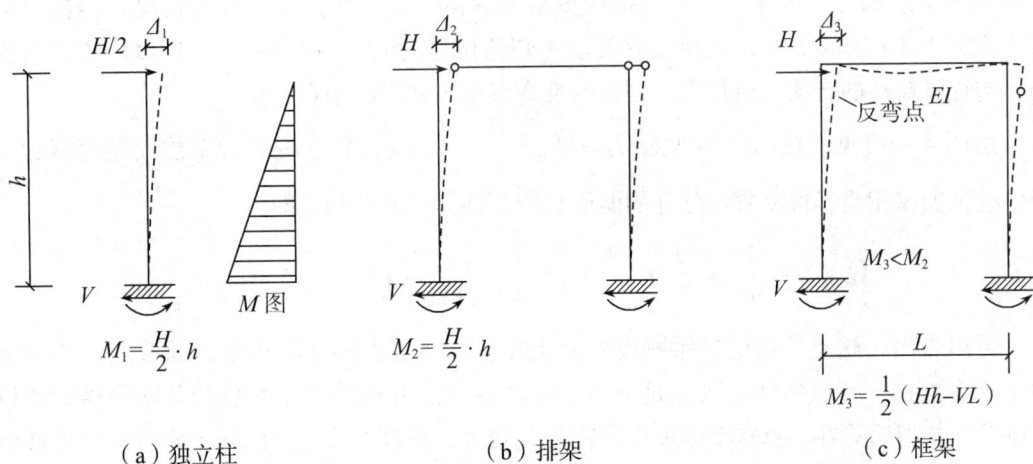

图4-2　在柱顶水平荷载作用下，独立柱、排架和框架的比较

二、横向荷载作用下独立柱、排架和框架的比较

为了便于比较，取各柱截面刚度均为EI，每个柱顶作用的水平力都为$H/2$。独立柱像一根悬臂梁一样工作，如图4-2（a）所示。排架柱顶为铰接，对柱的侧移没有约束，故其固端弯矩及柱顶侧移和独立柱完全相同，如图4-2（b）所示。根据力学知识，固端弯矩$M_1=M_2=\dfrac{H}{2}\cdot h$，柱顶侧移$\Delta_1=\Delta_2=\dfrac{1}{3EI}\left(\dfrac{H}{2}\right)\cdot h^3$。

框架柱在水平力作用下，柱顶的转角受到横梁刚度的约束，横梁对柱有一个反向力矩，且横梁刚度越大，此反向力矩越大，如图4-2（c）所示。柱受到反向力矩作用，将在柱内形成反弯点，从而减小了柱的计算长度。在横梁约束柱顶转动的同时，柱对横梁也作用一个反力矩，此力矩将在横梁中形成弯矩和剪力。由反弯点以上横梁的平衡（图4-3）可以看出，横梁剪力将引起柱的轴向力V，使左柱受拉，右柱受压，形成力矩Vd。从总体上看，力矩Vd与外荷载H引起的倾覆力矩方向相反，可以抵消一部分倾覆力矩，从而减小柱的固端弯矩。若把反弯点以下部分取为隔离体，则反弯点处弯矩为零，只有剪力$H/2$。反弯点高度$h_1<h$，框架固端弯矩$M_3=\dfrac{H}{2}h_1<M_1=M_2=\dfrac{H}{2}\cdot h$。

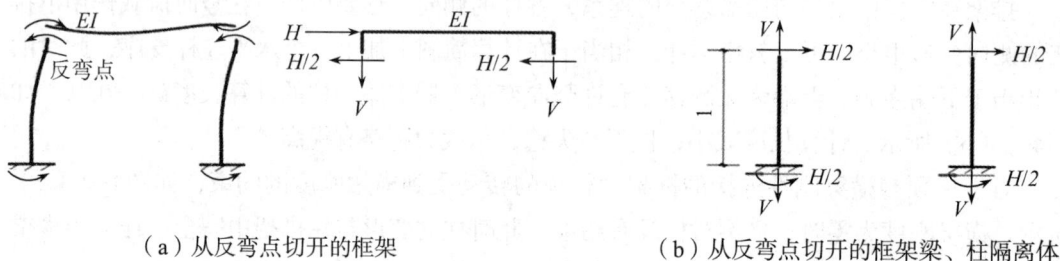

（a）从反弯点切开的框架　　　　　　　　　　　　（b）从反弯点切开的框架梁、柱隔离体

图4-3　框架的作用

横梁刚度越大，横梁对柱顶转动的约束作用越大，反弯点越向下移，横梁内的剪力（即柱内竖向轴力）也越大，可以抵消更多的倾覆力矩。作为一个极端情况，当横梁刚度为无穷大（$EI=\infty$）时，柱顶没有转动（转角位移为0），相当于一个可以侧移的嵌固端；与柱脚对柱的转动约束相当，则柱的反弯点位于柱高的中点。

由图4-4可见，柱的固端弯矩$M_4=M_{min}=\dfrac{H}{4}\cdot h$，仅为独立柱或排架柱固端弯矩的一半。柱顶侧移相当于被反弯点分开的两段悬臂短柱侧移的总和，即

$$\Delta_4=2\times\frac{1}{3EI}\times\frac{H}{2}\times\left(\frac{h}{2}\right)^3=\frac{1}{4}\cdot\frac{1}{3EI}\left(\frac{H}{2}\right)h^3=\frac{1}{4}\Delta_1=\frac{1}{4}\Delta_2$$

可以看出，这里所指的横梁刚度实质上指横梁对节点转动的约束，而节点上不仅有横梁还有立柱，节点的转动刚度是横梁和立柱在节点处转动刚度的总和。所谓横梁比较"刚"，是指横梁在节点转动刚度中所占比例较大。杆件在节点处的转动刚度与杆件截面抗弯刚度EI成正比，与杆件长度成反比（还与杆件远端的边界条件有关）。可以用横梁和柱的线刚度$i=EI/L$的比值λ来描述它们对节点转动的约束程度：

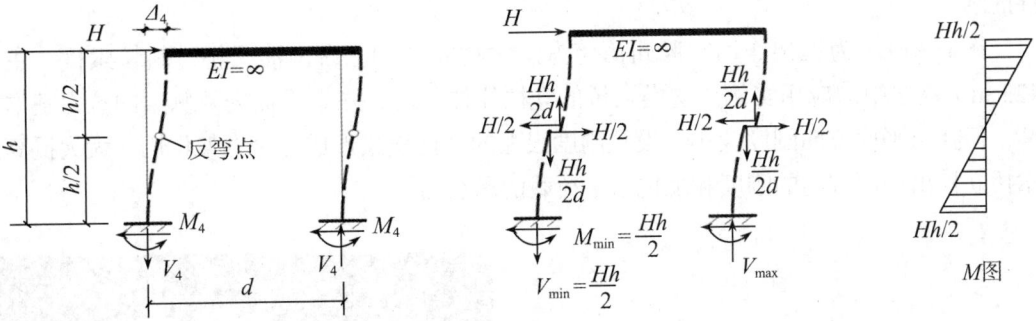

图4-4　完全框架作用

$$\lambda = \frac{i_b}{i_c} = \frac{\dfrac{E_b I_b}{L_b}}{\dfrac{E_c I_c}{L_c}}$$

式中，各符号的下标b代表横梁，下标c代表立柱。

　　λ越大，横梁对框架节点转动的约束也越大。由于这种影响是通过框架的刚性节点来实现的，所以称为框架作用。在工程中，通常当$\lambda = \dfrac{i_b}{i_c} \geqslant 4$时，可近似认为横梁已能可靠地约束节点转动，即上述$EI = \infty$的情况，称为完全框架作用。但是这种说法只是一般概念意义上的，并不统一，有很多不同的观点。比如在钢筋混凝土框架计算中，只要求$\lambda = \dfrac{i_b}{i_c} \geqslant 3$就可以了；但是在钢结构格构式柱中，对缀板与柱肢线刚度比的要求为$\lambda = \dfrac{i_b}{i_c} \geqslant 6$。完全框架作用将使柱内弯矩减半，使框架的抗侧移刚度提高到独立柱的4倍，效益十分显著。

　　框架作用的概念具有普遍意义，不仅适用于一般的框架结构，还可应用到一些特殊的情况。例如房屋的悬挑外伸问题，有时建筑上需要多悬挑一些，但外伸悬挑梁受力状态很不利，此时为满足刚度要求，悬臂梁的截面高度一般都较大。应用框架作用原理，我们可以把悬挑部分设计成一个水平方向上的框架（完全框架）。图4-5所示为利用悬挑框架作为悬挑构件的工程实例。利用框架作用（或完全框架作用）可大大提高悬挑构

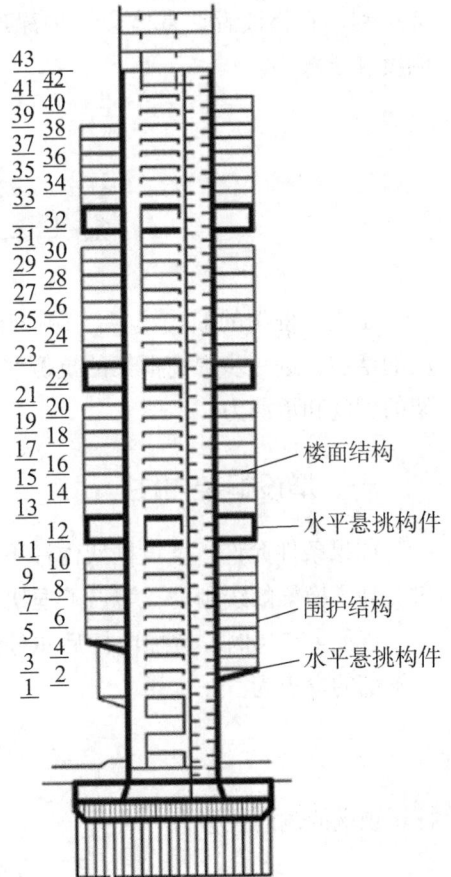

图4-5　悬挑框架

楼面结构
水平悬挑构件
围护结构
水平悬挑构件

件的刚度。

图4-6所示为框架作用在胶州湾跨海悬索桥立柱和上海南浦大桥（斜拉索桥，主跨423 m）立柱中的应用实例。这类大桥的立柱往往很高，在索平面内两侧索的拉力基本平衡，但在出平面方向刚度较小。设置刚度很大的刚性横梁形成完全框架作用，大大提高悬索桥立柱出平面方向的刚度和抵抗水平荷载的承载力。

（a）胶州湾跨海大桥立柱　　　　　　　（b）南浦大桥立柱

图4-6　框架作用在悬索桥立柱中的应用

框架作用和完全框架作用的概念对设计人员非常重要，在高层建筑结构设计中经常会用到，希望读者认真体会，加深理解，并将其应用到工程设计中去，有效提高结构的刚度和承载力。

第二节　框架作用的推理

工程中框架的形式较多，不限于上一节所述的双列柱框架的内力和变形。随着房屋高度的增加，进一步提高框架的抗侧移刚度显得十分重要，因此需要采取措施进一步提高框架的刚度和承载力。

一、增设框架内柱

如果条件允许，增设框架内柱不仅增加了抵抗荷载的柱数，还减小了横梁的跨度，相对提高了横梁的线刚度，增强了框架作用，甚至达到完全框架作用。

以图4-7为例，增加内柱后总柱数为m，每柱剪力为H/m，反弯点在柱高中点，则柱子根部的弯矩为

$$M_m = \frac{H}{m} \cdot \frac{h}{2} = \frac{Hh}{2m} = \frac{1}{m}\left(\frac{Hh}{2}\right)$$

柱子顶端的侧向位移为

$$\Delta_m = 2 \cdot \frac{1}{3E_cI_c}\left(\frac{H}{m}\right)\left(\frac{h}{2}\right)^3 = \frac{1}{2m}\left(\frac{1}{3E_cI_c} \cdot \frac{H}{2}h^3\right) = \frac{1}{2m}\Delta_1$$

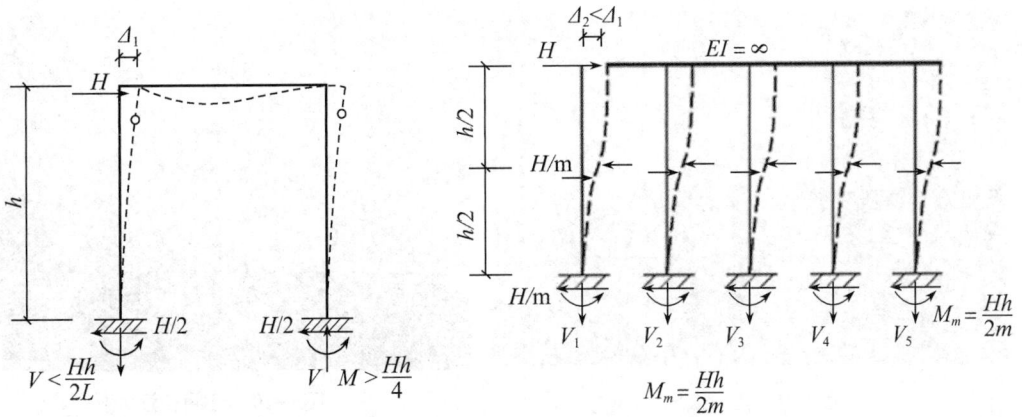

图4-7　增设框架内柱的影响

由此可见，增加柱的数量对减小柱根弯矩和框架侧移是很有效的。

二、增设框架横梁

从图4-8可以看出，与立柱铰接的连系梁对框架的变形没有任何约束作用，立柱的变形曲线与独立柱的变形曲线完全相同。若横梁与立柱刚接，则情况会完全不同。为简化分析，这里以完全框架作用为例，设 n 为层数，即横梁总数，虽然立柱剪力没有变，仍为 $H/2$，但此时立柱可以看成由 $2n$ 段长度为 $h/(2n)$ 的小柱组成，其框架顶端侧移 Δ_n 为 $2n$ 根长度为 $h/(2n)$ 的悬臂柱侧移的总和，故

$$\Delta_n = 2n \cdot \frac{1}{3E_c I_c} \cdot \frac{H}{2}\left(\frac{h}{2n}\right)^3 = 2n \cdot \frac{1}{3E_c I_c} \cdot \frac{H}{2}h^3\frac{1}{8n^3} = \frac{1}{4n^2} \cdot \frac{1}{3E_c I_c} \cdot \frac{H}{2}h^3 = \frac{1}{4n^2}\Delta_1$$

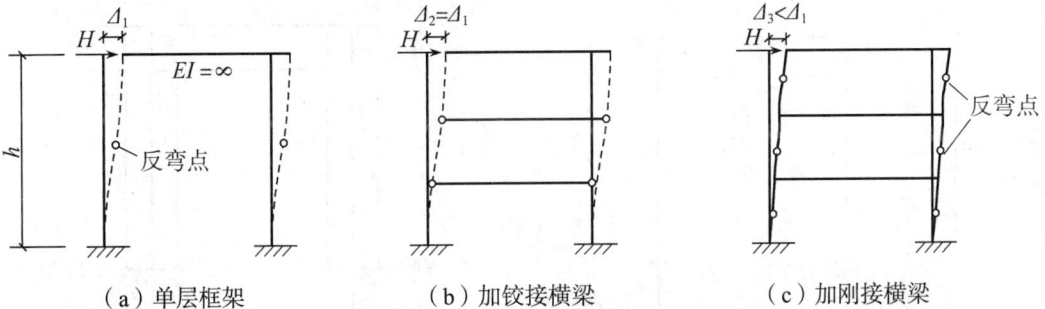

（a）单层框架　　　　（b）加铰接横梁　　　　（c）加刚接横梁

图 4-8　增设框架横梁的影响

注意，这里 Δ_n 与层数（或横梁数） n 的平方成反比，可见增加刚性横梁可大大减小框架的侧向位移，尤其当 n 很大时，效果更加显著，因此我们不难理解金门大桥（图4-9）和江阴长江大桥（图4-10）高高的立柱上要设置多道刚性横梁的原因了。在高层建筑结构中，多层框架的作用类似。沿房屋短方向布置框架，承重的框架横梁截面比连系梁大，可以有效提高"框架作用"，增强房屋沿短方向的抗侧移刚度。因此，设计人员通常沿房屋的短方向布置主框架。

图4-9 金门大桥

图4-10 江阴长江大桥

这里还应指出，增加横梁后柱的计算长度缩短了。节点处梁柱线刚度比$\lambda = \dfrac{i_b}{i_c}$将减小，有可能不足以实现完全框架作用。尽管如此，增加横梁的作用还是很明显的。

三、加大框架梁、柱截面高度

框架的抗侧移刚度与柱的截面刚度$E_c I_c$直接有关，而$I_c = \dfrac{b_c h_c^3}{12}$，即刚度与柱截面高度$h_c$的三次方成正比，可见增加柱截面高度对提高房屋抗侧移是很有效的，如图4-11所示。当然，柱截面尺寸的确定与许多因素有关，且必须考虑它对平面布置和使用功能的影响，这里只作为方案分析来讨论。对于两列柱的框架，由于外墙不能外移，所以柱的最大截面高度$h_{max} \leqslant L/2$。

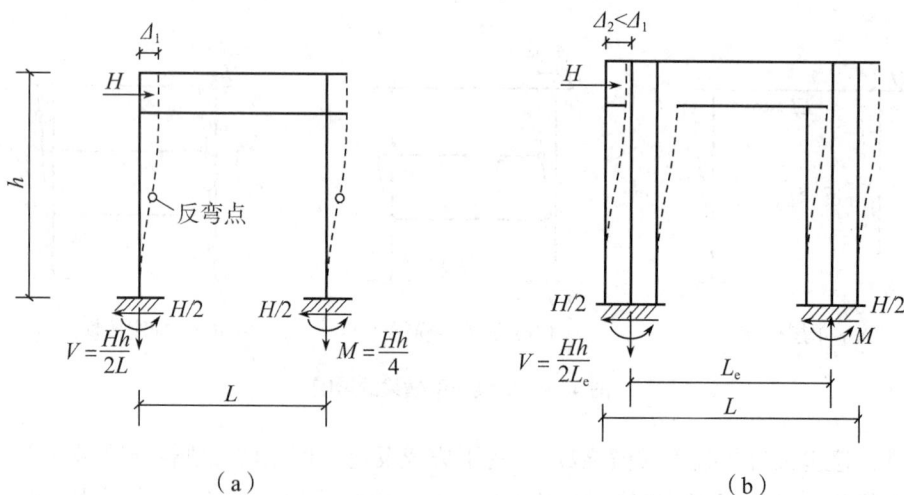

（a）   （b）

图4-11 加大框架梁、柱截面高度的影响

必须注意，此时柱的有效中心距$L_e < L$，并且由于柱刚度的增大，框架作用将减弱。因此，必要时还要相应增加框架梁的截面高度h_b。

四、同时采用以上几种措施

上述三种措施都可以有效提高框架的抗侧移刚度。如果同时增设内柱和横梁，如图 4-12（d）所示，实际上就形成了多层多跨框架结构。在此基础上如果加大梁和柱的截面尺寸，则剩下可供开窗洞的尺寸就越来越小，最后洞口为零时就成了一面实墙，如图 4-12（e）和（f）所示。在结构设计中，把这种抵抗侧力的墙称为剪力墙。这种墙的高度和长度与墙厚相比大得多，在结构分析中它的剪切变形不能忽略，其功能主要用来抵抗水平地震作用或者水平的风荷载，习惯上称为抗震墙。实际上，剪力墙就是因为要抵抗地震作用所产生的水平惯性力，由柱子的截面高度不断增大而衍生出来的。当然这个名字可能有些不太确切，因为剪力墙既受弯又受剪，而且平时没有地震时以受弯为主，只是剪切变形不能忽略而已，严格来说，应该称之为结构墙。

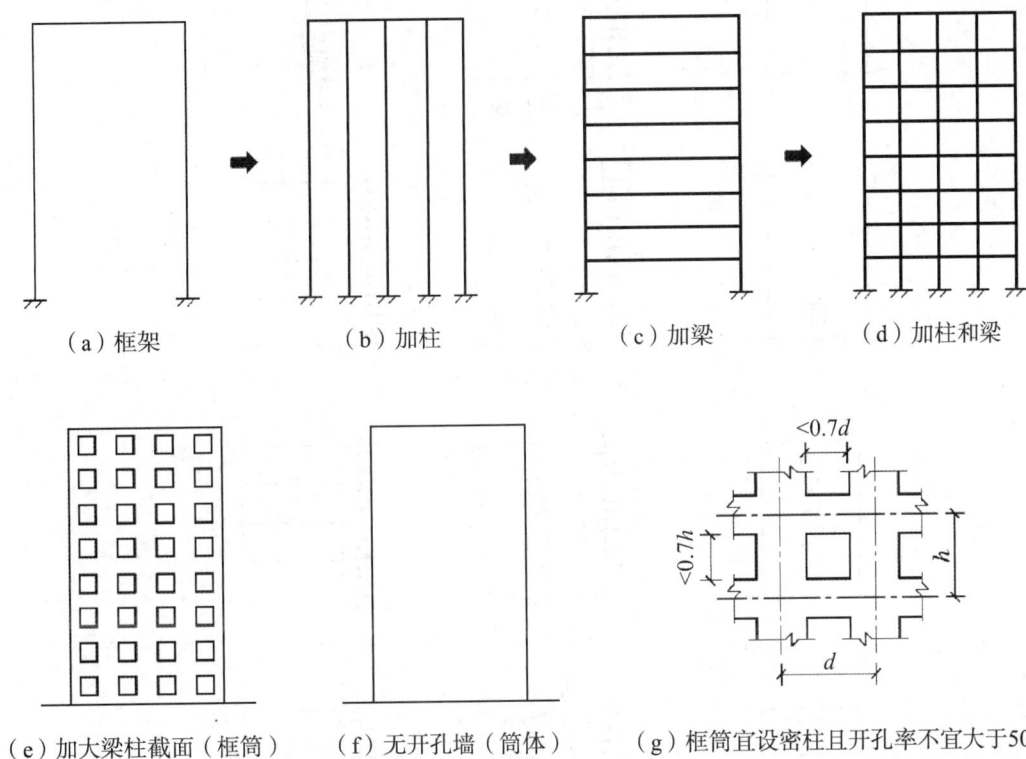

（a）框架　　　　　（b）加柱　　　　　（c）加梁　　　　（d）加柱和梁

（e）加大梁柱截面（框筒）　　（f）无开孔墙（筒体）　　（g）框筒宜设密柱且开孔率不宜大于50%

图 4-12　框架-结构墙的转化

结构墙的工作状态就像一片深梁，与多层多跨框架的受力状态完全不同，后者在力学分析中认为是杆件体系。杆件体系的每根杆件都较细长，以弯曲变形为主，剪切变形可以忽略不计。反之，设想在结构墙上开一些小洞，则其工作状态仍是结构墙，只是在洞口局部有一些应力集中的现象。若逐渐加大洞口，最后就变成了多层多跨框架。可见，这个过程是一个由量变到质变的过程，没有明确的界线。设计中为简化计算，根据墙上洞口的分布和大小，大致将墙划分为整体墙、小开口墙、双肢墙、多肢墙等。当洞口更大时，横梁和墙肢刚度已接近，其受力状态与框架接近，也称壁式框架。与一般框架不同的是，墙肢和横梁在节点处都较宽，形成一个刚性区域，简称刚域。在力学分析中，计算简图通常是以一根直线代表杆件,直线长度即轴线间的距离。刚域在一定程度上减小了杆件的变形,也影响杆件的内力分布,故在设计中应考虑框架刚域的影响。从以上分析可见,墙和框架也是逐渐过渡的,如图4-13所示。

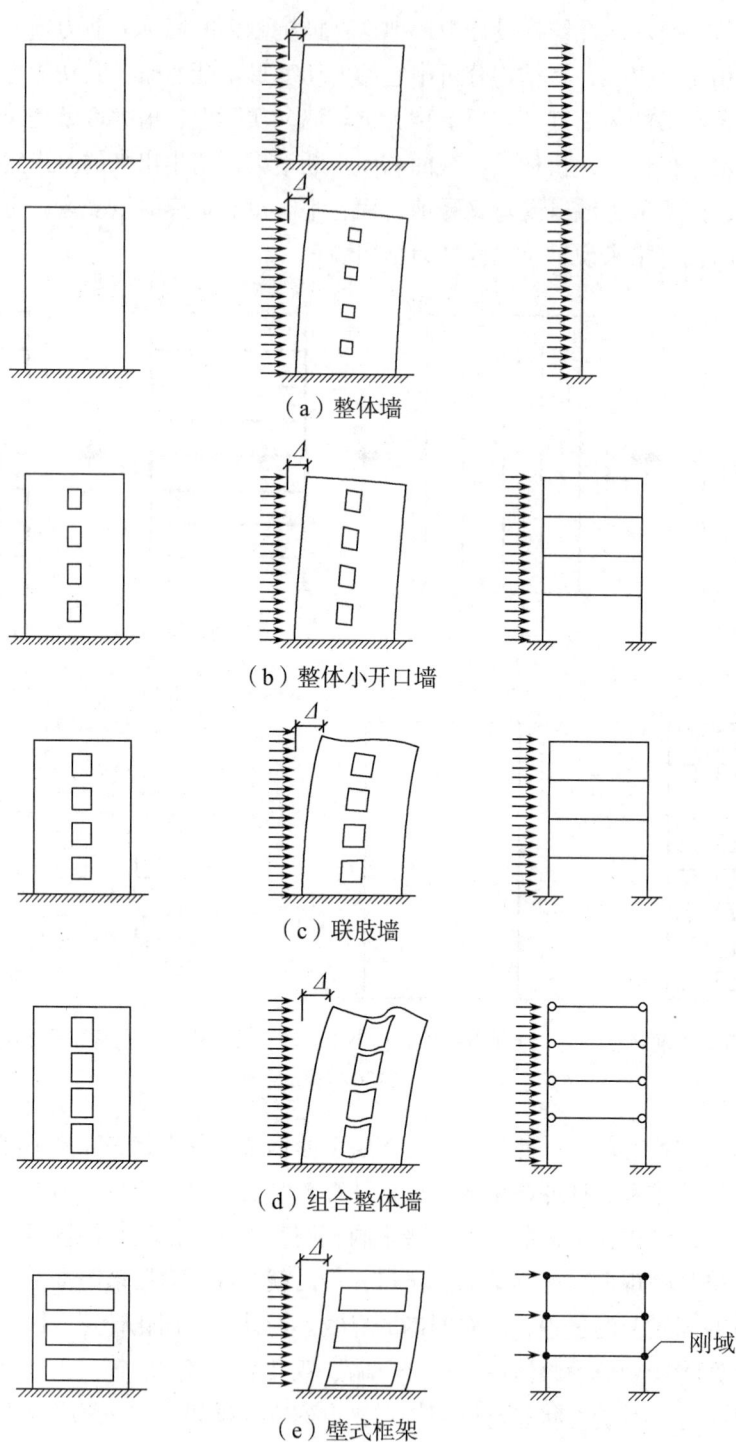

（a）整体墙

（b）整体小开口墙

（c）联肢墙

（d）组合整体墙

（e）壁式框架

图4-13 结构墙—框架的转化

如果图4-12所示结构在平面上是一个封闭矩形，则图中的结构墙就形成一个筒体，受力状态将大大改善。筒体上通常也要开一些门窗洞口。为简化计算，一般把开孔率小于50%的筒体称为框筒，其内力分析基本上按筒体计算；当开孔率大于50%时，不能作为筒体，而应按壁式框架或框架计算。可见，从框架、壁式框架、框筒到筒体也是逐渐变化的过程，没有一个确切的界线。设计中应根据具体情况，依靠所学的结构概念分别进行不同的简化。以结构墙（剪力墙）为例，在高层建筑结构分析中根据洞口大小可划分为整体墙、整体小开口墙、联肢墙、组合整体墙、壁式框架等，实际上都只是为了简化计算，减少设计计算的工作量，并尽可能使计算结果符合工程实际的受力情况。

第三节　结构竖向体系的主要类型和特点

结构竖向体系的类型很多，本节仅简单介绍有一定代表性的竖向体系的基本类型，目的在于使读者了解这些基本类型的特点。在实际工程中，一座建筑的结构竖向体系有时是由多种竖向结构组合而成的，情况要复杂得多。

一、混合结构房屋的竖向体系

混合结构房屋多以砌体为主要承重结构，有时也用一些砖柱或钢筋混凝土柱，以减小楼盖水平体系的跨度。根据承重墙的布置方向，混合结构房屋的墙体布置可分为横墙承重方案、纵墙承重方案、混合承重方案及内框架承重方案等，如图4-14所示。砌体平面内刚度大，故横墙承重方案中房屋的抗侧移刚度很大，但由于横墙承重对房间划分的限制，通常只适合于住宅、旅馆、办公楼等小开间房屋。在纵墙承重方案中，房屋开间的划分较灵活，适于要求较大开间的房屋。但其横向刚度差，有时也可适当布置一些横向隔墙以提高房屋横向抗侧移刚度。在采用钢筋混凝土预制板作楼盖（或屋盖）时，若刚性横墙间距小于32 m，则房屋的侧移很小，在设计计算中可以忽略不计，在静力分析中称为刚性方案。目前，绝大多数混合结构房屋都设计成刚性方案。

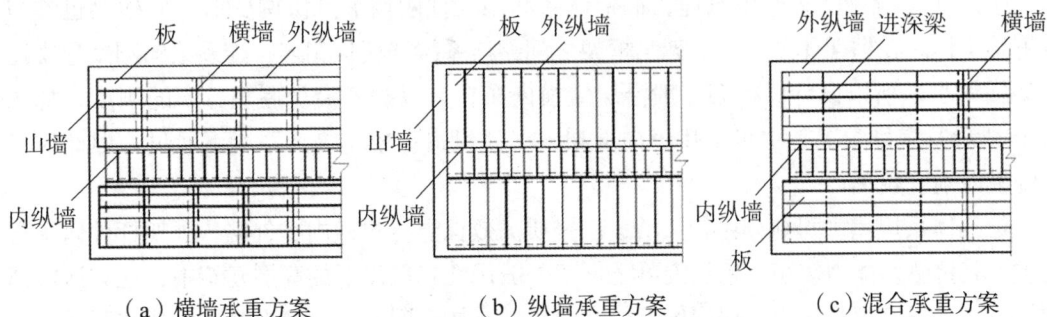

图4-14　混合结构房屋的墙体布置方案

混合结构房屋墙体自重大、强度低，几乎不能承受拉力，且抗震能力差，通常适用于8层以下民用房屋。目前，国家已明令禁止在大城市使用黏土砖，中小城市也将限期减少和禁止黏土砖的使用。现在利用工业废料生产的砌块很多，品种也多种多样，为混合结构房屋砌体提供了新的材料来源。尤其是近年来开发的高强混凝土空心砌块以及在此基础上发展起来的在空心砌块中设置配筋芯柱和圈梁的新型结构体系，自重轻，强度高，芯柱和圈梁形成的加强"区格"大大提高了砌体的承载力，整体性和抗震性能好。混合结构房屋曾经逐渐向中高层发展，上海曾建成18层高的配筋砌体住宅。

二、排架体系

排架主要用在单层工业厂房中，如图4-15所示。排架柱与屋架（或屋面大梁）铰接，对支座沉降或吊车荷载引起的厂房局部变形不敏感，施工安装也比较方便。排架在自身平面内的承载力和刚度都较大，但在出平面方向较弱，因此除屋盖支撑系统外，还需设置柱间支撑和纵向系杆（图4-16），以承受纵向水平力（吊车纵向制动力和山墙传来的纵向风荷载等）和提高厂房的纵向刚度。在有吊车的厂房，吊车梁本身也是很好的纵向系杆。

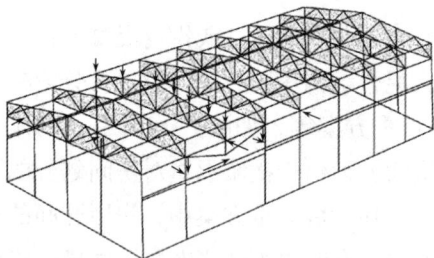

图4-15 无支撑的单层厂房排架结构

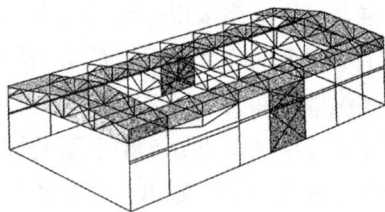

图4-16 单层厂房的屋架支撑体系

三、框架体系

按照前文所述框架作用原理，框架体系利用梁柱刚性节点协调变形，使横梁也参与抗侧移工作。在框架体系中，框架与框架之间靠连系梁和楼板相连，连系梁的刚度通常比框架横梁小，所以设计中框架一般沿房屋横向布置，以提高沿房屋短方向的刚度，如图4-17所示。个别情况下也可采用纵向框架，以使风道在较小的连系梁下通过，但此时房屋的横向刚度较小。

框架体系房屋房间划分比较灵活，以轻质高效保温材料做内、外墙，框架杆件以受弯为主，其抗侧移能力较小。钢筋混凝土框架一般用在15层以下的高层建筑中，地震区的框架体系一般不宜超过10层，房屋体形较宽时可适当放宽限制。钢筋混凝土框架体系随处可见，在此不举例介绍此类结构。

下面介绍几个著名的钢框架体系工程实例。

屋面板

连系梁

框架

楼板

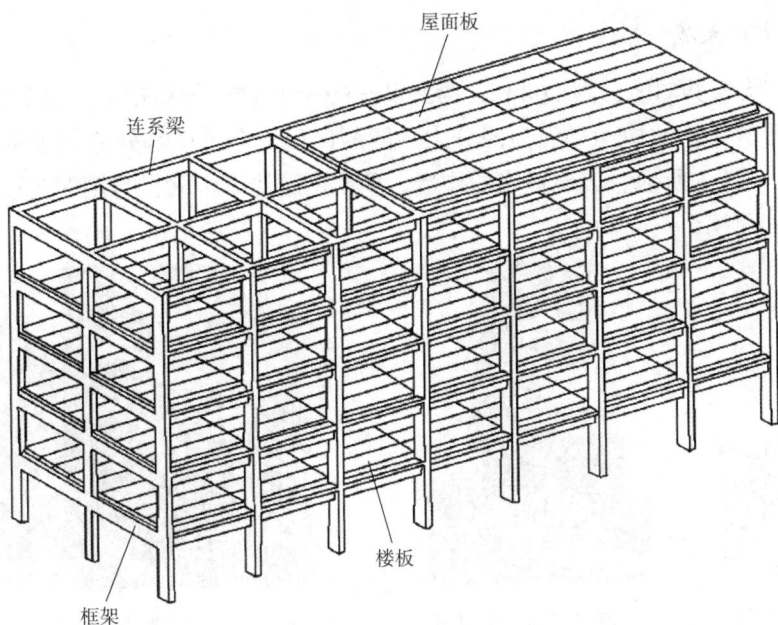

图4-17 框架体系

1. Woolworth大厦和帝国大厦（Empire State Building）

20世纪初，随着钢结构的发展，美国建成了许多超高层建筑，无论在高度、层数和数量上都处于世界领先地位。早在1913年，纽约就建成了60层（约高234 m）的全钢框架结构 Woolworth大厦，如图4-18所示，它曾保持18年世界最高建筑的记录。1931年，在纽约曼哈顿岛的中心区又建成了著名的帝国大厦，共102层，高381 m（楼顶塔尖高448 m），创造了建筑史上的奇迹，如图4-19所示。帝国大厦的建筑高度作为世界纪录保持达41年之久，建筑面积达20×10^4 m^2。受当时设计水平的限制，帝国大厦钢结构框架的用钢量达200 kg/m^2。据报道，1945年曾有一架B-25重型轰炸机和大厦相撞，虽引起局部损伤，但大厦平安无事。

图4-18 Woolworth大厦

图4-19 帝国大厦

2. 北京京广大厦

北京京广大厦共53层，高 208 m，为20世纪80 年代国内最高建筑，如图4-20（a）所示。京广大厦为全钢结构，平面为四分之一圆的扇形，全玻璃幕外墙，压型钢板组合楼盖，如图4-20（b）所示。玻璃幕墙的构造、预制钢筋混凝土墙板与钢框架柱的连接构造如图4-20（c）所示。

（a）京广大厦外景　　　（b）施工中的京广大厦　　　（c）京广大厦玻璃幕墙构造、预制钢筋混凝土墙板与钢框架柱的连接构造

图4-20　北京京广大厦

3. 北京中国民用航空局办公大楼

中国民用航空局办公大楼于1959年10月开工兴建，1964年建成。该办公楼共15层，高60.8 m，建成时为北京最高的建筑，其外形和框架结构的柱网布置如图4-21（a）和（b）所示。

（a）外景

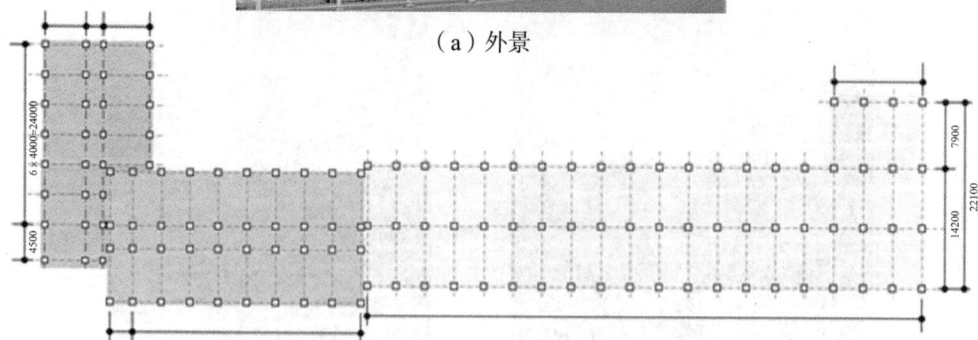

（b）平面图示意

图4-21　北京中国民用航空局办公大楼

四、剪力墙结构体系

剪力墙结构的抗侧移刚度比框架大得多，因此它适用于更高的建筑结构，一般用于30～40层，个别情况下也可用于50层。即使在地震区，根据地震烈度，也可用于30层左右的高层建筑中。由于结构墙间距较小，房间布置不够灵活，不便设置较大开间的活动场所，如图4-22所示，所以结构墙体系多用于建造高层点式（塔楼）住宅（图4-23）、办公楼、公寓、宾馆等。若需要大开间的活动场所（例如门厅、休息厅、餐厅、舞厅等），则可作为裙房布置在主体结构周围。有时也将这些公共场所布置在顶层，因为顶层结构内力较小，可取消一部分结构墙，改为框架体系。

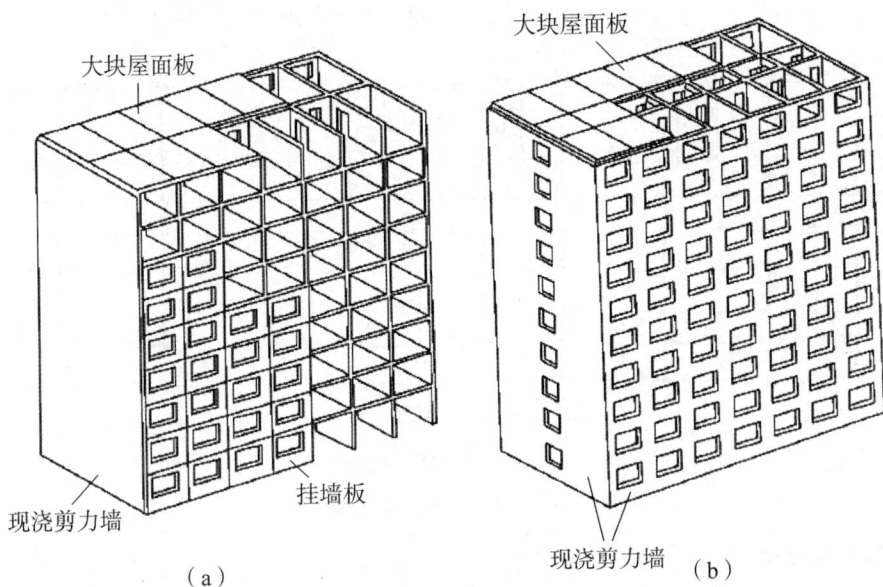

图4-22　剪力墙结构体系

图4-23　青岛高层住宅楼

下面介绍几个结构墙体系的工程实例。

1. 广州白云宾馆

著名的广州白云宾馆于1976年建成，高113.45 m，33层，房屋进深不大，为提高横向刚度，采用了剪力墙体系，如图4-24所示。

（a）广州白云宾馆建成时外景

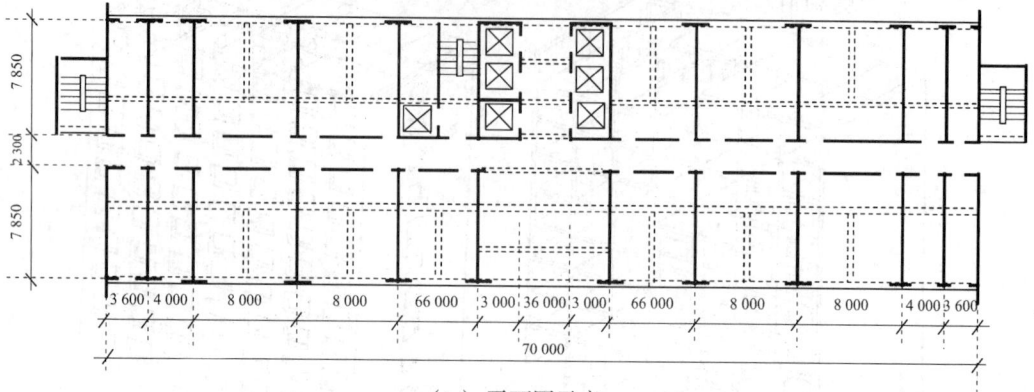

（b）平面图示意

图4-24　广州白云宾馆

2. 北京国际饭店

北京国际饭店于1987年建成，高104 m，地上31层，地下3层，采用剪力墙体系，如图4-25所示。

（a）外景

图4-25　北京国际饭店

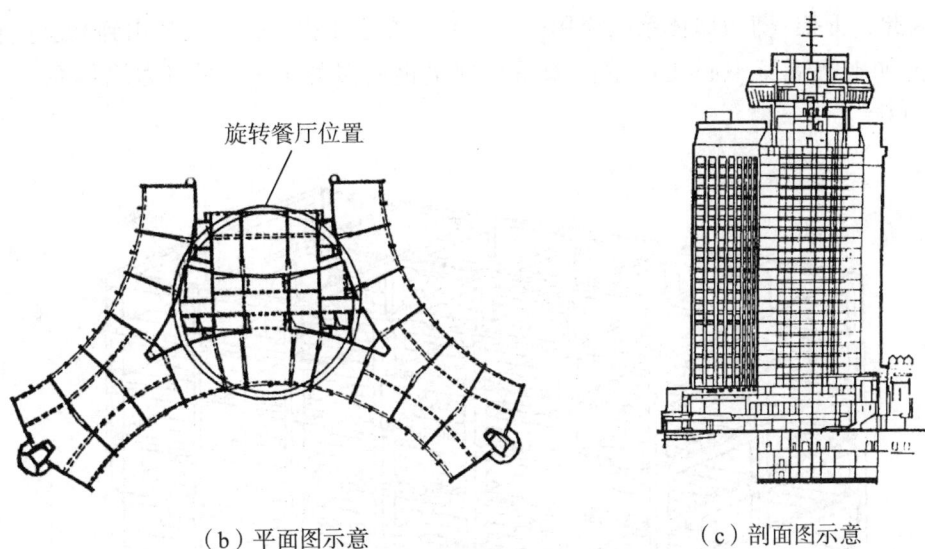

（b）平面图示意 （c）剖面图示意

图4-25（续） 北京国际饭店

3. 上海华亭饭店

上海华亭饭店为S形平面，如图4-26所示，建筑面积为$10 \times 10^4 \, \text{m}^2$，采用剪力墙结构体系。

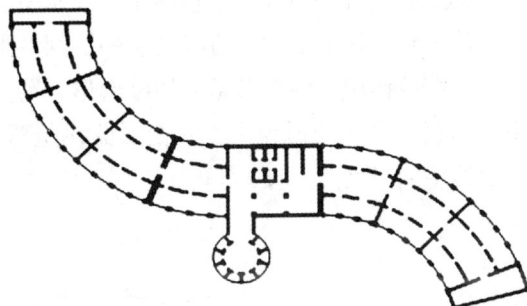

（a）饭店外景 （b）平面图示意

图4-26 上海华亭饭店

五、框架-剪力墙（框-剪）体系

框架-剪力墙体系是框架体系和剪力墙体系的结合，它综合了框架体系布置灵活和剪力墙体系刚度大的优点，是目前国内应用最多的高层建筑结构体系，如图 4-27所示。剪力墙的大小和位置应根据体系的抗侧移刚度来确定，同时也需要满足建筑设计上使用功能的要求。因此，结构工程师和建筑师在设计的方案阶段就要充分协调，以求建筑结构的统一，否则到施工图阶段就很难调整了。一般框架-剪力墙体系房屋的总宽度比纯剪力墙体系宽，因此，框架-剪力墙体系的应用高度近年来在逐步提高，一般都用到30层左右，个别情况如上海展览中心北馆主楼采用全现浇钢筋混凝土框架-剪力墙体系，高达160 m，48层。

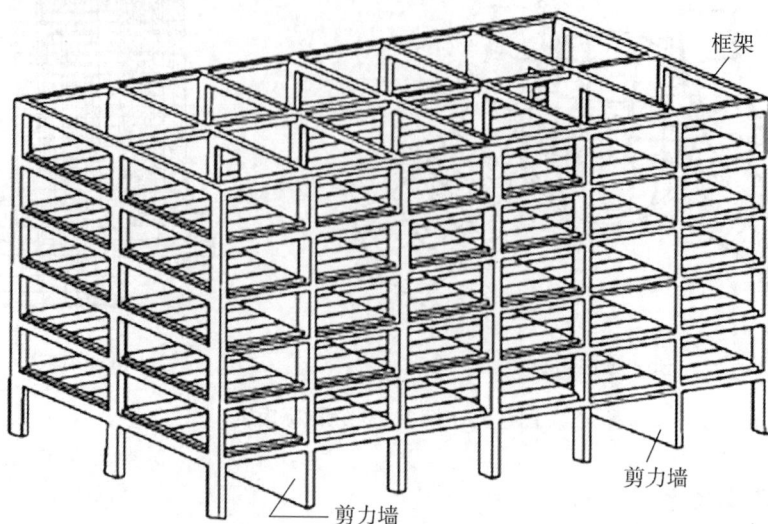

图4-27 框架-剪力墙（框-剪）体系

框架是由杆件组成的结构体系，在水平荷载作用下，杆件以弯曲变形为主，由于层间剪力从上到下逐渐增大，所以上层的层间变形小，下层的层间变形大。从总体来看，框架在水平荷载作用下的变形是剪切型变形，剪力墙是一个悬臂深梁，虽然其剪切变形不可忽略，但仍以弯曲变形为主，其变形曲线是弯曲型，如图4-28所示。可以看出，这两种变形曲线差别很大。

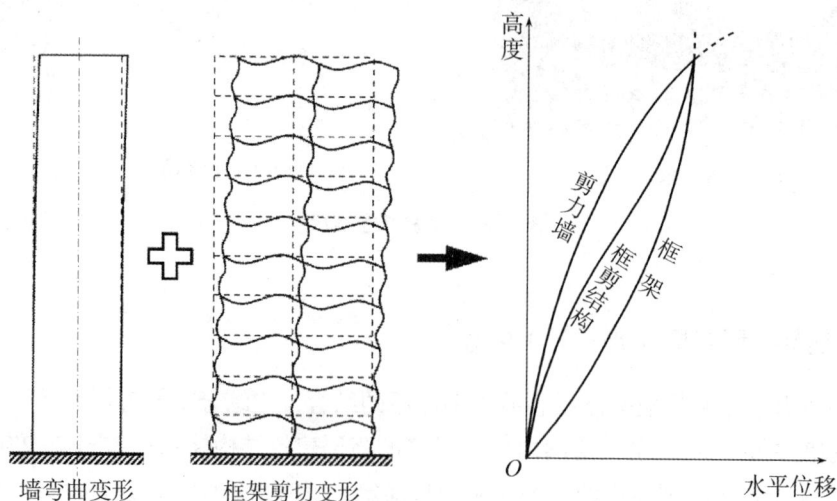

图4-28 水平荷载作用下变形曲线的比较

在框架-剪力墙体系中，框架和剪力墙都通过楼盖牢牢联结在一起。如果楼板在平面内有足够的刚度，则在楼盖标高处框架和剪力墙只能一起变形、共同受力，其变形曲线的形状将是上述弯曲型和剪切型曲线的综合。如果框架结构更强，则变形曲线更像剪切型；如果剪力墙更强，则变形曲线更像弯曲型，如图4-29所示。

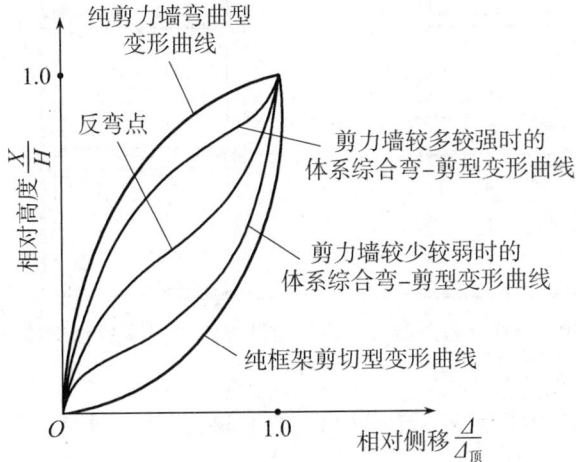

图4-29 水平荷载作用下变形曲线的演变

在框架-剪力墙体系中，框架与剪力墙之间的变形协调是框架-剪力墙结构共同承受力的关键条件。因此，楼盖在平面内要承受很大的剪力和弯矩，要求楼盖具有足够的刚度，应当采用现浇整体式钢筋混凝土楼盖。当房屋不太高时，也可在装配式楼盖上再浇一层钢筋混凝土叠合层，以提高楼盖刚度，减小楼盖变形，迫使框架和剪力墙之间变形一致、协同工作。应当指出，在这类组合结构体系中，各种结构的承载力和刚度必须互相协调。假如在钢框架结构中设置少量钢筋混凝土剪力墙，由于剪力墙的刚度比钢框架大，在框架侧移时将分配到很大的水平荷载，而钢筋混凝土剪力墙与钢框架相比，其承载力不一定会大很多。在这种情况下，剪力墙会显得刚度过大而承载力不足，有时在正常风荷载作用下剪力墙甚至会出现裂缝；在地震作用下，剪力墙会过早破坏，导致整个结构体系发生逐个破坏而不能共同工作。这一点必须引起足够的重视。为此，近年来开始出现开槽缝剪力墙（图4-30）和内嵌藏钢板支撑剪力墙（图4-31）等新的结构墙形式，较好地解决了钢框架和剪力墙的刚度协调问题。

开槽缝剪力墙只在整体剪力墙上开几条竖缝，目的在于减小剪力墙的刚度，以求与钢框架的刚度相协调。内嵌藏钢板支撑剪力墙是以钢板为基本支撑，外包钢筋混凝土墙板的预制装配式剪力墙，支撑钢板只在节点处与钢框架相连，混凝土墙板与框架之间留有缝隙，减小了墙板刚度，防止使用阶段剪力墙因刚度过大、被分配到过多荷载而开裂。外包混凝土为钢板支撑提供了侧向约束，可防止钢板失稳屈曲。在罕遇地震情况下，房屋侧移较大，混凝土墙板与框架间的缝隙被挤紧，墙板混凝土直接参加抗剪工作，为体系提供了额外的承载力和后期抗侧移刚度，这对体系的抗震是很有利的。

钢筋混凝土框架-剪力墙体系目前已经被广泛应用，随处可见，在此不介绍此类结构。下面仅介绍一个钢框架内嵌藏钢板支撑剪力墙结构体系的工程实例。

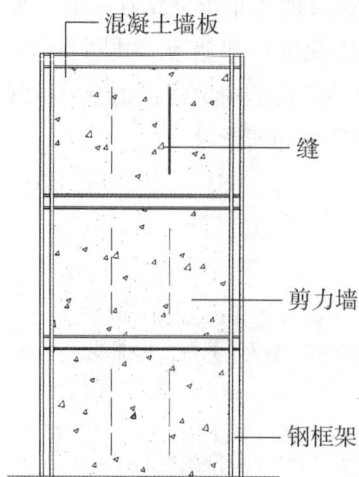

图4-30 开槽缝剪力墙

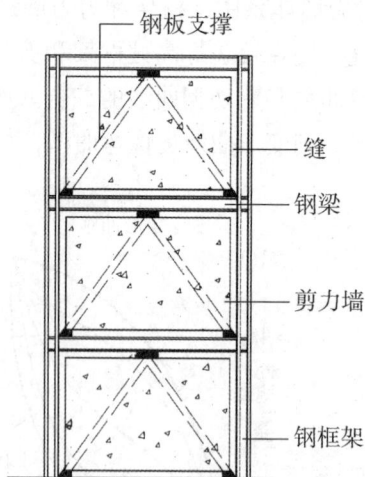

图4-31 内嵌藏钢板支撑剪力墙

北京京城大厦于1991年建成，高182 m，地上52层，地下4层，为钢框架内嵌藏钢板支撑剪力墙结构，如图4-32所示。

图4-32 北京京城大厦

六、筒　体

在第二章第二节图2-17的方案4中已讨论过箱形截面（筒体）的刚度问题。筒体作为高层房屋的竖向结构体系可以提供很大的抗侧移刚度。筒体可以是矩形、圆形或其他多边形，可以是钢筋混凝土实体筒或由密排柱组成的框筒，也可以是带斜撑的钢结构筒（桁架筒）。筒体可以单独使用，也可以组成筒中筒或筒束，还可与框架或剪力墙组合使用。

筒体与框架组合时，由于两者抗侧移刚度相差悬殊，筒体几乎承担全部水平荷载，框架只需要承担部分竖向荷载。图4-33（d）所示为上海希尔顿饭店的钢筋混凝土核心筒和外部钢框架，可以看出，框架柱截面做得很小。筒中筒结构在工程中应用较多，一般外筒为框筒，以利于开窗采光，且外筒力臂大，主要抗弯；内筒主要用作竖向交通井，通常为钢筋混凝土实体筒，在超高层结构中也可采用钢结构桁架筒。这类筒体抗剪能力很强，内筒主要抗剪。著名的原纽约世界贸易中心就是采用筒中筒结构，如图4-34所示。

（a）希尔顿饭店施工中

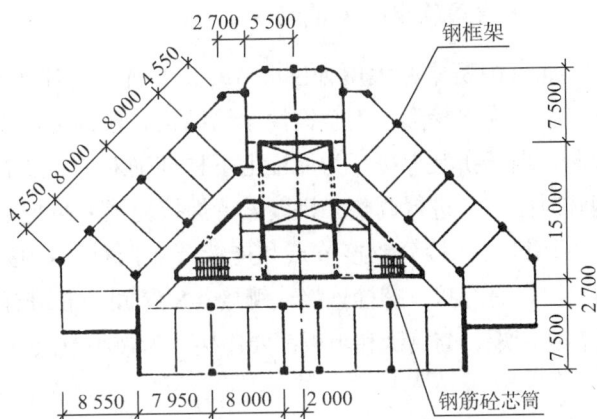

（b）希尔顿饭店平面图

（c）压型钢板组合梁楼盖

（d）钢筋混凝土核心筒和外部钢框架

图4-33　上海希尔顿饭店

（a）原世界贸易中心外景

（b）原世界贸易中心框筒结构转换层（三柱合一）

图4-34　原纽约世界贸易中心

目前，世界上200 m以上的超高层建筑结构基本上都采用筒体结构。框筒柱距很小，不可能开大门洞，一般在底层需设置转换层结构以扩大柱距，利于布置出入口，如图4-34（b）所示。由于框筒柱传来的荷载很大，转换层结构一般需要占一个或几个层高。

1. 北京国贸中心大厦

北京国贸中心大厦如图4-35（a）所示，建于1989年，高155 m，地上39层，地下2层，平面为枣核形，为全钢筒中筒结构，楼面为压型钢板组合楼盖。钢结构梁柱在轧钢厂预制，现场拼装焊接。为保证上下柱准确对中，要在柱上下端焊上带螺孔的小钢板，用角钢临时固定，进行调整、拼装，待焊接完成后再把小钢板切割掉，如图4-35（d）所示。

钢梁的连接分铰接节点和连续节点两种：铰接节点只传递剪力，只需连接钢梁的腹板，可以是焊接、螺栓连接或铆接，翼缘间一般留有空隙，如图4-35（d）所示；连续节点要传递弯矩，与翼缘和腹板都要连接，为减小节点弯矩，连续节点一般应选在反弯点处。

（a）国贸中心大厦外景

（b）国贸中心大厦施工中

（c）国贸中心大厦钢梁简支节点

（d）国贸中心大厦钢柱接头

图4-35　北京国贸中心大厦

2. 上海希尔顿饭店

上海希尔顿饭店高114 m，为钢筋混凝土筒体-钢框架组合体系，采用压型钢板组合梁楼盖，压型钢板既是模板又是配筋，混凝土板还是T形组合梁的翼缘，如图4-33所示。

3. 原纽约世界贸易中心

著名的原纽约世界贸易中心是两栋形状几乎相同的110层方形塔楼。建筑面积$95 \times 10^4 \text{m}^2$，筒中筒结构简图如图4-34所示。原世界贸易中心内有1 200多个商业组织，设23部高速电梯、72部区间电梯、4部滚梯，地下室有2 000多个停车位。从世界贸易中心近景（图4-34b）看，框筒柱距很小，底层需设置结构转换层（三柱合一柱）扩大柱距，以方便布置出入口。原纽约世界贸易中心在建筑高度上突破了帝国大厦保持了42年的世界纪录。由于采用了筒中筒体系，与帝国大厦相比，其高度增加了许多，用钢量却从200 kg/m²降到160 kg/m²。原纽约世界贸易中心以其规模和在世界贸易中的地位成为纽约市的象征，是旅游者竞相参观的旅游景点。站在412 m高的观光平台上，高楼林立的纽约曼哈顿岛尽收眼底。据20世纪80年代统计，全世界高度超过200 m的超高层建筑中约有90%在纽约曼哈顿岛上。

4. 西尔斯大厦

1974年美国芝加哥市建成了西尔斯大厦，大厦高443 m，共109层（加上天线高度达500 m），如图 4-36（a）所示。底层平面为68.6 m×68.6 m的正方形，建筑面积$52 \times 10^4 \text{m}^2$。框筒边长过大，将大框筒分为3×3=9个小框筒组成的组合筒体系（又称筒束），有效地减轻了剪力滞后现象。小框筒为22.9 m×22.9 m的正方形，随着高度增加，筒的数目逐渐减少，在第50层、66层和90层分别减少2～3个小框筒，最后剩两个小框筒到顶，如图4-36（b）所示。框筒密柱采用H形截面，柱截面底层为1 070 mm×609 mm×102 mm（高×宽×厚），向上逐渐分段减小，顶层柱截面为1 070 mm×305 mm×19 mm。由于采用组合筒体系，设计用总钢量为$7.6 \times 10^4 \text{t}$，平均用钢量约为150 kg/m²，比低约30 m的原世界贸易中心大厦还小，可见合理的结构体系对超高层建筑是十分重要的。

筒体在受弯时，其两侧"翼缘"的受力状态与工字形截面梁翼缘的受力状态相似，它是截面抗弯刚度的主要组成部分，但离腹板越远，"翼缘"受力越小，力学上把它称为剪力滞后现象，如图4-37所示。在 T形或工字形受弯构件中，我们通常根据具体情况只取翼缘有效宽度作为计算宽度。框筒结构由于洞口削弱了截面，剪力滞后现象更为严重，离腹板越远，翼缘受力越小。因此，太大的框筒中间部分"翼缘"受力很小。采用组合筒方案（也叫筒束）就像在大框筒中间加上几道腹板，减少了剪力滞后现象，有效地改善了框筒的受力状态，使它具有更好的抗侧移能力。西尔斯大厦采用9个框筒组成的组合筒体系，有效地减轻了剪力滞后现象，如图 4-36所示。

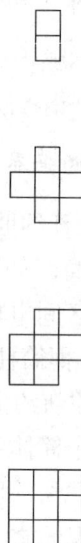

（a）西尔斯大厦外景　　　　　　　　　　　　（b）西尔斯大厦平面变化简图

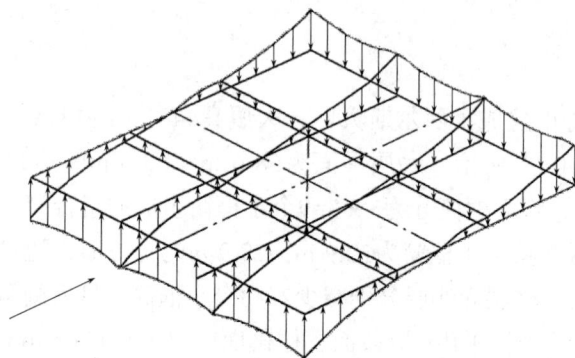

（c）筒束减少了剪力滞后现象简图

图4-36　美国芝加哥西尔斯大厦

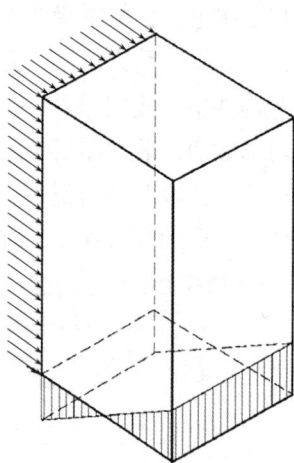

（a）理想的弯曲应力　　　　　　　　　　（b）框筒的剪力滞后

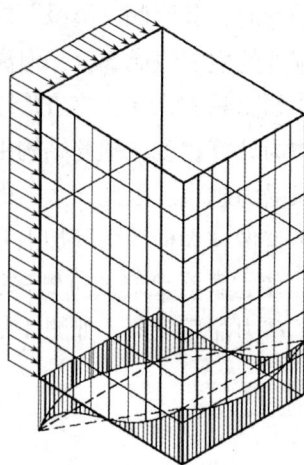

图4-37　框筒的剪力滞后现象

七、巨型框架

在框架结构中，杆件以受弯为主，截面刚度主要取决于截面高度，但过大的截面高度势必会过多占用建筑面积、增加层高，或给建筑设计带来矛盾。巨型框架的概念实际上是把框架梁柱截面大幅度加大，即把一栋高层框架结构划分为很少几层，每层的梁柱都特别大。例如，对于矩形截面来说，$I=bh^3/12$，截面刚度与截面高度的三次方成正比。很明显，巨型框架的刚度要比普通框架大很多。图4-38为采用巨型框架的新加坡华侨银行大厦。

巨型框架的横梁可以为各种大型水平结构。它利用整个楼层高度作为"梁"高，可以是箱形截面或桁架；巨型框架的立柱一般为筒体结构。巨型框架把荷载集中在主要

图4-38 新加坡华侨银行大厦

承重结构上的概念，其他柱子不必从上通到底，每个小柱只需承受大横梁之间少数几层荷载，截面可以做得很小。采用巨型框架结构，巨型横梁下的楼层没有中间小柱，可以布置餐厅、会议厅、游泳池等需要大空间的楼层。

1. 深圳亚洲大酒店

深圳亚洲大酒店如图4-39所示，建于1990年，平面为Y形，共37层（地下1层），高114 m，采用巨型框架结构，由中央电梯井和3个端筒组成巨型框架柱，每6层设巨型框架梁，梁高2 m。这个方案不仅提高了结构刚度，同时也加快了施工速度。据施工单位反映，巨型框架体系先施工其主框架，待主框架完成后分开多个工作面同时施工，大大加快了施工进度。

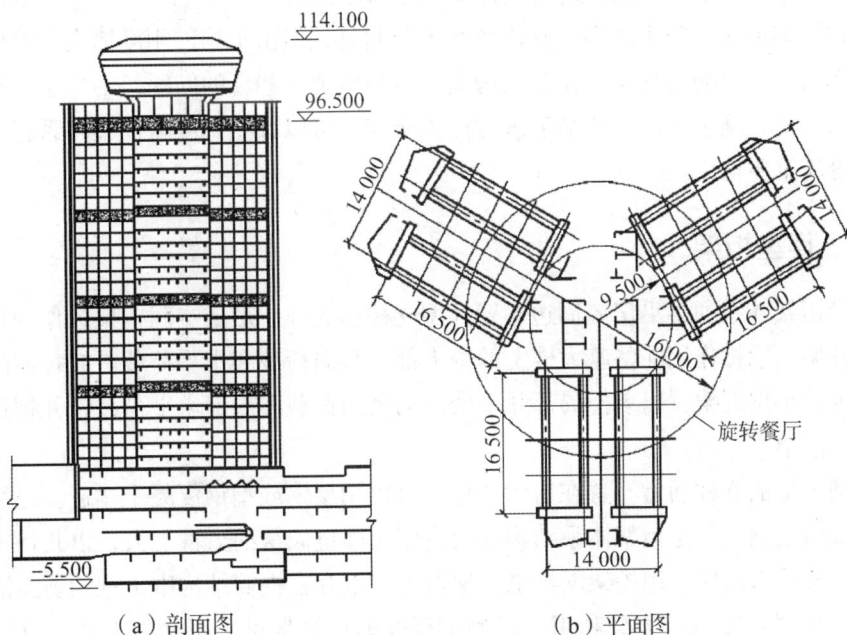

（a）剖面图　　　　（b）平面图

图4-39 深圳亚洲大酒店

2. 深圳新华大厦

深圳新华大厦平面为28.8 m × 28.8 m的正方形，地面以上35层，中间为12.0 m × 9.7 m的钢筋混凝土核心筒，四周也采用钢筋混凝土巨型框架体系，如图4-40所示。

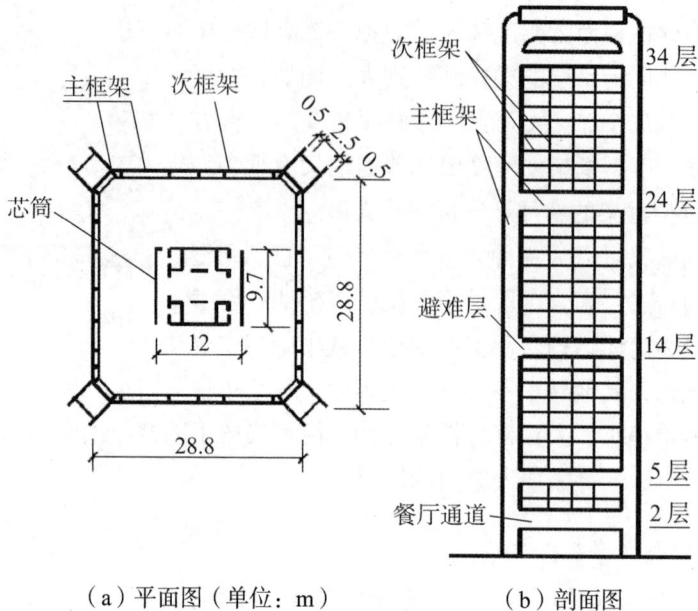

（a）平面图（单位：m）　　　　（b）剖面图

图4-40　深圳新华大厦

现代高层建筑体量都较大，尤其在强风地区，巨大的风荷载会引起过大的结构内力，甚至会引起倾覆。巨型框架结构可以利用中间大横梁下部空间开设大洞口，让一部分气流通过，从而大大减小风荷载，这是其他结构难以做到的。

巨型框架的应用越来越多，其优越性十分明显，但由于构件刚度增大，温度、收缩、局部高压对它的影响会加剧，在节点构造上也会出现一些新的问题。不少学者正在对巨型框架体系设计、施工中的一些细节进行深入研究。可以预见，巨型框架体系将在未来高层建筑中扮演重要角色。

八、巨型桁架

巨型桁架体系通常沿房屋周边布置大型立柱和支撑，形成空间桁架，作为建筑物的主要承重骨架，承担作用在整座大楼上的绝大部分竖向荷载和水平荷载。在每侧的巨型桁架平面内再设小型框架，以承担局部几个楼层的竖向荷载和局部水平荷载，并把这些荷载传递给巨型桁架。

巨型桁架的立柱通常布置在房屋四角，可以用型钢或型钢混凝土建造。巨型桁架的支撑一般采用型钢。巨型桁架体系结构有效宽度（即抗倾覆的力臂）大，以几何不变形的轴力杆系代替受弯构件，用桁架斜杆来传递剪力，不存在框筒结构中常见的剪力滞后现象，变形小，材料强度得以充分利用。巨型桁架间的小框架可采用悬挂方式，以吊杆代替立柱，不必考虑杆件稳定问题，充分发挥材料的抗拉强度，可节约材料40%以上。可以说，巨型桁架体系几乎集中了多种结构体系的优越性，从而充分发挥了结构的承载力。

美国芝加哥市著名的约翰·汉考克大厦（100层，高344 m）是早期的巨型桁架体系，如图 4-41所示。设计者在四周外框筒上设置了大型支撑，改变了结构的受力状态，有效地减小了构件弯矩，大大提高了总体结构的抗侧移刚度。

1989年建成的香港中国银行大厦如图4-42所示，地面以上70层，楼高315 m（顶层天线高367.4 m）。该建筑方案由著名美籍华人建筑师贝聿铭构思设计。

图 4-41　约翰·汉考克大厦

图 4-42　香港中国银行大厦

香港中国银行大厦平面为52 m×52 m的正方形，沿对角线方向分为四个三角形区，向上每隔若干层就切去一个三角形区，最终44层以上只剩平面的四分之一，为三角形，直至屋顶。大楼内的主体结构为八榀巨型桁架，其中四榀沿房屋正方形平面的周边布置，另四榀沿对角线方向布置。各巨型桁架交点处为型钢配筋的大型立柱，四角立柱底部最大截面为4 800 mm× 4 100 mm，直接落地深入基础，向上逐渐减小截面。正方形平面中心处的立柱由屋顶向下通到第25层结束，支承在金字塔形的空间桁架中心。此外，在巨型桁架平面内还设置若干吊杆，将楼层荷载通过巨型桁架斜杆传给角柱，使角柱承担几乎全部重力荷载，增强了巨型桁架的抗倾覆能力。

香港中国银行大厦充分体现了巨型桁架体系的结构优越性，更以其多棱晶体形的独特造型而光彩夺目，可谓现代巨型桁架体系的典范。

九、蒙皮结构

人们见到最多的蒙皮结构是飞机和轮船，它是在纵横肋上蒙上金属薄板而形成的带肋薄壳结构，金属薄板（蒙皮）与肋共同工作形成壳体。蒙皮在自身平面内有很大的拉、压和剪切强度，由于纵横肋较密使蒙皮不会失稳，所以蒙皮结构承载力大、刚度好、自重轻，被广泛应用于航空和造船工业。高层建筑的发展同样需要承载力大、刚度好和自重轻的结构体系。梅隆银行大厦是蒙皮结构体系的一次有益尝试。

1983年美国匹兹堡市建成的梅隆银行大厦是蒙皮结构体系。大厦高222 m，地面以上54层，如图4-43（a）所示。其中蒙皮框筒承担大厦全部水平荷载，内部框架只承担部分重力荷载；外框筒柱距为3 m，如图4-43（b）所示；横梁间距和层高一致，为3.67 m；窗口开洞率为25%，窗洞口设小槽钢加强并作为窗框，如图4-43（c）所示；蒙皮钢板厚度在38层以下为8 mm，38层以上为6 mm。分析表明，若不考虑蒙皮作用，只考虑框筒体系受力，房屋顶点侧移约为765 mm；若考虑蒙皮作用，则房屋顶点侧移约为376 mm，侧移减小一半多。可见，蒙皮的作用是不容忽视的。已建成的蒙皮结构房屋还不多，它在耐久性、防火、节能等方面的作用还有待在实践中检验。

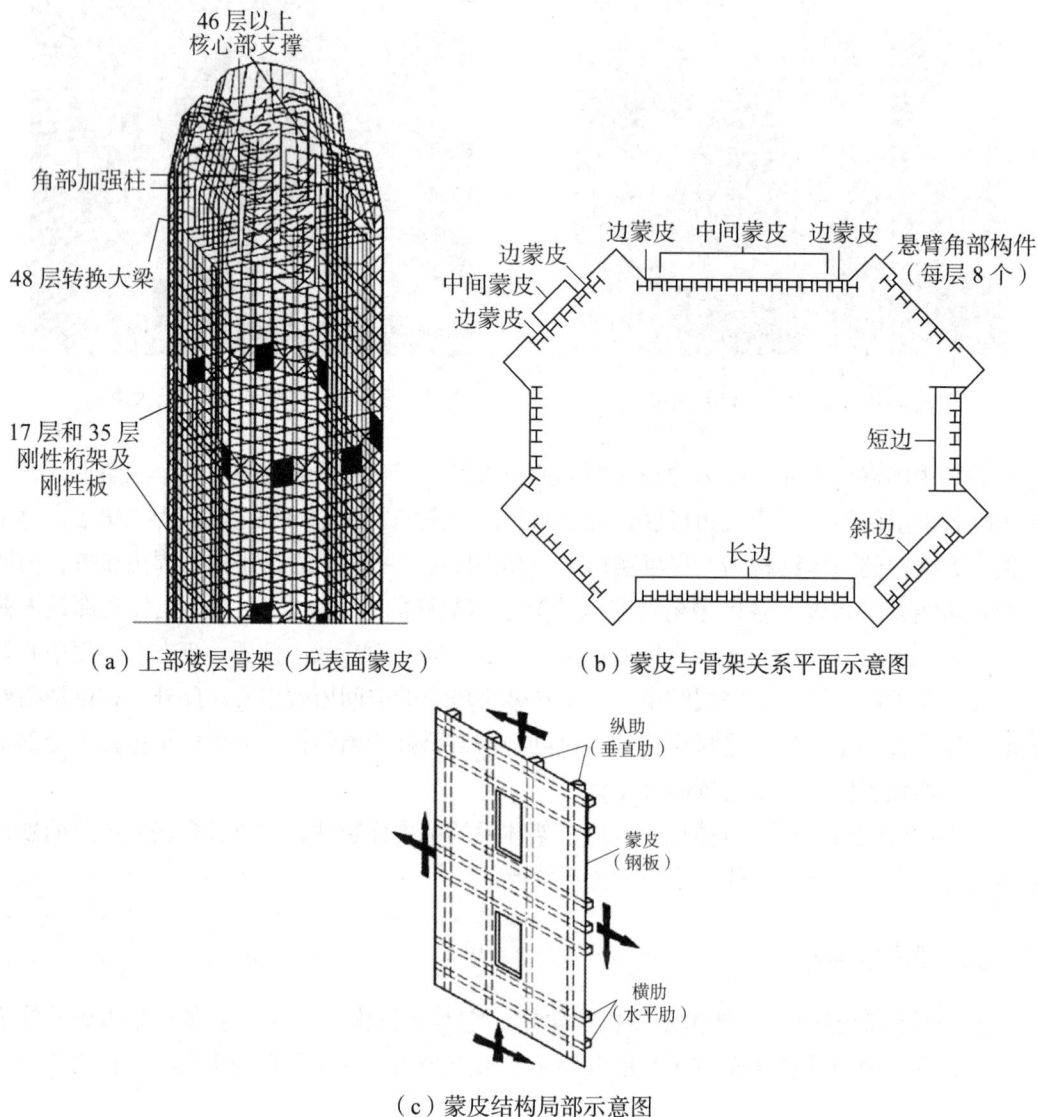

（a）上部楼层骨架（无表面蒙皮）　　（b）蒙皮与骨架关系平面示意图

（c）蒙皮结构局部示意图

图4-43　梅隆银行大厦

十、其他组合体系

上述各种竖向结构体系只是为了分析讨论才分别列出的，工程上经常采用上述各种结构体系的组合，以适应各种建筑和结构功能的要求。其实，上述框架-剪力墙体系本身就是框架和结构墙的组合。当筒体与其他体系组合时，由于筒体的抗侧移刚度大得多，绝大部分水平荷载将由筒体承受，其他竖向结构几乎只承受竖向荷载，截面可以做得较小，比较经济。在组合体系中，由于各种结构的抗侧移刚度相差很大，需要楼盖结构来协调变形，一般应采用刚度大的钢筋混凝土整浇楼盖，另外要特别注意结构布置的对称性，以减少房屋总体扭转。

第四节　提高高层结构体系整体承载力和抗侧移能力的有效措施

一、利用合理的体形

从整体来看，房屋可以看作锚固在地面上的悬臂梁，那么房屋的平面图形就是这根"梁"的截面。一字形平面的高层房屋就像一块悬臂板，通常也称板式结构，它具有最大的迎风面，风荷载也很大，但房屋进深不大，可见其"截面刚度"小对体系的抗侧移是很不利的。若把一字形平面弯折一下，形成角钢、槽钢或工字形截面，其刚度就大多了，如图4-44所示。另外，还有一些平面形状也可以有效提高刚度，例如北京国际饭店的蝴蝶形平面，如图4-25所示；又如上海华亭饭店的S形平面，如图4-26所示，在水平荷载下房屋整体就像"瓦楞铁皮"一样工作，可获得很大的整体刚度；对于高层塔楼，如广州花园酒店（33层，高112 m）和广东省彩电中心（33层，高154 m）均采用Y形平面，大大提高了抗侧移刚度。

1. 加拿大多伦多电视塔

著名的加拿大多伦多电视塔（CN Tower）也采用Y形平面的预应力混凝土塔身，天线高达533 m，并在350 m处设有旋转餐厅，在447 m处设有观光平台，是当时世界最高的独立结构，如图4-45所示。

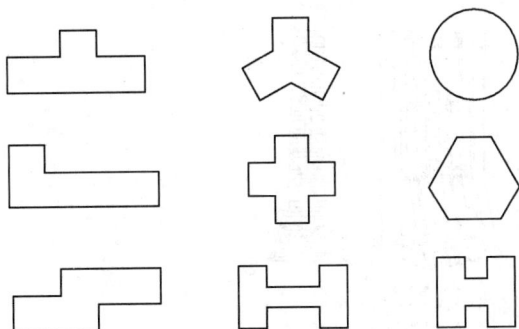

图4-44　结构体形对刚度的影响

图4-45　加拿大多伦多电视塔

2. 加拿大多伦多市政大厅

多伦多市政大厅（City Hall）的造型也很有特色。它的平面图形是由一座高99.7 m（27层）和另一座高 79.6 m（20层）的新月形大楼组成的，中间怀抱市政大厅，如图4-46所示。两座大楼外侧均为无窗的弧形钢筋混凝土墙，形成竖向圆柱形壳体。为加强在不对称风荷载作用下墙壳的抗扭转能力，墙壳端部设置了粗大的边柱，形成类似壳体的边缘构件。大楼内侧为全玻璃幕，中间设一列柱，横向框架梁从外墙壳伸向中柱，并悬挑约2 m悬挂玻璃幕。楼板结构置于框架梁之间，同时也成为墙壳的横隔板，加强了墙壳的刚度，如图4-46所示。竖向荷载由外墙壳和中间柱承受，侧向荷载几乎全部由墙壳负担。风洞试验表明，虽然两座楼的间距很近，风在壳面间形成的涡流使风荷载比规范规定值几乎大四倍，但是由于设计者充分利用体形（壳面），墙壳仍具有足够的抗侧移刚度和承载力，并且以其独特的建筑结构形式使多伦多市政大厅成为著名的旅游景点。

（a）多伦多市政大厅外景 　　　　　　　　　　　　（b）平面图

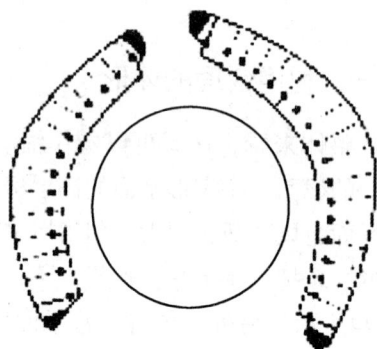

图 4-46　加拿大多伦多市政大厅

上述房屋平面形状的影响对各种结构形式都适用。另外，在立面设计和竖向构件布置上，采用倾斜的竖向构件对刚度也是有利的。计算表明，某一栋40层框架结构房屋，边柱倾斜8%，其侧移可减小50%。若将结构宽度沿房屋高度做成上窄下宽形的，与悬臂柱的弯矩图相似，则无论对结构承载力或结构刚度都有益，如图4-47所示。

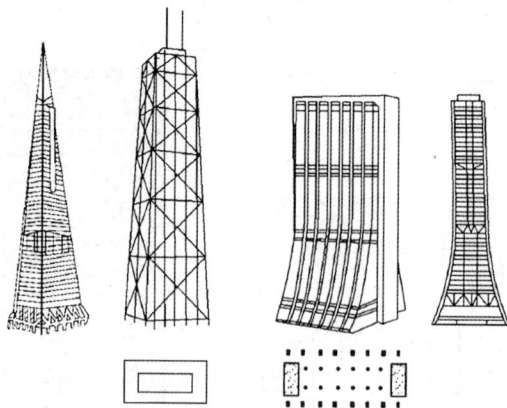

图4-47　结构宽度沿房屋高度做成上窄下宽

此外，把房屋做成三角形或金字塔形可降低水平力作用点，对提高抗侧移能力很有效。圆形和椭圆形平面能明显减少风荷载，因而也能减小结构的侧移。

二、适当加强结构受力最大的部位

1. 根据内力大小，改变构件截面尺寸及承载力

将整体结构做成上窄下宽是从整体上加强结构的措施，如果房屋体型不变，设计中也可从结构构件上来加强受力最大的部位。最常见的是沿高度改变柱截面尺寸、混凝土的强度等级以及柱的配筋量，以适应柱内力的变化。

2. 采用带边框的剪力墙，尽可能为剪力墙设置翼墙

剪力墙的工作状态以受弯为主。剪力墙的边柱和翼墙对提高剪力墙的刚度十分有效。如果条件允许，将纵横方向剪力墙连在一起形成像角钢或槽钢一样的截面则会更为有效，如图4-48所示。

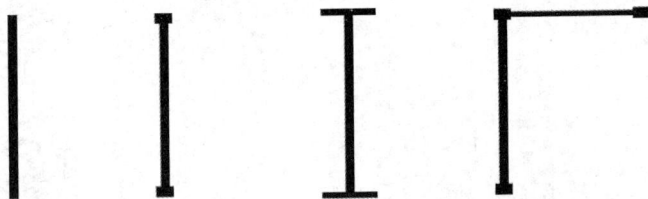

图 4-48　用边框（柱）和翼墙加强剪力墙

3. 适当加强房屋的角柱

在高层结构中，由于风荷载和地震力的性质不同，设计中很难使荷载中心和结构刚度中心完全重合，结构有一定的扭转变形是不可避免的。扭转中角柱的附加侧移和附加内力最大，角柱的内力臂最大，加强角柱对结构抗扭效果很好。在大型高层建筑结构中有时把角柱做成筒体，效果会更为明显，还可以把角柱或角筒作为主要承重结构。

三、把竖向荷载集中在主要承重构件上

由前面对刚度的讨论可知，大柱的刚度比同面积几个小柱的刚度的总和大许多。同理，对于竖向结构体系，由结构抗倾覆可知，结构在荷载下的偏心比为

$$e_r = \frac{H}{W} \cdot c \cdot \frac{h}{d}$$

可见，把竖向荷载 W 集中作用在主要承重构件上就会减小偏心距。当然，我们不应当人为地加大竖向荷载，这对结构抗震是不利的。有效的措施是把房屋的竖向荷载集中作用在主要承重构件上。图4-49（a）所示悬挂结构和图4-49（b）所示全部竖向荷载都由核心筒承担的结构减小了核心筒的偏心比 e_r。核心筒截面略增大，截面刚度会更好。此外，悬挂结构把原来的受压边柱变成了吊杆，不存在压杆的稳定问题，可以应用高强钢材降低单位

强度的材料费，也减轻自重。细小的吊杆甚至可以隐藏在窗框内，使房屋更明亮、视野更好。

1985年建成的香港汇丰银行是另一种形式的悬挂体系，大楼高180 m，地面以上43层，平面尺寸为72 m×55 m。规划要求大楼底层完全敞开，以便和楼前的皇后广场连成一片，故采用悬挂体系。大楼采用巨型桁架，分5层悬挂在8根巨型格构式柱上。每根格构柱为4.8 m×5.1 m，四角为4根圆形钢管，底层钢管尺寸为φ1 400 mm×100 mm，向上逐渐减小，顶层钢管尺寸为φ800 mm×440 mm。香港汇丰银行由诺尔曼·福斯特设计，以其独特结构体系受到世人关注，甚至有报道称它为"仿佛是在惹人注目的港口停放的一艘宇宙飞船"。

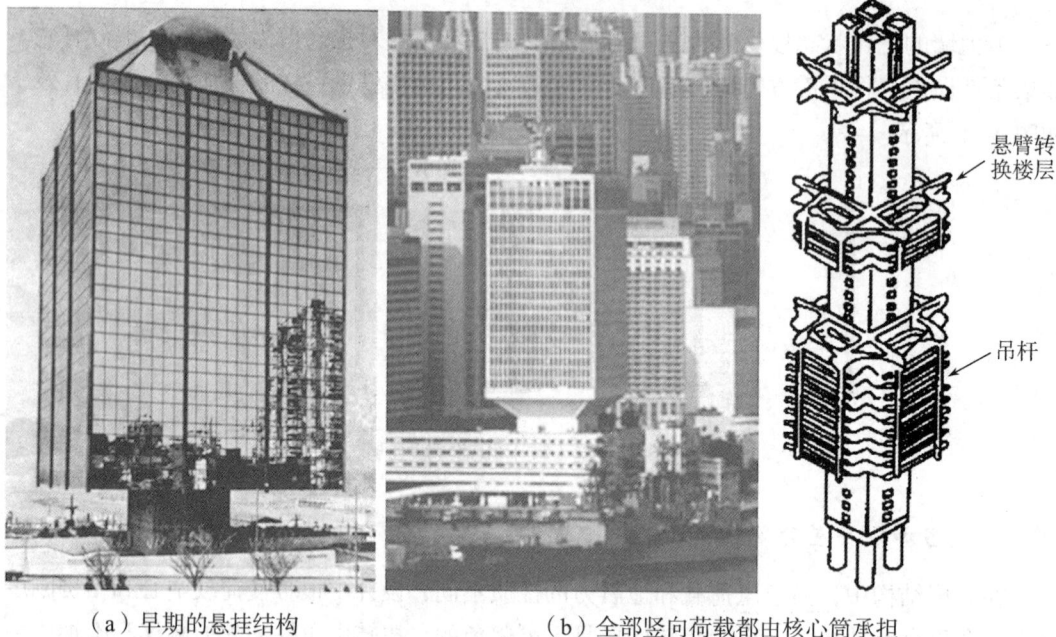

（a）早期的悬挂结构　　　　　　（b）全部竖向荷载都由核心筒承担

图4-49　把竖向荷载集中在核心筒上

四、设置刚性横梁（或桁架）

前面已经介绍了横梁对框架抗侧移的作用。对于以核心筒为主要抗侧力结构的体系，在顶层设置刚性横梁同样会收到很好的效果，不过这时的横梁需要更大的刚度，通常利用1~2个楼层高度作为横梁（或桁架）高度。当没有刚性横梁时，筒体和外框架都以弯曲变形为主，侧移较大；若设置顶层刚性横梁，当筒体在水平力的作用下产生弯曲变形时，刚性横梁的转动会受到外柱的约束，从而在外柱中产生很大的轴力，使其一侧受拉，一侧受压，形成与倾覆力矩反向的抵抗力矩，如图4-50所示。由于这两个轴力的力臂很大（等于结构总宽），所以这个反向力矩大大减小了核心筒的弯矩和侧移。不难看出，这里的横梁刚度是重要因素，横梁刚度越大，框架外柱的轴力就大，变形就越小，效果就越明显，反之亦然。设置刚性横梁的方法已越来越被人们认识和重视，深圳国贸大厦（高

160 m，50层）采用筒中筒结构，顶层设刚性大梁以协调内外筒的变形，刚性横梁截面高达6.9 m，如图4-51所示。

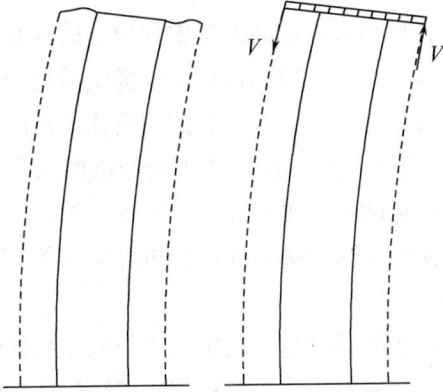

图4-50　刚性横梁在筒体中的作用

图4-51　深圳国贸大厦

刚性横梁的作用与框架作用中横梁的作用原理是一样的。有时为进一步提高核心筒体系的抗侧移刚度，也可以像多层框架一样设置几道刚性横梁。上海锦江饭店（44层，高154 m）在顶层和23层设两道刚性横梁后，侧移减小13%，柱的最大内力减小20%，如图4-52所示。另外，广州市的广东国际大厦（63层、高200.18 m）也在61层、42层和23层设置了三道刚性桁架，以减少体系的侧移和内筒弯矩，收到良好的效果。

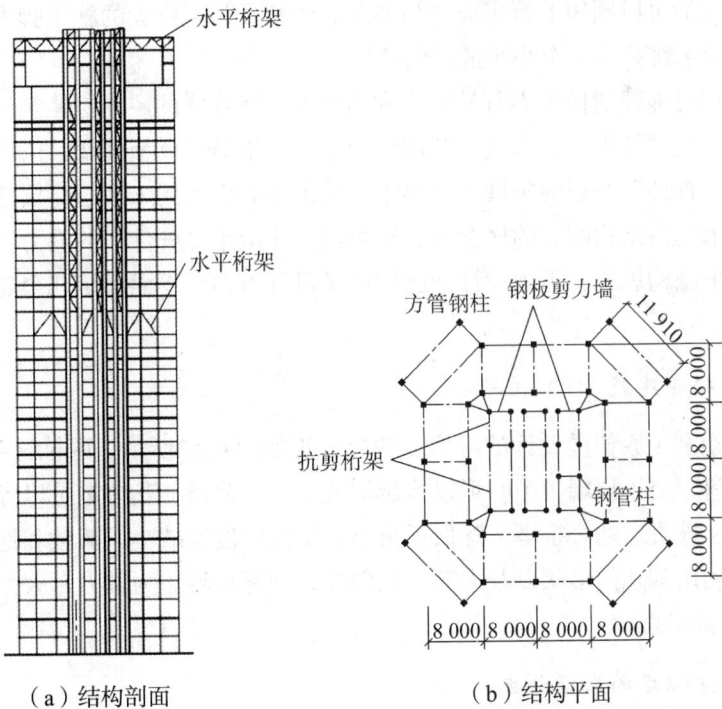

（a）结构剖面　　　　　（b）结构平面

图4-52　上海锦江饭店

第五节　未来超高层建筑结构

高层建筑是社会经济和科学技术发展的产物，城市人口的高度集中和地价的猛涨促进了高层建筑的迅速发展。一栋优秀的高层建筑不仅为激烈竞争的市场经济提供活动场所，而且是经济实力和信誉的象征，有着独特的"广告效应"。一些著名的大厦往往都成为某公司实力的象征，由此带来的巨大经济效益是不可低估的。在当今市场经济的激烈竞争中，建筑必将进一步向更高方向发展。但是，在2001年的"9·11"事件后，人们不得不重新反思建造超高层建筑的利弊，对超高层建筑防灾和减灾等方面进行更深层次的思考和采取有效的措施。

超高层建筑结构的主要矛盾是如何提高结构的抗侧移刚度，其中最主要的是构件的抗弯刚度。相对来说，构件抗轴力和抗剪力的问题要容易解决。有关提高高层结构体系整体承载力和抗侧移能力的所有措施原则上都是有效的，问题在于如何灵活巧妙地将其应用到具体的建筑结构上去。

观察自然界很多十分巧妙的结构会对我们有所启发。蜂窝是一种绝妙的六角形组合筒（筒束），不仅以最少的建筑材料为蜜蜂提供了最大的生活空间，同时其独特的结构强度、刚度和合理组合也会使优秀的结构工程师赞叹不已。

自然生长的毛竹也是十分典型的筒体结构。竹筒由许多的竹纤维构成，竹节处的横隔像一个牢固的箍一样，大大减小了竹纤维受力时的"计算长度"，可以有效提高毛竹的强度和刚度。我们可以利用毛竹搭成"马架"、竹楼，甚至巨大的施工脚手架。在放大镜下，细细的毛竹纤维是一个个小小的"筒体"。

目前，人们已能建成像世界贸易中心和西尔斯大厦这样的超高层建筑。如果我们把这样的大楼看成一根"杆件"，那么，利用框架作用、框筒、巨型框架、巨型桁架的概念，在基本不增大"杆件"弯矩的条件下，不难设计出更高更大的未来超高层建筑。如果再考虑利用结构体形提高结构刚度的概念等，还可进一步减小"杆件"的内力。未来的超高层建筑结构也在酝酿构思中，不少设计师已推出了设计方案。下面介绍几个超高层建筑结构的设计方案。

1. 巨型多功能建筑

建筑师斯泰利·泰格曼设计的巨型多功能建筑如图4-53所示。两栋长约180 m的三角形大楼相互倾斜，交于顶端，中间可以跨越河流或高速公路，其体量足以容纳一个社区。大厦总体像一座被贯通的金字塔，降低了重心，最大限度地减小风荷载和地震力的作用效应，并且充分利用其几何形状以及大型交叉斜撑，把弯矩转化为轴力，大大提高了结构的承载力和抗侧移刚度。

2. 日本东京拟建的米兰纽塔

日本东京拟建的米兰纽塔如图4-54所示，采用圆锥形体形，底部直径约190 m，高达

800 m，可容纳5万居民。圆锥体形承受风荷载小，风荷载和地震力合力作用点低，倾覆力矩小。圆锥形框筒上设有交叉支撑（巨型空间桁架和圆锥框筒的组合）作为抗侧力体系，并沿高度每若干层设透空层，可让部分气流通过，以减小风荷载。

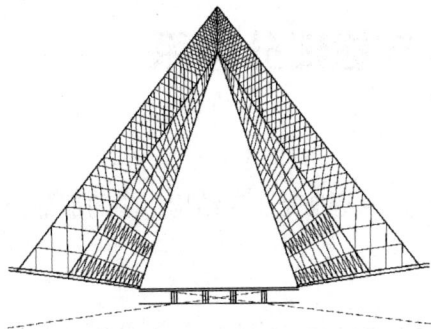

图4-53　建筑师斯泰利·泰格曼设计的巨型多功能建筑

图4-54　日本东京拟建的米兰纽塔

3. 空中城市大厦-1000

日本大林组建筑公司的"空中城市大厦-1000"的设计方案采用环形平面，地面以上高达1 000 m，底部外直径400 m，顶部外直径160 m，外形为双曲抛物面，类似苗条的冷却塔形，如图4-55所示。大楼沿高度每14层（56 m）分为一段，各段间留有相当于4层楼高（16 m）的透风层，以减小风荷载。主体结构为双曲抛物面框筒和巨型空间桁架的组合。

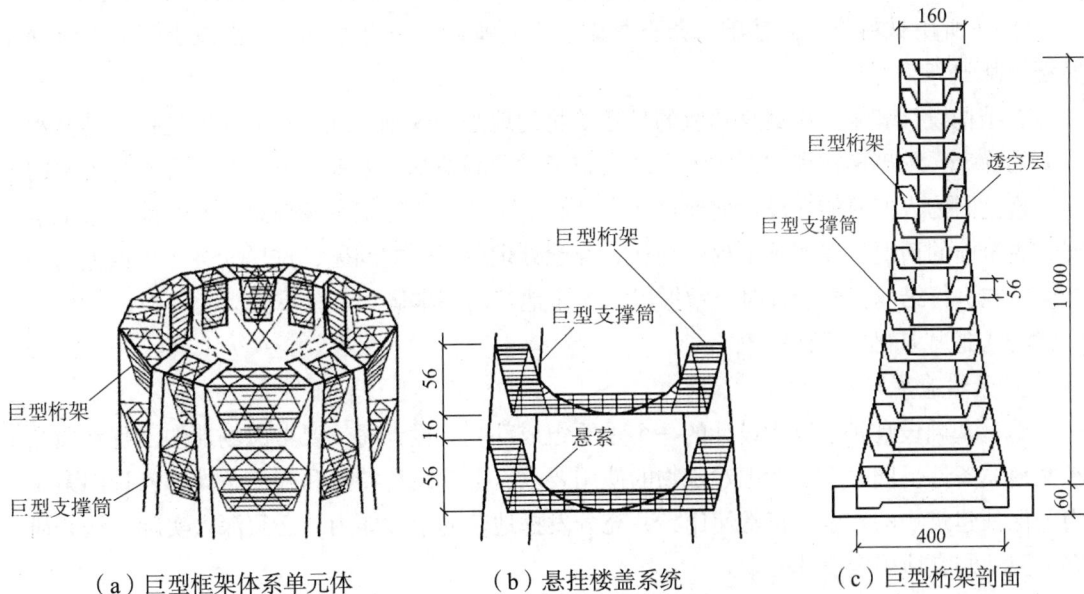

（a）巨型框架体系单元体　　（b）悬挂楼盖系统　　（c）巨型桁架剖面

图4-55　"空中城市大厦-1000"的设计方案（单位：m）

类似的设计方案和构思还有很多，限于篇幅这里就不一一列举了。总之，未来的超高层建筑要求建筑师和结构工程师密切配合，在全面充分考虑建筑结构体系的基础上选择最优化合理的设计方案。

第五章　地基与基础分体系

基础是建筑物向地基传递荷载的下部结构；地基是受建筑结构影响的那部分地层，如土基、岩基等。

（1）基础的特点。

基础是地面以下部分的结构构件，用来将上部结构（即地面以上结构）所承受的荷载传给地基。

（2）基础的分类。

① 按埋置深度分为浅基础（如墙基础、柱基础、片筏基础）、深基础（如桩基础、沉箱）、明置基础（直接搁置在地面上的基础）等。

② 按结构形式分为柱下独立基础、墙下条形基础、柱下交叉基础、柱下联合基础、片筏基础、箱形基础、壳形基础、桩基础（支承桩、摩擦桩、直桩、斜桩）、沉箱基础等。

③ 按受力特点分为柔性基础（承受弯矩、剪力为主）、刚性基础（承受压力为主）。

④ 按所用材料分为砖基础、条石基础、毛石基础、三合土基础、混凝土基础、钢筋混凝土基础等。

在结构设计和施工中最难驾驭的是建筑物的地基和基础。地基持力层的选择、地基承载力的确定、基础形式和体系的落实以及施工时软弱地基的处理……哪一件都不是容易的事。这是因为人们只能在设计前通过几个钻孔的土样试验得知少量信息，不可能完整地掌握它更全面的情况。在实际工程中往往凭经验处理所遇到的问题，这样就会产生误差乃至错误。在进行结构概念设计时，掌握以下关于地基的基本概念十分重要。

（3）地基基础方案的概念。

① 天然地基与人工地基。

地基基础设计是建筑物设计的一个重要组成部分。设计时，要考虑场地的工程地质和水文地质条件，同时也要考虑建筑物的使用要求、上部结构特点和施工条件等各种因素。为了保证建筑物的安全、正常使用，并充分发挥地基的承载能力，必须深入实际，调查研究，因地制宜地确定设计方案。

基础直接建造在未经加固的天然地层上称为天然地基。若天然地基较软弱，需先进行人工加固，再修建基础，这种地基称为人工地基。天然地基施工简单，造价经济；而人工地基一般比天然地基施工复杂，造价也高。因此，在一般情况下，应尽量采用天然地基。

② 浅基础与深基础。

基础依其埋置深度可分为浅基础及深基础。习惯的提法为：埋深为3~5 m的称为浅基础。实际上浅基础和深基础没有一个很明确的界限。大多数基础埋深较浅，一般可用比较简便的施工方法来修建，属于浅基础。采用桩基、沉井和地下连续墙等某些特殊的施工方法修建的基础则称为深基础。

第一节 基与础的作用

1. 基为土、础为石、柱为木

基础是建筑结构的重要受力构件，上部结构（水平和竖向体系）所承受的荷载都要通过基础传至地基。地基与基础对建筑结构的重要性是显而易见的，它们埋在地下，一旦发生质量事故，不仅难以察觉，而且修补工作比上部结构困难得多，事故后果又往往是灾难性的，实际上建筑结构的事故绝大多数是由地基和基础引起的。基础是建筑结构的一部分，和上部结构相同，基础应有足够的强度、刚度和耐久性。

基础的仿生学原型应该是动物的脚或植物的根系（图5-1），它的主要功能是将上部结构的荷载传递给地基，同时利用扩大的截面面积将高应力转化为低应力，以适应地基较弱的承载能力。当然动物的脚还有很多其他的功能。人的鞋子可以看成是脚的延伸，也是人类文明的标志。

图5-1 脚、基础和树根

（1）基础：独立基础、条形基础、井字基础、筏形基础、承台、箱形基础、地下室（地下结构）。

（2）地基：按承载能力和固接方式，分为物理的、化学的、生物的。

地基制作方法有：夯（压）、挖（换、填）、打桩（承台）。

（3）成桩工艺：预制（沉桩工艺），灌注（成孔工艺，如钻、爆、挖），搅拌、喷射、粉喷。

2. 地基加固与处理

中国古建筑总体是以木结构为主，以砖、瓦、石为辅。从建筑外观上看，每个建筑都由上、中、下三部分组成。上为屋顶，下为基座，中间为柱、门、窗和墙面。古代原始的建筑没有专业分化，最起码的要求就是实用，原始形态的承重结构比较简单。从结构形式的历史发展看，基本结构构件为梁、柱、墙、板，其中梁为最基本的结构形式或构件。与梁相比，柱子出现较晚，立于台基之上，下部垫有柱础。柱础的主要功能是将上部结构荷载产生的较高应力扩散，以适应柱础下面台基（地基）的承重能力。因此说柱础是现在柱下独立基础，乃至现代基础的雏形。

基础是建筑结构的重要受力构件，上部结构所承受的荷载都要通过基础传至地基。基础是建筑结构的一部分，和上部结构相同，基础应有足够的强度、刚度和耐久性。

第二节　基础形式的衍化

基础形式的衍化通常有以下几种方式：几何意义上的拓扑——几何拓扑，根据受力特性进行材料的重新分布——格构化、连续化、双向化，还有不同结构材料的组合和不同结构形式之间的杂交等，分述如下。

一、几何拓扑

基础形式的几何拓扑，其原因是承载能力的要求提高，基础底面要求逐渐增大，形式上有所发展，大致遵循以下路线，即独立基础→条形基础→井格基础→片筏式基础，如图5-2所示。

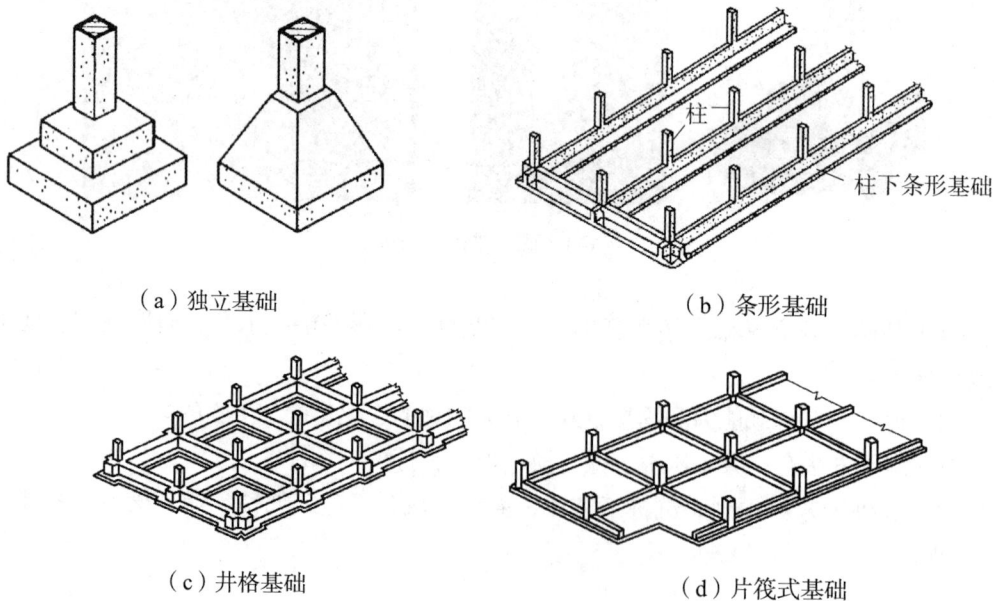

（a）独立基础　　　　　　　　　　　　（b）条形基础

（c）井格基础　　　　　　　　　　　　（d）片筏式基础

图5-2　基础形式的几何拓扑

二、格构化

格构化实际上就是根据结构或构件的受力状态和特征，重新分布材料，集中引导力流，以充分发挥材料强度，使得构件受力更为合理，使力流组织简约、合理。如图5-3所示，基础平面面积增加到一定程度后，不宜继续增大，为了提高承载能力，则需要增加埋深（或底板厚度），基础自身也需要增加其整体刚度。为了有效利用基础埋深所产生的部分空间和发挥基础材料的强度，我们有了箱型基础（图5-3a）。箱型基础继续发展则成为地下室（图5-3b），乃至于地下结构工程（图5-3c）。

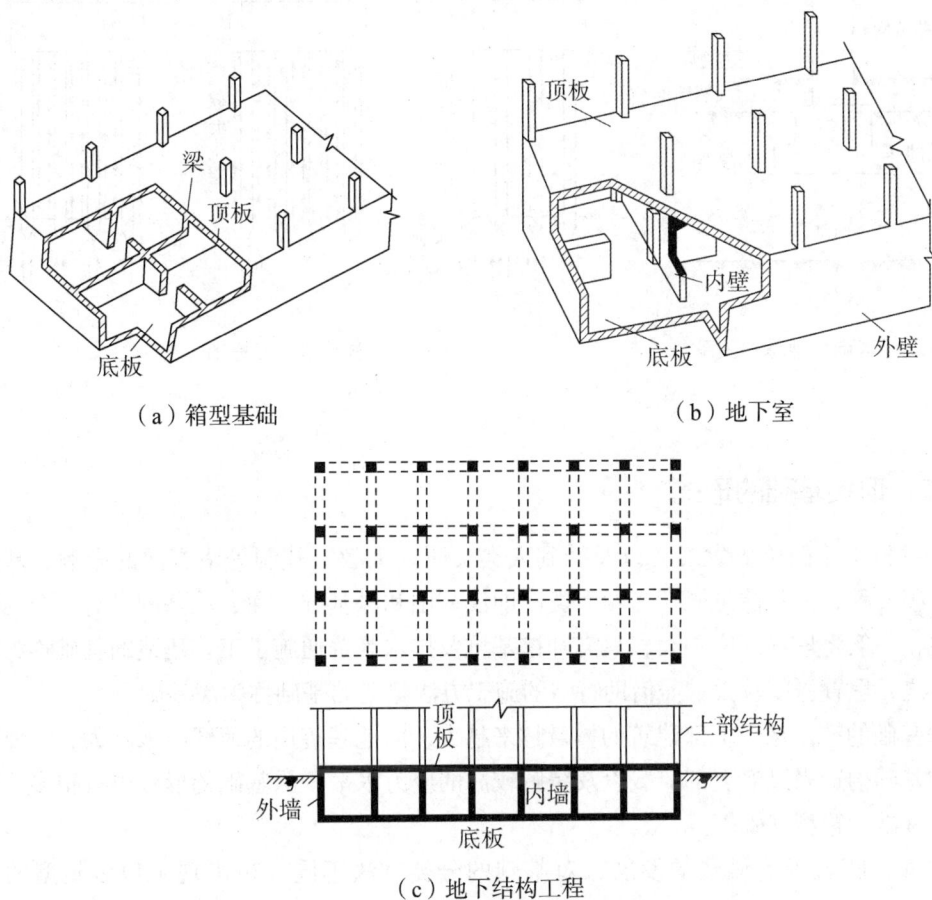

（a）箱型基础　　　　　　　　　　　（b）地下室

（c）地下结构工程

图5-3　基础形式的格构化

第三节　现代基础形式的发展

一、基础与地基的关系

作为地基的地层无论是土或岩石，均是自然界的产物。自然环境和条件的复杂性决定了天然地层在成分、性质、分布和构造上的多样性。除了一般的土类和构造形态之外，还有许多特殊的土类和不良地质现象。在建筑物设计之前，必须进行工程地质勘察和评价，充分了解地层的成因和构造，分析岩土的工程特性，提供设计计算参数。建筑结构都是由埋在地面以下一定深度的基础和支承于其上的上部结构组成的，基础又坐落在称为地基的地层（土或岩石）上，基础与地基的构造与传力关系如图5-4所示。

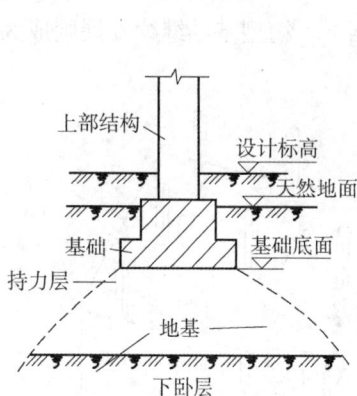

图5-4　基础与地基的关系

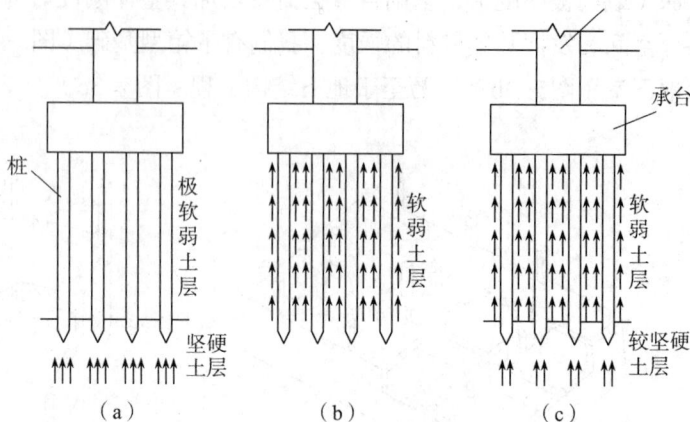

图5-5　桩基础

二、现代基础的形式

进过数千年的历史发展，以及受到人类文明、宗教、礼制等诸方面的影响，基础的形式有很多种，但总体可概括为两大类，即浅基础和深基础。深、浅基础没有一个明确的分界线，一般将埋置深度不大，只需开挖基坑及排水等普通施工工艺建造的基础称为浅基础；反之，埋置深度较大，需借助特殊的施工方法建造的基础称为深基础。

深基础的产生缘于上部建筑的体量越来越大，向地基传递的荷载越来越大，需要更为巨大的基础构造来过渡上部荷载以及缓解较高的应力水平。深基础的形式也有很多，常见的有桩基础、箱型基础等。

此外，随着现代科技的发展，对基础的分类方法不同，也出现了很多新型的基础形式。比如，采用新型施工工艺的沉管灌注桩（图5-6）、模仿竹节的人工挖孔桩（图5-7）和为了增大桩顶承载能力的人工挖孔桩大头图（图5-8和图5-9）。从基础自身构造出发，并与现代结构形式相结合为壳体基础，如图5-10所示；从桩身数量出发，采用多桩组合承载，可以有不同的桩承台形式，如图5-11所示。

综上所述，基础形式虽然有很多种，纷繁多样，但是它们之间存在着必然的、潜在的内在联系。其根本概念是力流的组织和传递，即建筑上部的荷载经过楼板的收集，由柱或墙最终传递给基础，基础再传递给地基。像江河入海一样，基础就是入海口。如何传递力流、怎样扩散上部传来的高应力，决定了基础的形式。更深层次的原理有待于进一步研究。

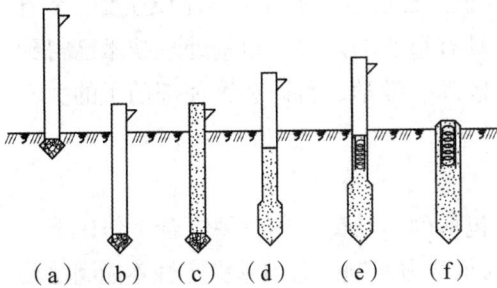

图5-6 沉管灌注桩施工流程图

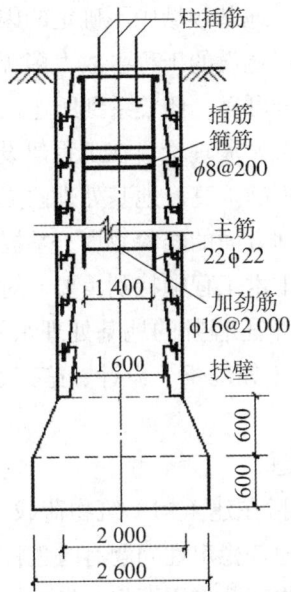

图5-7 人工挖孔桩护壁

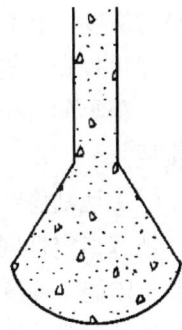

图5-8 人工挖孔桩大头图

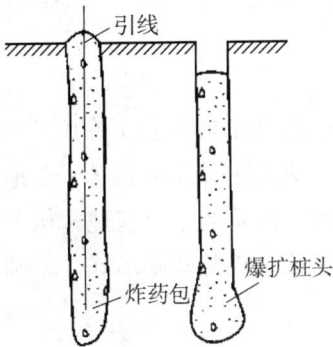

图5-9 爆扩桩

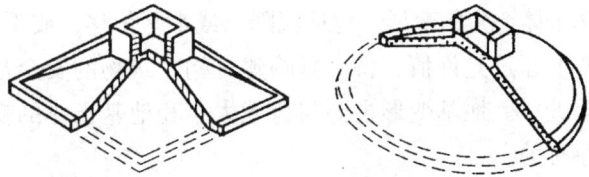

图5-10 壳体基础

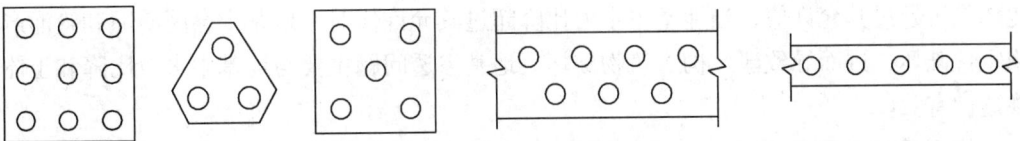

图5-11 承台桩的几种形式

第四节 地基处理

当天然地基不能满足建（构）筑物在地基稳定性、地基变形和地基渗透性等三个方面的要求时，就需要对天然地基进行地基处理，形成人工地基。

与上部结构相比较，地基领域中不确定的因素多、问题复杂、难度大。据调查统计，世界各国发生的土木工程建设的工程事故大多源自地基问题。因此，处理好地基问题，不仅关系到所建工程的安全可靠，还关系到所建工程投资的大小。

需求促进发展，实践发展理论。在工程建设的推动下，近些年来我国地基处理技术发展很快，地基处理水平不断提高。地基处理已成为活跃的土木工程领域中的一个热点。学习、总结国内外地基处理方面的经验教训，掌握各种地基处理技术，对于土木工程师，特别是对从事岩土工程的土木工程师特别重要，对保证工程质量、加快工程建设速度、节省工程建设投资、提高土木工程师的地基处理水平具有重要的意义。地基处理技术已得到土木工程界的各个部门（如勘察、设计、施工、监理、教学、科研和管理部门）的关心和重视。

（1）地基稳定性问题。

地基稳定性问题是指在建（构）筑物荷载（包括静、动荷载的各种组合）作用下，地基土体能保持稳定。地基稳定性问题有时也称为承载力问题。若地基稳定性不能满足要求，地基在建（构）筑物荷载作用下将会发生局部或整体剪切破坏。地基产生局部或整体剪切破坏将影响建（构）筑物的安全与正常使用，亦会引起建（构）筑物的破坏。地基的稳定性或地基承载力大小，主要与地基土体的抗剪强度有关，也与基础形式、大小和埋深有关。

（2）地基变形问题。

地基变形问题是指在建（构）筑物的荷载（包括静、动荷载的各种组合）作用下，地基土体产生的变形（包括沉降，或水平位移，或不均匀沉降）超过相应的允许值。若地基变形超过允许值，将会影响建（构）筑物的安全与正常使用，严重的会引起建（构）筑物破坏。地基变形主要与荷载大小和地基土体的变形特性有关，也与基础形式、基础尺寸有关。

（3）地基渗透问题。

渗透问题主要有两类：一类是蓄水构筑物地基渗流量是否超过其允许值，如水库坝基渗流量超过允许值的后果是造成较大水量损失，甚至导致蓄水失败；另一类是地基中水力比降是否超过其允许值，当地基中水力比降超过其允许值时，地基土会因潜蚀和管涌产生稳定性破坏，进而导致建（构）筑物破坏。地基渗透问题主要与地基中水力比降和土体的渗透性有关。

当天然地基不能满足建（构）筑物在上述三个方面的要求时，需要对天然地基进行地基处理。天然地基通过地基处理形成人工地基，从而满足建（构）筑物对地基的各种要求。

一、常见软弱土和不良土

判别天然地基是否属于软弱地基或不良地基没有明确的界限，工程师们常将不能满足建（构）筑物对地基要求的天然地基称为软弱地基或不良地基。因此，天然地基是否属于软弱地基或不良地基是相对的。

在土木工程建设中经常遇到的软弱土和不良土主要包括：软黏土、人工填土、部分砂土和粉土、湿陷性土、有机质土和泥炭土、垃圾土、膨胀土、盐渍土、多年冻土、岩溶、土洞和山区地基等。下面分别加以介绍。

（1）软黏土。

软黏土是软弱黏性土的简称。它是第四纪后期形成的海相、潟湖相、三角洲相、溺谷相和湖泊相的黏性土沉积物或河流冲积物。有的软黏土属于新近淤积物。软黏土大部分处于饱和状态，其天然含水量大于液限，孔隙比大于1.0。当天然孔隙比大于1.5时称为淤泥；当天然孔隙比大于1.0而小于1.5时，称为淤泥质土。软黏土的特点是天然含水量高、天然孔隙比大、抗剪强度低、压缩系数高、渗透系数小。在荷载作用下，软黏土地基承载力低，地基沉降变形大，不均匀沉降也大，而且沉降稳定历时比较长，一般需要几年，甚至几十年。软黏土地基是在工程建设中遇到最多、需要进行地基处理的软弱地基，它广泛分布在我国沿海以及内地河流两岸和湖泊地区。例如，天津、连云港、上海、杭州、宁波、台州、温州、福州、厦门、湛江、广州、深圳、珠海等沿海地区，以及昆明、武汉、南京、马鞍山等内陆地区。

（2）人工填土。

人工填土按照物质组成和堆填方式可以分为素填土、杂填土和冲填土三类。

素填土是由碎石、砂或粉土、黏性土等一种或几种组成的填土，其中不含杂质或含杂质较少。若经分层压实后则称为压实填土。近年开山填沟筑地、围海筑地工程较多，填土常用开山石料，大小不一，有的直径达数米，填筑厚度有的达数十米，极不均匀。人工填土地基性质取决于填土性质、压实程度以及堆填时间。

杂填土是人类活动形成的无规则堆积物，其成分复杂，性质也不相同，且无规律性。在大多数情况下，杂填土是比较疏松和不均匀的。在同一场地的不同位置，地基承载力和压缩性也可能有较大的差异。

冲填土是由水力冲填泥沙形成的填土，在围海筑地中常被采用。冲填土的性质与所冲填泥沙的来源及冲填时的水力条件有密切关系。含黏土颗粒较多的冲填土往往是欠固结的，其强度和压缩性指标都比同类天然沉积土差。以粉细砂为主的冲填土，其性质基本上和粉细砂相同。

（3）部分砂土和粉土。

主要指饱和粉砂土、饱和细砂土和砂质粉土。粒径大于0.25 mm的颗粒不超过全重的50%，粒径大于0.075 mm的颗粒超过全重的85%的称为细砂土；粒径大于0.075 mm的颗粒不超过全重的85%，但超过50%的称为粉砂土；粒径大于0.075 mm的颗粒不超过全重的50%，粒径小于0.005 mm的颗粒含量不超过全重的10%，塑性指数（IP）小于或等于10的称为砂质粉土。处于饱和状态的细砂土、粉砂土和砂质粉土在静载作用下虽然具有较高的强度，但在机器振动、车辆荷载、波浪或地震力的反复作用下有可能产生液化或大量震陷变形。地基会因地基土体液化而丧失承载能力。如需要承担动力荷载，这类地基也往往需要进行地基处理。

（4）湿陷性土。

湿陷性土包括湿陷性黄土、粉砂土和干旱或半干旱地区具有崩解性的碎石土等。是否属湿陷性土可根据野外浸水载荷试验确定。当在200 kPa压力作用下，附加变形量与载荷板宽之比大于0.015时，称为湿陷性土。在工程建设中遇到较多的是湿陷性黄土。

湿陷性黄土是指在覆盖土层的自重应力或自重应力和建筑物附加应力综合作用下，受水浸湿后，土的结构迅速破坏，并发生显著的附加沉降，其强度也迅速降低的黄土。黄土在我国特别发育，地层多、厚度大，广泛分布在甘肃、陕西、山西的大部分地区，以及河南、河北、山东、宁夏、辽宁、新疆等的部分地区。当黄土作为建筑物地基时，首先要判断它是否具有湿陷性，然后才考虑是否需要地基处理以及如何处理。

（5）有机质土和泥炭土。

土中有机质含量大于5%时称为有机质土，大于60%时称为泥炭土。

土中有机质含量高，强度往往降低，压缩性增大，特别是泥炭土，其含水量极高，有时可达200%以上，压缩性很大，且不均匀，一般不宜作为建筑物地基，如用作建筑物地基需要进行地基处理。

（6）垃圾土。

垃圾土是城市废弃的工业垃圾和生活垃圾形成的地基土。垃圾土的性质很大程度上取决于废弃垃圾的类别和堆积时间。垃圾土的性质十分复杂，垃圾土成分不仅具有区域性，而且与堆积的季节有关。生活垃圾比工业垃圾更为复杂。

垃圾堆场的地基处理已成为岩土工程师的工作内容，不仅要保持垃圾土地基稳定，而且要解决好防止垃圾污染地下水源等环境保护问题。垃圾场的再利用已引起人们的重视。

（7）膨胀土。

膨胀土是指黏粒成分主要由亲水性黏土矿物组成的黏性土。膨胀土在环境的温度和湿度变化时会发生强烈的胀缩变形。利用膨胀土作为建（构）筑物地基时，如果没有采取必要的地基处理措施，膨胀土饱水膨胀、失水收缩常会给建（构）筑物造成危害。膨胀土在我国分布范围很广，根据现有的资料，广西、云南、湖北、河南、安徽、四川、河北、山东、陕西、江苏、内蒙古、贵州和广东等地均有不同范围的分布。

（8）盐渍土。

土中含盐量超过一定数量的土称为盐渍土。盐渍土地基浸水后，土中盐溶解可能产生地基溶陷，某些盐渍土（如含硫酸钠的土）在环境温度和湿度变化时，可能产生土体体积膨胀。除此以外，盐渍土中的盐溶液还会导致建筑物材料和市政设施材料的腐蚀，造成建筑物或市政设施的破坏。

盐渍土主要分布在西北干旱地区地势低洼的盆地和平原中，盐渍土在滨海地区也有分布。

（9）多年冻土。

多年冻土是指温度连续三年或三年以上保持在0 ℃或以下，并含有冰的土层。多年冻土的强度和变形有许多特殊性。例如，冻土中因有冰和冰水存在，故在长期荷载作用下有强烈的流变性。多年冻土在人类活动影响下可能产生融化。因此多年冻土作为建筑物地基需慎重考虑，需要采取必要的处理措施。

（10）岩溶、土洞和山区地基。

岩溶也称"喀斯特"，它是石灰岩、白云岩、泥灰岩、大理石、岩盐、石膏等可溶性岩层受水的化学和机械作用而形成的溶洞、溶沟、裂隙，以及由于溶洞的顶板塌落使地表产生陷穴、洼地等现象和作用的总称。

土洞是岩溶地区上覆土层被地下水冲蚀或被地下水潜蚀所形成的洞穴。

岩溶和土洞对建（构）筑物的影响很大，可能造成地面变形、地基陷落，发生水的渗漏和涌水现象。在岩溶地区修建建筑物时要特别重视岩溶和土洞的影响。

山区地基地质条件比较复杂，主要表现在地基的不均匀性和场地的不稳定性两方面。山区基岩表面起伏大，且可能有大块孤石，这些因素常会导致建筑物基础产生不均匀沉降。另外，在山区常有可能遇到滑坡、崩塌和泥石流等不良地质现象，给建（构）筑物造成直接的或潜在的威胁。在山区修建建（构）筑物时要重视地基的稳定性和避免过大的不均匀沉降，必要时需进行地基处理。

地基处理是古老而又年轻的领域。灰土垫层基础和短桩处理在我国应用历史悠久，可追溯到数千年前。而大量地基处理的技术是伴随现代文明而产生的。在我国，改革开放促进了基本建设持续高速发展。为了适应工程建设的要求，我国地基处理技术在改革开放以来也得到了飞速发展。

二、地基处理方法分类及适用范围

对地基处理方法进行严格的统一分类是很困难的。地基处理方法分类的原则很多。事实上，根据同一原则进行分类，不同的专家也有不同的方法。不少地基处理方法具有多种效用，例如土桩和灰土桩既有挤密作用又有置换作用，还有一些地基处理方法的加固机理以及计算方法目前还不是十分明确，尚需进一步探讨。而且，地基处理方法在不断发展，功能在不断扩大，也使地基处理方法分类变得更加困难。地基处理方法分类也不宜太细，类别太多。

下面根据地基处理的加固原理将地基处理方法分为6类，再加上已有建筑物地基加固、纠倾和迁移，共8类。

（1）置换。

置换是指用物理力学性质较好的岩土材料置换天然地基中部分或全部软弱土体，以形成双层地基或复合地基，达到提高地基承载力、减少沉降的目的。

加固原理主要属于置换的地基处理方法有：换土垫层法、挤淤置换法、褥垫法、砂石桩置换法、强夯置换法等。采用石灰桩法加固地基具有多种效用，其中包括置换效用，故将它包括在这一部分。另外，气泡混合轻质料填土法和EPS超轻质料填土法一般不是用于置换，主要用于填方。采用轻质填料代替比较重的填料。为了叙述方便，将气泡混合轻质料填土法和EPS超轻质料填土法也包括在这一部分。

（2）排水固结。

土体在一定荷载作用下排水固结，可使孔隙比减小、抗剪强度提高，以达到提高地基承载力、减少工后沉降的目的（图5-12）。

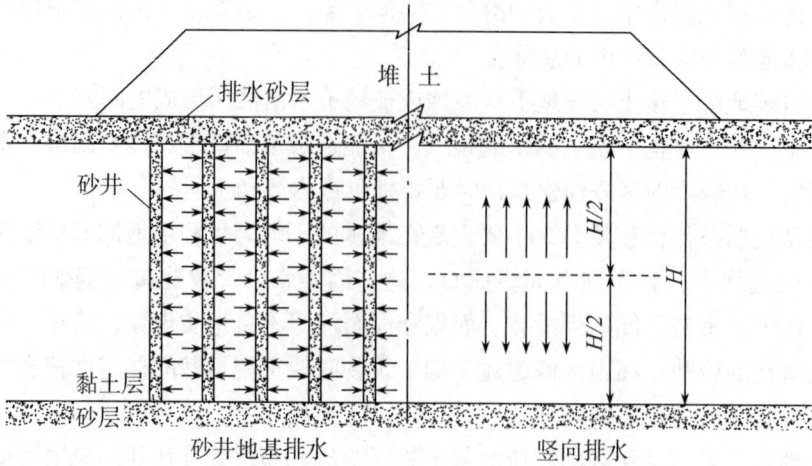

图5-12　排水固结法

加固原理主要属于排水固结的地基处理方法，按预压加载方法可分为堆载预压法、超载预压法、真空预压法、真空预压与堆载预压联合作用法、电渗法，以及降低地下水位法等。属于排水固结的地基处理方法按在地基中设置的竖向排水系统可分为普通砂井法、袋装砂井法和塑料排水带法等。

（3）灌入固化物。

灌入固化物是指向土体中灌入或拌入水泥、石灰和其他化学固化浆材，在地基中形成增强体，以达到地基处理的目的。

加固原理主要属于灌入固化物的地基处理方法有：深层搅拌法（图5-13）、高压喷射注浆法、渗入性灌浆法、劈裂灌浆法、挤密灌浆法等。

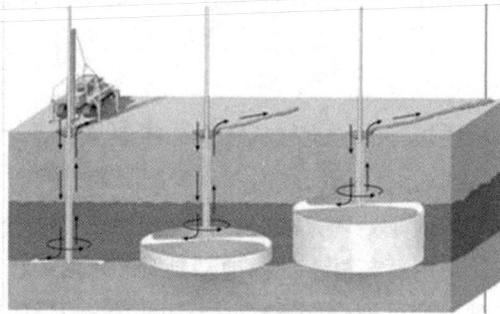

图5-13　深层搅拌法

（4）振密、挤密。

振密、挤密是指采用振动或挤密的方法使地基土体密实，以达到提高地基承载力和减少沉降的目的（图5-14）。

加固原理主要属于振密、挤密的地基处理方法有：表层原位压实法、强夯法（图5-15）、振冲密实法、挤密砂石桩法、爆破挤密法、土桩和灰土桩法、夯实水泥土桩法、柱锤冲扩桩法、孔内夯扩法等。

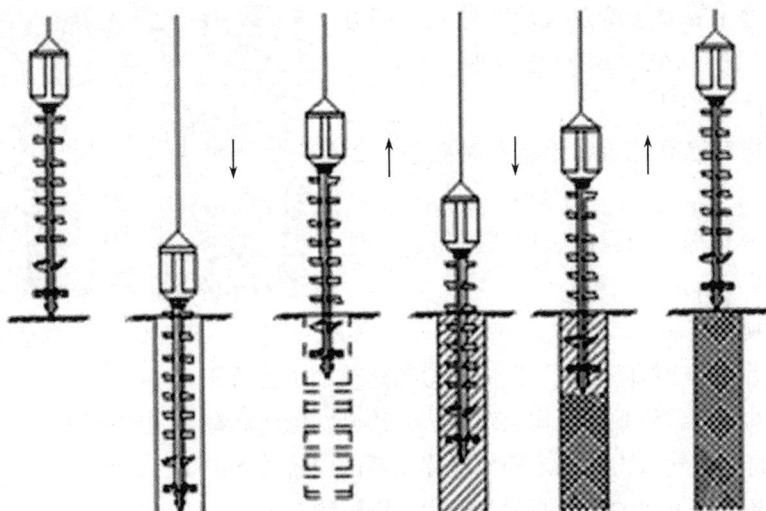

（a）定位下沉 （b）沉入设 （c）第一次 （d）原位重 （e）提升 （f）搅拌完
　　　　　　 计要求深度 提升喷浆搅拌 复搅拌下沉 喷浆搅拌 毕形成加固体

图5-14 水泥搅拌桩施工程序示意图

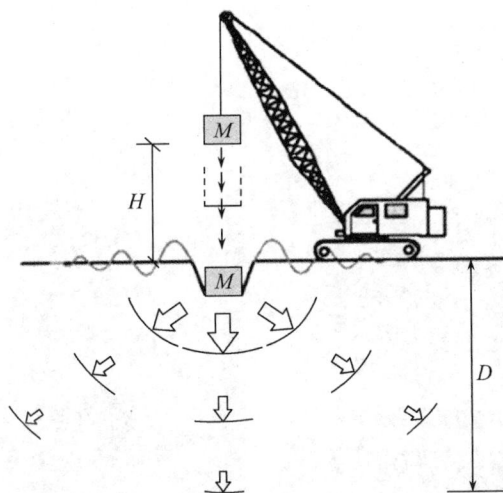

图5-15 强夯法

（5）加筋。

加筋是在地基中设置强度高、模量大的筋材，如土工格栅、土工织物等，以达到提高地基承载力、减少沉降的目的。

加固原理主要属于加筋的地基处理方法有：加筋土垫层法、加筋土挡墙法和土钉墙法等。为了叙述方便，将锚杆支护法、锚定板挡土结构、树根桩法、低强度混凝土桩复合地基法和钢筋混凝土桩复合地基法等加固方法也包括在这一部分。

（6）冷热处理。

冷热处理是通过冻结地基土体或焙烧、加热地基土体以改变土体物理力学性质，达到地基处理的目的。

加固原理主要属于冷热处理的地基处理方法有冻结法（图5-16）和烧结法两种。

（7）托换。

托换是指对已有建筑物地基和基础进行处理和加固。

托换技术有基础加宽法、桩式托换法、地基加固法以及综合加固法等。

（8）纠倾和迁移。

图5-16 冻结法

纠倾是指对由于沉降不均匀造成倾斜的建筑物进行矫正。

纠倾技术有加载纠倾法、掏土纠倾法、顶升纠倾法和综合纠倾法等。

迁移是将已有建筑物从原来的位置移到新的位置（图5-17）。

各类地基处理方法的简要原理和适用范围见表5-1。

地基处理方法除了根据地基处理的加固原理分类以外，还可将地基处理方法分为浅层处理技术和深层处理技术两大类；也可将地基处理方法分为物理的地基处理方法、化学的地基处理方法以及生物的地基处理方法等。

图5-17 山东省临沂地区检察院办公大楼整体挪移

表5-1 地基处理方法分类及其适用范围

类别	方 法	简要原理	适用范围
置换	换土垫层法	将软弱土或不良土开挖至一定深度，回填抗剪强度较高、压缩性较小的岩土材料，如砂、砾、石渣等，并分层夯实，形成双层地基。垫层能有效扩散基底压力，可提高地基承载力、减少沉降	各种软弱土地基
	挤淤置换法	通过抛石或夯击回填碎石置换淤泥达到加固地基的目的，也有采用爆破挤淤置换	淤泥或淤泥质黏土地基

类别	方　法	简要原理	适用范围
置换	褥垫法	当建（构）筑物的地基一部分压缩性较小，而另一部分压缩性较大时，为了避免不均匀沉降，在压缩性较小的区域，通过换填法铺设一定厚度可压缩性的土料形成褥垫，以减少沉降差	建（构）筑物部分坐落在基岩上，部分坐落在土上，以及类似情况
	砂石桩置换法	利用振冲法或沉管法，或其他方法在饱和黏性土地基中成孔，在孔内填入砂石料，形成砂石桩。砂石桩置换部分地基土体，形成复合地基，以提高承载力、减小沉降	黏性土地基，因承载力提高幅度小，工后沉降大，已很少应用
	强夯置换法	采用边填碎石边强夯的方法在地基中形成碎石墩体，由碎石墩、墩间土以及碎石垫层形成复合地基，以提高承载力、减小沉降	粉砂土和软黏土地基等
	石灰桩法	通过机械或人工成孔，在软弱地基中填入生石灰块或生石灰块加其他掺合料，通过石灰的吸水膨胀、放热以及离子交换作用来改善桩间土的物理力学性质，并形成石灰桩复合地基，可提高地基承载力、减少沉降	杂填土、软黏土地基
	气泡混合轻质料填土法	气泡混合轻质料的重度为5~12 kN/m³，具有较好的强度和压缩性能，用作路堤填料可有效减小作用在地基上的荷载，也可减小作用在挡土结构上的侧压力	软弱地基土的填方工程
	EPS超轻质料填土法	发泡聚苯乙烯（EPS）重度只有土的 $\frac{1}{100} \sim \frac{1}{50}$，并具有较好的强度和压缩性能，用作填料，可有效减小作用在地基上的荷载，减小作用在挡土结构上的侧压力，需要时也可置换部分地基土，以达到更好的效果	软弱地基土的填方工程
排水固结	堆载预压法	在地基中设置排水通道——砂垫层和竖向排水系统（竖向排水系统通常有普通砂井、袋装砂井、塑料排水带等），以缩小土体固结排水距离，地基在预压荷载作用下排水固结，地基产生变形，地基土强度提高。卸去预压荷载后再建造建（构）筑物、地基承载力提高，工后沉降小	软黏土、杂填土、泥炭土地基等
	超载预压法	原理基本与堆载预压法相同，不同之处是其预压荷载大于设计使用荷载。超载预压不仅可减少工后固结沉降，还可消除部分工后次固结沉降	
	真空预压法	在软黏土地基中设置排水体系（同堆载预压法），然后在上面形成一不透气层（覆盖不透气密封膜或采取其他措施），通过对排水体系进行长时间不断抽气抽水，在地基中形成负压区，而使软黏土地基产生排水固结，达到提高地基承载力、减小工后沉降的目的	软黏土地基
	真空预压与堆载预压联合作用法	当真空预压法达不到设计要求时，可与堆载预压联合使用，两者的加固效果可叠加	

类别	方法	简要原理	适用范围
排水固结	电渗法	在地基中形成直流电场，在电场作用下，地基土体产生排水固结，达到提高地基承载力、减小工后沉降的目的	软黏土地基
	降低地下水位法	通过降低地下水位，改变地基土受力状态，其效果如堆载预压，使地基上产生排水固结，达到加固目的	砂性土或透水性较好的软黏土层
灌入固化物	深层搅拌法	利用深层搅拌机将水泥浆或水泥粉和地基土原位搅拌形成圆柱状、格栅状或连续墙水泥土增强体，形成复合地基以提高地基承载力，减小沉降，也常用它形成水泥土防渗帷幕。深层搅拌法分喷浆搅拌法和喷粉搅拌法两种	淤泥、淤泥质土、黏性土和粉土等软土地基，有机质含量较高时应通过试验确定适用性
	高压喷射注浆法	利用高压喷射专用机械，在地基中通过高压喷射流冲切土体，用浆液置换部分土体，形成水泥土增强体。按喷射流组成形式，高压喷射注浆法有单管法、二重管法、三重管法。按施工工艺可形成定喷、摆喷和旋喷。高压喷射注浆法可形成复合地基以提高承载力，减少沉降，也常用它形成水泥土防渗帷幕	淤泥、淤泥质土、黏性土、粉土、黄土、砂土、人工填土和碎石土等地基，当含有较多的大块石，或地下水流速较快，或有机质含量较高时应通过试验确定适用性
	渗入性灌浆法	在灌浆压力作用下，将浆液灌入地基中以填充原有孔隙，改善土体的物理力学性质	中砂、粗砂、砾石地基
	劈裂灌浆法	在灌浆压力作用下，浆液克服地基土中初始应力和土的抗拉强度，使地基中原有的孔隙或裂隙扩张，用浆液填充新形成的裂缝和孔隙，改善土体的物理力学性质	岩基或砂、砂砾石、黏性土地基
	挤密灌浆法	在灌浆压力作用下，向土层中压入浓浆液，在地基形成浆泡，挤压周围土体。通过压密和置换改善地基性能。在灌浆过程中因浆液的挤压作用可产生辐射状上抬力，引起地面隆起	常用于可压缩性地基，排水条件较好的黏性土地基
振密、挤密	表层原位压实法	采用人工或机械夯实、碾压或振动，使土体密实。密实范围较浅，常用于分层填筑	杂填土、疏松无黏性土、非饱和黏性土、湿陷性黄土等地基的浅层处理
	强夯法	采用质量为10~40 t的夯锤从高处自由落下，地基土体在强夯的冲击力和振动力作用下密实，可提高地基承载力，减少沉降	碎石土、砂土、低饱和度的粉土与黏性土，湿陷性黄土、杂填土和素填土等地基
	振冲密实法	一方面依靠振冲器的振动使饱和砂层发生液化，砂颗粒重新排列，孔隙减小，另一方面依靠振冲器的水平振动力，加回填料使砂层挤密，从而提高地基承载力，减小沉降，并提高地基土体抗液化能力。振冲密实法可加回填料，也可不加回填料。加回填料又称为振冲挤密碎石桩法	黏粒含量小于10%的疏松砂性土地基

类别	方法	简要原理	适用范围
振密、挤密	挤密砂石桩法	采用振动沉管法等在地基中设置碎石桩，在制桩过程中对周围土层产生挤密作用。被挤密的桩间土和密实的砂石桩形成砂石桩复合地基，达到提高地基承载力、减小沉降的目的	砂土地基、非饱和黏性土地基
	爆破挤密法	利用在地基中爆破产生的挤压力和振动力使地基土密实以提高土体的抗剪强度，提高地基承载力和减小沉降	饱和净砂、非饱和但经灌水饱和的砂、粉土、湿陷性黄土地基
	土桩和灰土桩法	采用沉管法、爆扩法和冲击法在地基中设置土桩或灰土桩，在成桩过程中挤密桩间土，由挤密的桩间土和密实的土桩或灰土桩形成土桩复合地基或灰土桩复合地基，以提高地基承载力和减小沉降。有时为了消除湿陷性黄土的湿陷性	地下水位以上的湿陷性黄土、杂填土、素填土等地基
	夯实水泥土桩法	在地基中人工挖孔，然后填入水泥与土的混合物，分层夯实，形成水泥土桩复合地基，提高地基承载力和减小沉降	
	柱锤冲扩桩法	在地基中采用直径300~500 mm，长2~5 m，质量1~8 t的柱状锤，将地基土层冲击成孔，然后将拌合好的填料分层填入桩孔夯实，形成柱锤冲扩桩复合地基，以提高地基承载力和减小沉降	
	孔内夯扩法	根据工程地质条件，采用人工挖孔，螺旋钻成孔，或振动沉管法等方法在地基成孔，回填灰土、水泥土、矿渣土、碎石等填料，在孔内夯实填料并挤密桩间土，由挤密的桩间土和夯实的填料桩形成复合地基，达到提高地基承载力、减小沉降的目的	
加筋	加筋土垫层法	在地基中铺设加筋材料（如土工织物、土工格栅等、金属板条等）形成加筋土垫层，以增大压力扩散角，提高地基稳定性	筋条间用无黏性土，加筋土垫层可适用各种软弱地基
	加筋土挡墙法	利用在填土中分层铺设加筋材料以提高填土的稳定性，形成加筋土挡墙。挡墙外侧可采用侧面板形式，也可采用加筋材料包裹形式	应用于填土挡土结构
	土钉墙法	通常采用钻孔、插筋、注浆在土层中设置土钉，也可直接将杆件插入土层中，通过土钉和土形成加筋土挡墙，以维持和提高土坡稳定性	在软黏土地基极限支护高度5 m左右，砂性土地基应配以降水措施。极限支护高度与土体抗剪强度和边坡坡度有关
	锚杆支护法	锚杆通常由锚固段、非锚固段和锚头三部分组成。锚固段处于稳定土层，可对锚杆施加预应力，用于维持边坡稳定	软黏土地基中应慎用

类别	方 法	简要原理	适用范围
加筋	锚定板挡土结构	由墙面、钢拉杆、锚定板和填土组成。锚定板处在填土层,可提供较大的锚固力。锚定板挡土结构用于填土支挡结构	应用于填土挡土结构
	树根桩法	在地基中设置如树根状的微型灌注桩(直径70~250 mm),提高地基承载力或土坡的稳定性	各类地基
	低强度混凝土桩复合地基法	在地基中设置低强度混凝土桩,与桩间土形成复合地基,提高地基承载力,减小沉降	各类深厚软弱地基
	钢筋混凝土桩复合地基法	在地基中设置钢筋混凝土桩,与桩间土形成复合地基,提高地基承载力,减小沉降	
	长短桩复合地基	由长桩和短桩与桩间土形成复合地基,提高地基承载力。减小沉降。长桩和短桩可采用同一桩型,也可采用两种桩型。通常长桩采用刚度较大的桩型,短桩采用柔性桩或散体材料桩	深厚软弱地基
冷热处理	冻结法	冻结土体,改善地基土截水性能,提高土体抗剪强度,形成挡土结构或止水帷幕	饱和砂土或软黏土,做施工临时措施
	烧结法	钻孔加热或焙烧,减少土体含水量,减少压缩性,提高土体强度,达到地基处理目的	软黏土、湿陷性黄土,适用于有富余热源的地区
托换	基础加宽法	通过加大原建筑物基础底面积,减小基底接触压力,使原地基承载力满足要求,达到加固目的	原建筑物地基承载力不满足要求,但原天然地基承载力较高
	桩式托换法	在原建筑物基础下设置钢筋混凝土桩以提高承载力、减小沉降,达到加固目的。按设置桩的方法分静压桩法、树根桩法和其他桩式托换法。静压桩法又可分为锚杆静压桩法和坑式静压桩法等	原建筑物地基承载力不满足要求,但原天然地基承载力也较低
	地基加固法	通过采用高压喷射注浆法、渗入性灌浆法、劈裂灌浆法、挤密灌浆法、石灰桩法等地基加固技术,使原建筑物地基承载力满足要求,达到加固目的	
	综合托换法	将两种或两种以上托换方法综合应用达到加固目的	
纠倾和迁移	加载纠倾法	通过堆载或其他加载形式使沉降较小的一侧产生沉降,使不均匀沉降减小,达到纠倾目的	对深厚软土地基较适用
	掏土纠倾法	在建筑物沉降较少的部位以下的地基中或在其附近的外侧地基中掏取部分土体,迫使沉降较少的部分进一步产生沉降,以达到纠倾的目的	各类不良地基

类别	方 法	简要原理	适用范围
纠倾和迁移	顶升纠倾法	在墙体中设置顶升梁，通过千斤顶顶升整幢建筑物，不仅可以调整不均匀沉降，还可整体顶升至要求标高	各类不良地基
	综合纠倾法	将加固地基与纠倾结合，或将几种方法综合应用。如综合应用静压锚杆法和顶升法、静压锚杆法和掏土法	
	迁 移	将整幢建筑物与原地基基础分离，通过顶推或牵拉，移到新的位置	需要迁移的建筑物

三、地基处理方法选用原则和规划程序

地基处理工程要做到确保工程质量、经济合理和技术先进。

我国地域辽阔，工程地质条件千变万化，各地施工机械条件、技术水平、经验积累以及建筑材料品种、价格差异很大，在选用地基处理方法时一定要因地制宜，具体工程具体分析，要充分发挥地方优势，利用地方资源。地基处理方法很多，每种处理方法都有一定的适用范围、局限性和优缺点。没有一种地基处理方法是万能的。在引用外地或外单位某一方法时应该克服盲目性，注意地区特点，因地制宜是选用地基处理方法的一项重要的选用原则。

地基处理规划程序建议按图5-18所示的程序进行。在介绍地基处理规划程序时，进一步说明地基处理方法的选用原则。

首先，根据建（构）筑物对地基的各种要求和天然地基条件确定地基是否需要处理。若天然地基能够满足建（构）筑物的要求时，应尽量采用天然地基。若天然地基不能满足建（构）筑物的要求，则需要确定进行地基处理的天然地基的范围以及地基处理的要求。

当天然地基不能满足建（构）筑物对地基要求时，应将上部结构、基础和地基统一考虑。在考虑地基处理方案时，应重视上部结构、基础和地基的共同作用。在确定地基处理方案时，应同时考虑只对地基进行处理的方案，或选用加强上部结构刚度和地基处理相结合的方案，否则不仅会造成浪费还可能带来不良后果。

在确定具体地基处理方案前，首先应根据天然地基的工程地质和水文地质条件、地基处理方法的原理、过去的经验和机具设备、材料条件，进行地基处理方案的可行性研究，提出多种技术上可行的方案。然后，对提出的多种方案进行技术、经济、进度等方面的比较分析，并考虑环境保护要求，确定采用一种或几种地基处理方法。这也是地基处理方案的优化过程。最后，根据初步确定的地基处理方案，根据需要决定是否进行小型现场试验或补充检查。之后进行施工设计以及地基处理施工。施工过程中要进行监测、检测，如有需要还应进行反分析，根据情况可对设计进行修改、补充。

实践表明，这是比较恰当的地基处理规划程序。

这里需要重视对天然地基工程地质条件的详细了解。许多由地基问题造成的工程事故，或地基处理达不到预期目的，往往是由于对工程地质条件了解不够全面。详细的工程地质勘察是判断天然地基能否满足建（构）筑物对地基要求的重要依据之一。如果需要进

```
        ┌──────────────────┐      ┌──────────────┐
        │ 建（构）筑物对地基要求 │──────│  天然地基要求  │
        └──────────────────┘      └──────────────┘
                    │
            ┌───────────────┐         ┌──────────┐
            │ 天然地基        │  满足    │          │
            │ 是否           │────────│ 天然地基  │
            │ 满足要求       │         └──────────┘
            └───────────────┘
                    │ 不满足
  ┌──────────────┐  │
  │ 机具、材料条件 │──┤  ┌──────────┐
  └──────────────┘  │  │ 地基处理  │
  ┌──────────────┐  │  └──────────┘
  │ 经验、教训     │──┤
  └──────────────┘  │  ┌──────────────────┐
  ┌──────────────┐  │  │ 处理方案可行性研究，│
  │ 地基处理原理   │──┘  │ 提出多种可行方案   │
  └──────────────┘     └──────────────────┘
                    │
            ┌──────────────────┐
            │ 技术、经济、进度比较分析，│
            │ 并满足环保要求       │
            └──────────────────┘
  ┌──────────────┐  │
  │ 必要时进行现场 │──┤  ┌──────────┐
  │ 试验、补充调查 │  │  │ 地基处理设计 │
  └──────────────┘  │  └──────────┘
                    │
            ┌──────────┐
            │ 地基处理施工 │         ┌──────────┐
            └──────────┘         │ 补救措施  │
                    │            └──────────┘
            ┌──────────────────┐
            │ 质量检验是否符合要求 │ 不符合要求
            └──────────────────┘
                    │ 符合要求
            ┌──────────┐
            │ 人工地基  │
            └──────────┘
```

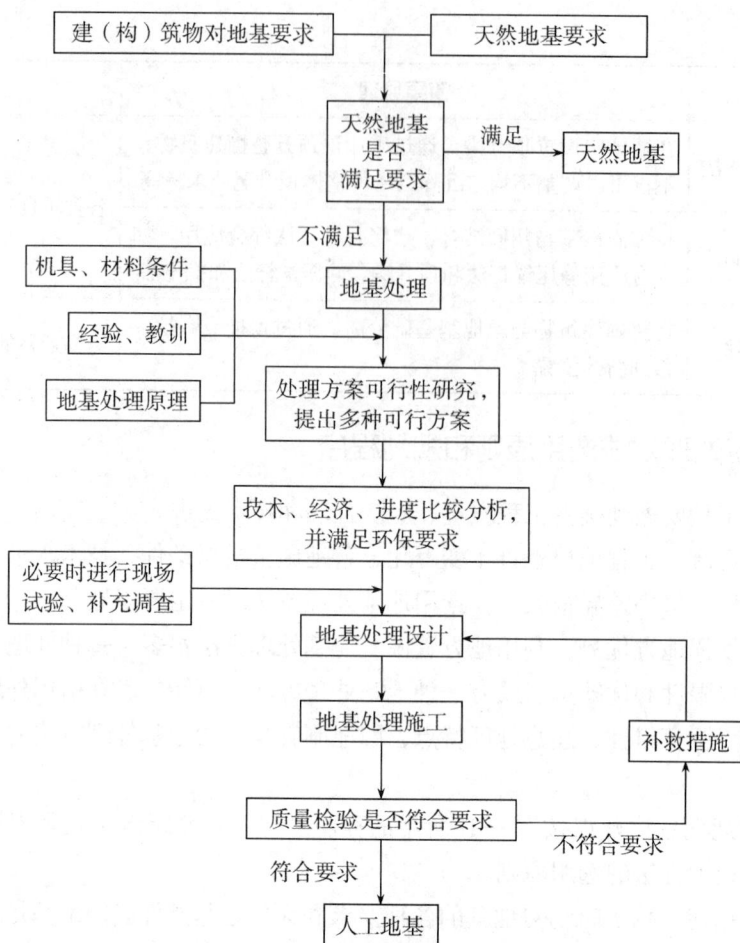

图5-18　地基处理规划程序

行地基处理，详细的工程地质勘察资料是确定合理的地基处理方法的基本资料之一。通过工程地质勘察调查建筑物场地的地形地貌，查明地质条件，包括：岩土的性质、成因类型、地质年代、厚度和分布范围；地基中是否存在明洪、暗洪、古河道、古井、古墓；对于岩层，还应查明风化程度及地层的接触关系，调查天然地层的地质构造，查明水文及工程地质条件，确定有无不良地质现象，如滑坡、崩塌、岩溶、土洞、冲沟、泥石流、岸边冲刷及地震等。测定地基土的物理力学性质指标，包括：天然重度、相对密度、颗粒分析、塑性指数、渗透系数、压缩系数、压缩模量、抗剪强度等。按照要求对场地的稳定性和适宜性，地基的均匀性、承载力和变形特性等进行评价。

　　另外，需要强调地基处理多方案比较。对一具体工程，技术上可行的地基处理方案往往有几个，应通过技术、经济、进度等方面综合分析以及对环境的影响进行地基处理方案优化，以得到较好的地基处理方案。

第六章　结构分析方法论及其哲学思考

　　结构力学是固体力学的一个分支，主要研究工程结构受力和传力的规律，以及如何进行结构优化，是土木工程专业和机械类专业学生必修的学科。结构力学研究的内容包括结构的组成规则，结构在各种效应（外力、温度效应、施工误差及支座变形等）作用下的响应。响应包括内力（轴力、剪力、弯矩、扭矩）的计算，位移（线位移、角位移）的计算，以及结构在动力荷载作用下的动力响应（自振周期、振型）的计算等。结构力学通常有三种分析方法：能量法、力法、位移法。由位移法衍生出的矩阵位移法后来发展为有限元法，成为利用计算机进行结构计算的理论基础。

　　清华大学龙驭球院士几乎终生讲授、研究结构力学。龙院士根据自己对结构力学的体会和升华，于2001年7月20日，在天津大学召开的庆贺刘锡良教授执教50周年暨第一届现代结构工程学术会议上的演讲中，首次提出了"结构力学方法论"的观点。他把结构分析方法从方法论的高度加以阐释，概括为3类9点：

　　（1）分析综合：① 先分后合；② 抓大放小；③ 联合杂交。

　　（2）比较联系：① 等效；② 对偶；③ 比拟。

　　（3）过渡开拓：① 移植；② 广义化；③ 过渡转化。

2012年5月，龙院士在《工程力学》上发表了《结构矩阵分析中的"平衡-几何"互伴定理》，该文阐述了在结构矩阵分析中，"外力-内力"之间的平衡分析及其平衡矩阵 H、"位移-变形"之间的几何分析及其几何矩阵 G 是两大主题和两个主要矩阵。该文提出并论证平衡矩阵 H 与几何矩阵 G 之间的互伴定理，分四点：① 建立杆件单元 e 的平衡矩阵 H^e 和几何矩阵 G^e，指出 H^e 和 G^e 的表示形式不是唯一的，有多种方案可供选择（该文给出方案 I 和方案 II 两种不同形式）；② 指出 H^e 和 G^e 可形成多种组合，其中有的是互伴组合（即 H^e 与 G^e 互为转置矩阵），有的不是互伴组合；③ 建立"平衡-几何"互伴定理：如果所选取的单元内力向量 F_E^e 和单元变形向量 Λ^e 互为共轭向量，则其平衡矩阵 H^e 和几何矩阵 G^e 必为互伴矩阵；④ 应用虚功原理可导出 "平衡-几何"互伴定理。虽然两者的表述形式不同，但两者是互通的。

　　2019年4月，值《工程力学》创刊 35 周年之际，龙院士作为该刊的第一任主编，又欣然撰文《结构力学方法论的哲思回望》，著述自己对结构力学的体会和升华。该文对结构力学中的解法和方法从方法论的角度进行回望。提出三点认识：① 结构力学方法论的文脉是"阴阳-和合"系统；② 结构力学方法论的特色是"成对、互补"似阴阳；③ 虚功能量法的优势是"合一、多能"成太极。此外，还在打通血脉、消除隔阂方面提出两点看法：① 能量法与虚功法之间是"殊途同归、实质相通"的关系；② "平衡"与"几何"两个领域中存在隐晦的"互借、互伴"关系。

第一节 | 结构力学方法论

一、引 言

1. 力学中三个经典方法的启示

（1）有限元法。

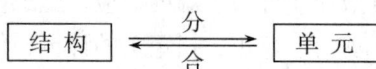

分析综合——化整为零难化易，积零为整复原型。

（2）达朗伯原理。

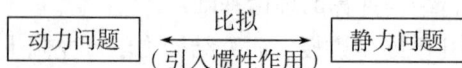

比较联系——以近比远，以浅喻深。

（3）力法。

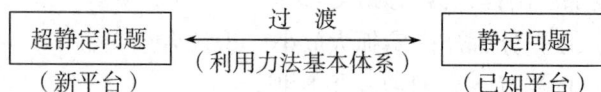

过渡开拓——由已知平台出发，搭起过渡桥梁，登上新平台。

2. 结构力学之道

$$道——\begin{cases} 分（分析综合）：由表及里 \\ 比（比较联系）：由此及彼 \\ 渡（过渡开拓）：由故知新 \end{cases}$$

二、第一类方法——分析综合

1. 先分后合

化整为零难化易，积零为整复原型。

范例：

（1）位移法。

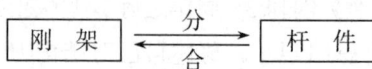

（2）有限元。

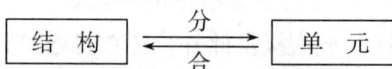

例：弯矩分配法

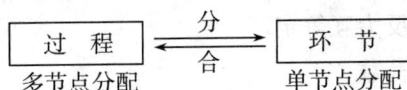

影响线

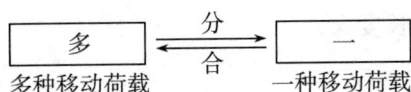

2. 抓大放小

首先分主次，然后定取舍。放小得简化，抓大近原型。

范例：建模——数学模型、物理模型、力学模型（质点、刚体、弹性）、结构计算简图（节点、支座）

例：简化理论　梁的工程理论（平截面假定）

板的经典理论（直法线假定）

刚架实用理论（忽略轴向变形）

简化算法　线性化（非线性→阶段线性）

有限化（无限→有限）

集中化（分布→集中）（塑性铰）

极限化（过程分析→极限分析）（极限荷载）

3. 联合杂交（熔冶百家，自成一格）

博采诸法，联合杂交。扬其所长，避其所短。

范例：

$$\left.\begin{array}{l}\text{力　法}\\\text{位移法}\end{array}\right\}\text{分区混合法}$$

例：桁架

$$\left.\begin{array}{l}\text{节点法}\\\text{截面法}\end{array}\right\}\text{联合}$$

影响线

$$\left.\begin{array}{l}\text{静力法}\\\text{机动法}\end{array}\right\}\text{联合}$$

能量原理

$$\left.\begin{array}{l}\text{势能原理}\\\text{余能原理}\end{array}\right\}\text{混合能量原理}$$

三、第二类方法——比较联系

1. 等效

等效替换，以简代繁。

例：互等定理　功互等定理

位移互等定理

$$反力互等定理$$
$$位移反力互等定理$$

例：有限元　等效节点荷载

　　动　力　等效质量

　　稳　定　压杆计算长度

2. 对偶

力学中有对偶，诗文中有对联。一唱一和，举一知二。

范例：四副对联

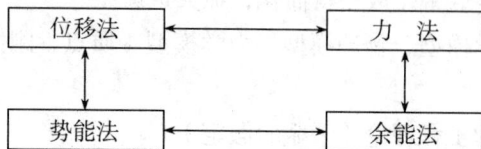

```
位移法  ←――――→   力 法
  ↑                  ↑
  ↓                  ↓
势能法  ←――――――  余能法
```

例：刚度矩阵←――→柔度矩阵

　　加约束←――→减约束

　　虚位移方程←――→虚力方程

　　单位位移法←――→单位荷载法

　　卡氏第一定理←――→卡氏第二定理

　　几何组成顺序←――→受力分析顺序

3. 比拟

力学中的比拟，诗文中的比喻。以近喻远，以浅喻深。

范例：达朗伯原理　动力计算→静力计算

　　　　仿生学　第一架飞机→蜻蜓

例如：影响线　内力影响线→位移图

　　　索比拟　拱合理轴线→索平衡曲线

　　　零载法　复杂桁架构造分析→零载下受力分析

　　　共轭梁　梁的位移→共轭梁内力

四、第三类方法——过渡开拓

1. 移植

移植水仙花，东西南北中；移根不带叶，弃形取其神。

范例：结构矩阵分析→有限元

例：迭代解法→弯矩分配法

　　特征值→临界荷载

　　　　　　固有频率

　　梁的初参数法→梁振动初参数法

2. 广义化

概念和方法，延伸广义化。应用面更广，理论上升华。

范例：位移→广义位移

　　　力→广义力

例：质量矩阵→广义质量矩阵

　　刚度矩阵→广义刚度矩阵

　　力法　静定基本结构→超静定基本结构

　　位移法　简单单元→复杂单元、子结构

　　有限元　协调元→广义协调元

　　变分原理→广义变分原理

3. 过渡转化

过渡法——由故到新，由已知领域过渡到新领域的方法。从已知平台出发，向新平台过渡。搭设过渡桥梁，找出转化条件。利用已有知识和转化条件解决新问题。

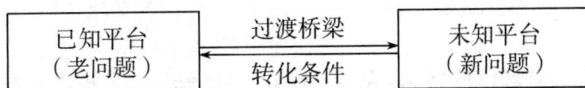

范例：力法

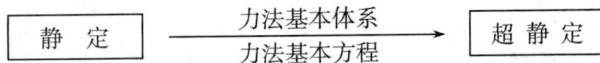

例：位移法

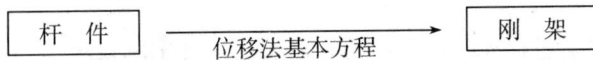

振型分解法

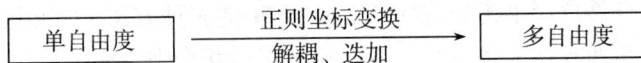

等参元

正如中国科学院院士吴文俊在《论"数学机械化方法"》中指出的那样："把质的困难转化为量的复杂。"

五、结　语

（1）创新之道，强调三条：

① 以分析为基础的分合法——分；

② 以对比为特征的联系法——比；

③ 以过渡为重点的开拓法——渡。

（2）典故一：庄子《庖丁解牛》（图谈解剖）。

最初：只见全牛（低水平：铁板一块，无处下刀）→"目无全牛"（高水平：看透了，游刃有余）。

看透了——皮肉内有骨骼，骨骼中有关节，关节处有缝隙。

游刃有余——在关节缝隙处下刀。

（3）典故二：（唐）王建《新嫁娘词》（谈过渡）。

三日入厨下，洗手作羹汤。未谙姑食性，先遣小姑尝。

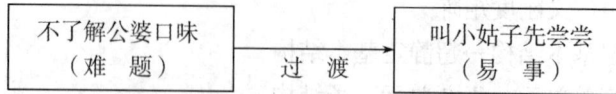

```
┌─────────────┐          ┌─────────────┐
│ 不了解公婆口味 │          │ 叫小姑子先尝尝 │
│   （难 题）   │── 过 渡 ──│   （易 事）   │
└─────────────┘          └─────────────┘
```

（4）两个典故合成一副对联。

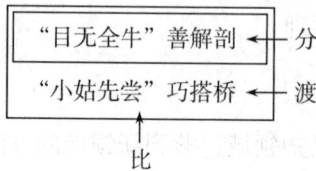

```
┌──────────────────────┐
│ "目无全牛"善解剖 ──── 分 │
│                        │  比
│ "小姑先尝"巧搭桥 ──── 渡 │
└──────────────────────┘
```

第二节　结构矩阵分析中的"平衡–几何"互伴定理

计算机技术的日新月异促使力学学科不断发展更新。在《结构力学》教材中，结构矩阵分析已成为核心内容。在有限元著作中，新型有限元更加显露身影。能量原理也有新论问世。

在结构力学中，力系平衡分析和变形几何分析被称为学科中的"两翼"。在结构矩阵分析中，"外力–内力"之间的平衡矩阵H、"位移–变形"之间的几何矩阵G是两个主要矩阵。本书建立了杆件单元平衡矩阵H和几何矩阵G的多种方案，将矩阵H与G之间的关系明确地区分为互伴与非互伴两类不同关系，首次提出并严密论证了结构矩阵分析中的"平衡–几何"互伴定理及其充分必要条件，具有理论和应用价值。

一、单元平衡矩阵及其两种方案

现讨论单元e的平衡分析，采用局部坐标系Oxy（图6-1）。单元两端有6个杆端力，组成单元杆端力向量$\overline{F}^e$如下

$$\overline{F}^e = \begin{bmatrix} \overline{F}_{x1} & \overline{F}_{y1} & M_1 & \vdots & \overline{F}_{x2} & \overline{F}_{y2} & M_2 \end{bmatrix}^\mathrm{T} \tag{6-1}$$

单元处于平衡状态时，力系应满足 3 个平衡条件，因此，$\overline{F}^e$中的 6 个分量可用3个基本内力参数表示（下标E表示"平衡"）

$$F_\mathrm{E}^e = \begin{bmatrix} X_1 & X_2 & X_3 \end{bmatrix}^\mathrm{T} \tag{6-2}$$

基本内力参数X_1，X_2，X_3的选取方式可以是多样的。下面选取两种常用方案（方案Ⅰ和方案Ⅱ）进行讨论。

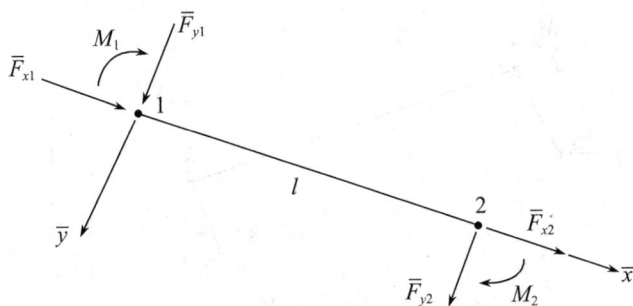

图6-1　单元杆端力（局部坐标系）

1. 方案Ⅰ——单元内力向量 F_{EI}^{e} 和单元平衡矩阵 $\overline{H}_{\mathrm{I}}^{e}$

现采用方案Ⅰ：把轴力 F_{N} 和弯矩 M_1、弯矩 M_2 选为3个基本内力参数，如图6-2所示。其中的实线杆端力表示3个选定的基本内力参数，虚线杆端力表示根据平衡条件求得的其余3个杆端力。因此方案Ⅰ选定的基本内力参数组成的向量为

$$F_{\mathrm{EI}}^{e} = \begin{bmatrix} F_{\mathrm{N}_1} & M_1 & M_2 \end{bmatrix}^{\mathrm{T}} \tag{6-3}$$

下面对3个基本内力参数分别进行讨论。

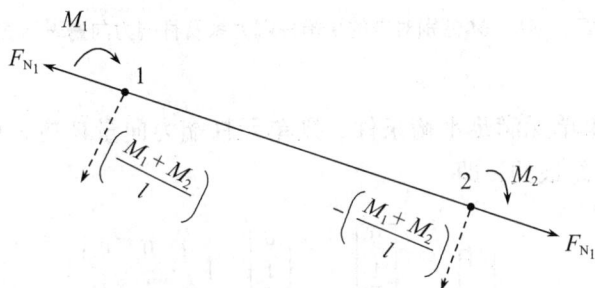

图6-2　单元基本内力参数（方案Ⅰ）

先看参数 F_{N_1}。图6-3（a）给出了参数 F_{N_1} 对应的平衡杆端力系及杆端力向量表示式

$$F_{\mathrm{N}_1} = \begin{bmatrix} -1 & 0 & 0 & \vdots & 1 & 0 & 0 \end{bmatrix}^{\mathrm{T}}$$

再看参数 M_1 和 M_2，图6-3（b）和图6-3（c）给出了参数 M_1 和 M_2 对应的平衡杆端力系及杆端力向量表示式

$$M_1 = \begin{bmatrix} 0 & \dfrac{1}{l} & 1 & \vdots & 0 & \dfrac{-1}{l} & 0 \end{bmatrix}^{\mathrm{T}}$$

$$M_2 = \begin{bmatrix} 0 & \dfrac{1}{l} & 0 & \vdots & 0 & \dfrac{-1}{l} & 1 \end{bmatrix}^{\mathrm{T}}$$

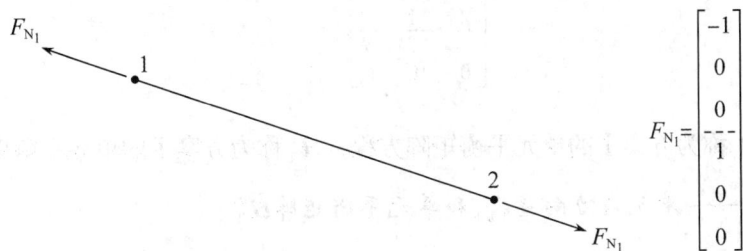

$$F_{\mathrm{N}_1} = \begin{bmatrix} -1 \\ 0 \\ 0 \\ \hline 1 \\ 0 \\ 0 \end{bmatrix}$$

（a）参数 F_{N_1}

$$M_1 = \begin{bmatrix} 0 \\ \dfrac{1}{l} \\ \dfrac{1}{l} \\ 0 \\ -\dfrac{1}{l} \\ 0 \end{bmatrix}$$

（b）参数 M_1

$$M_2 = \begin{bmatrix} 0 \\ \dfrac{1}{l} \\ 0 \\ 0 \\ -\dfrac{1}{l} \\ 1 \end{bmatrix}$$

（c）参数 M_2

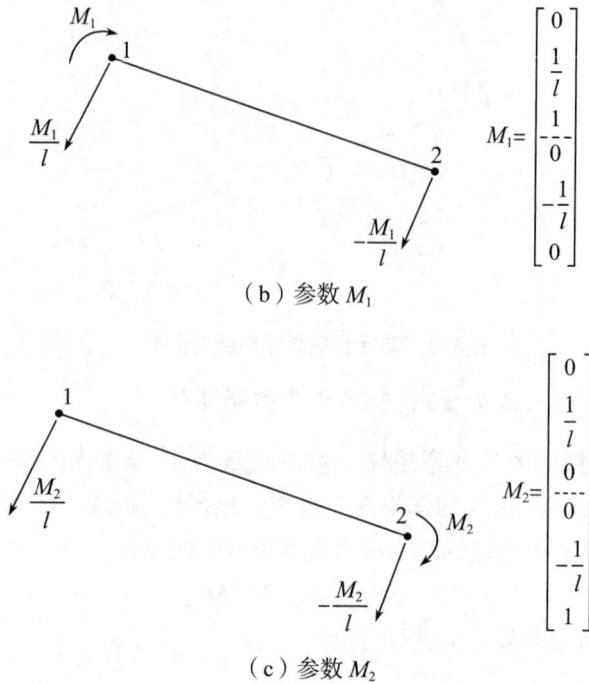

图6-3　参数F_{N_1}，M_1，M_2分别对应的平衡杆端力系及杆端力向量表示式（方案Ⅰ）

综合起来，如果单元满足平衡条件，则单元杆端力向量$\overline{\boldsymbol{F}}^e$应是由图6-3中3个基本"平衡杆端力向量"组成的，即

$$\overline{\boldsymbol{F}}^e = F_{N_1}\begin{bmatrix} -1 \\ 0 \\ 0 \\ 1 \\ 0 \\ 0 \end{bmatrix} + M_1\begin{bmatrix} 0 \\ \dfrac{1}{l} \\ \dfrac{1}{l} \\ 0 \\ -\dfrac{1}{l} \\ 0 \end{bmatrix} + M_2\begin{bmatrix} 0 \\ \dfrac{1}{l} \\ 0 \\ 0 \\ -\dfrac{1}{l} \\ 1 \end{bmatrix} = \begin{bmatrix} -1 & 0 & 0 \\ 0 & \dfrac{1}{l} & \dfrac{1}{l} \\ 0 & \dfrac{1}{l} & 0 \\ 1 & 0 & 0 \\ 0 & -\dfrac{1}{l} & -\dfrac{1}{l} \\ 0 & 0 & 1 \end{bmatrix}\begin{bmatrix} F_{N_1} \\ M_1 \\ M_2 \end{bmatrix} \tag{6-4}$$

即

$$\overline{\boldsymbol{F}}^e = \overline{\boldsymbol{H}}_{\mathrm{I}}^e\, \boldsymbol{F}_{\mathrm{EI}}^e \tag{6-5}$$

其中

$$\overline{\boldsymbol{H}}_{\mathrm{I}}^e = \begin{bmatrix} -1 & 0 & 0 \\ 0 & \dfrac{1}{l} & \dfrac{1}{l} \\ 0 & \dfrac{1}{l} & 0 \\ 1 & 0 & 0 \\ 0 & -\dfrac{1}{l} & -\dfrac{1}{l} \\ 0 & 0 & 1 \end{bmatrix} \tag{6-6}$$

式（6-5）称为方案Ⅰ的单元平衡矩阵方程，$\overline{\boldsymbol{H}}_{\mathrm{I}}^e$称为方案Ⅰ的单元平衡矩阵。

2. 方案Ⅱ——单元内力向量$\boldsymbol{F}_{\mathrm{EII}}^e$和单元平衡矩阵$\overline{\boldsymbol{H}}_{\mathrm{II}}^e$

现采用方案Ⅱ：把轴力F_{N_1}、剪力F_{Q_1}和弯矩M_1选为3个基本内力参数，如图6-4所示。

因此方案Ⅱ选定的基本内力参数组成的向量为

$$\boldsymbol{F}_{\mathrm{E}Ⅱ}^{e}=\begin{bmatrix} F_{\mathrm{N}_1} & F_{\mathrm{Q}_1} & M_1 \end{bmatrix}^{\mathrm{T}} \tag{6-7}$$

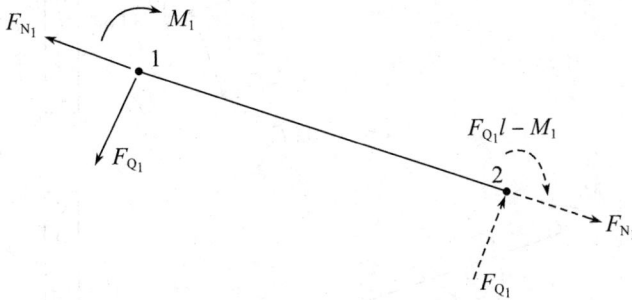

图6-4 单元基本内力参数（方案Ⅱ）

图6-5（a）、图6-5（b）、图6-5（c）给出参数F_{N_1}，F_{Q_1}，M_1分别对应的平衡杆端力系及杆端力向量表示式。综合起来，方案Ⅱ的单元平衡矩阵方程为

$$\overline{\boldsymbol{F}}^{e}=\begin{bmatrix} -1 & 0 & 0 \\ 0 & 1 & 0 \\ 0 & 0 & 1 \\ \hline 1 & 0 & 0 \\ 0 & -1 & 0 \\ 0 & l & -1 \end{bmatrix}\begin{bmatrix} F_{\mathrm{N}_1} \\ F_{\mathrm{Q}_1} \\ M_1 \end{bmatrix} \tag{6-8}$$

即

$$\overline{\boldsymbol{F}}^{e}=\overline{\boldsymbol{H}}_{Ⅱ}^{e}\boldsymbol{F}_{\mathrm{E}Ⅱ}^{e} \tag{6-9}$$

其中，$\overline{\boldsymbol{H}}_{Ⅱ}^{e}$为方案Ⅱ的单元平衡矩阵

$$\overline{\boldsymbol{H}}_{Ⅱ}^{e}=\begin{bmatrix} -1 & 0 & 0 \\ 0 & 1 & 0 \\ 0 & 0 & 1 \\ \hline 1 & 0 & 0 \\ 0 & -1 & 0 \\ 0 & l & -1 \end{bmatrix} \tag{6-10}$$

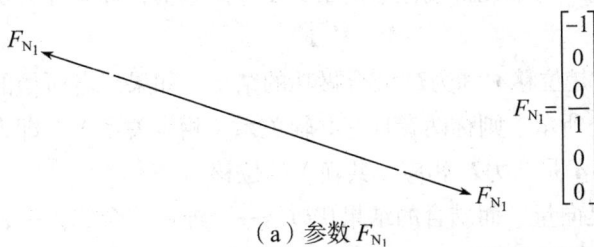

（a）参数F_{N_1}

图6-5 参数F_{N_1}，F_{Q_1}，M_1分别对应的平衡杆端力系及杆端力向量表示式（方案Ⅱ）

$$F_{Q_1} = \begin{bmatrix} 0 \\ 1 \\ 0 \\ 0 \\ -1 \\ l \end{bmatrix}$$

（b）参数 F_{Q_1}

$$M_1 = \begin{bmatrix} 0 \\ 0 \\ 1 \\ 0 \\ 0 \\ -1 \end{bmatrix}$$

（c）参数 M_1

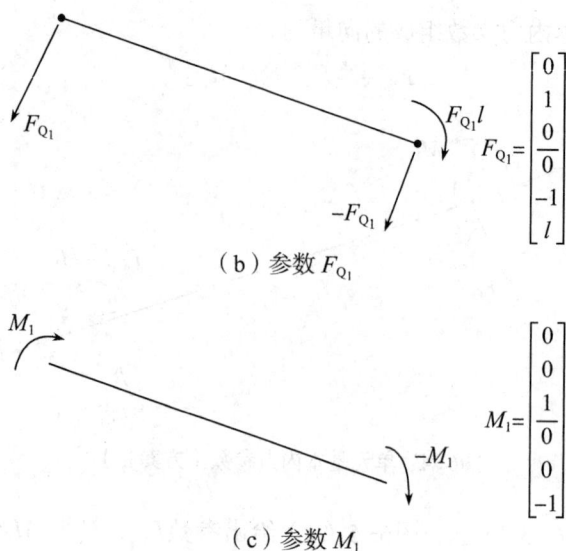

图6-5（续）　参数F_{N_1}，F_{Q_1}，M_1分别对应的平衡杆端力系及杆端力向量表示式（方案Ⅱ）

二、单元几何矩阵及其两种方案

上节讲了平衡分析，现在讲几何分析，仍采用局部坐标系。单元两端共有6个杆端位移分量（图6-6），组成的单元杆端位移向量$\overline{\Delta}^e$为

$$\overline{\Delta}^e = \begin{bmatrix} \overline{u}_1 & \overline{v}_1 & \theta_1 & \overline{u}_2 & \overline{v}_2 & \theta_2 \end{bmatrix}^T \tag{6-11}$$

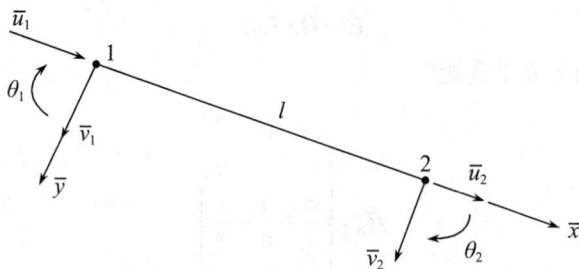

图6-6　单元杆端位移（局部坐标系）

单元杆端力向量$\overline{F}^e$与单元杆端位移向量$\overline{\Delta}^e$相伴而做功，称为外力功W，即

$$W = \overline{\Delta}^{eT} \overline{F}^e \tag{6-12}$$

由此看出：功W是位移$\overline{\Delta}^e$和力$\overline{F}^e$结合做功的结果。如果二者所做的功正好等于二者的乘积，如式（6-12）所示，则称两者具有共轭关系（相应关系）。即力$\overline{F}^e$是与位移$\overline{\Delta}^e$相应（共轭）的力，位移$\overline{\Delta}^e$是与力$\overline{F}^e$相应（共轭）的位移。

二者$\overline{\Delta}^e$和$\overline{F}^e$都是向量，而结合的结果W却是一个纯量。合二为一，化繁为易，这正是虚功概念和虚功原理的魅力所在。

单元杆端位移向量$\overline{\Delta}^e$有6个位移分量，包括有3个刚体位移分量和3个非刚体位移分量（称为变形分量）。它们组成单元变形向量Δ^e。

单元内力向量 $\boldsymbol{F}_E^e$ 代表平衡力系。平衡力系在 3 个刚体位移分量上不做功，而只与单元变形向量 $\boldsymbol{\varLambda}^e$ 相伴做功，称为内力功 W_i，设内力 $\boldsymbol{F}_E$ 与变形向量 $\boldsymbol{\varLambda}^e$ 之间为共轭关系，则

$$W_i = \boldsymbol{\varLambda}^{e\mathrm{T}} \boldsymbol{F}_E^e \tag{6-13}$$

前已指出，内力向量 $\boldsymbol{F}_E^e$ 有多种选取方案。因此，变形向量 $\boldsymbol{\varLambda}^e$ 也有多种选取方案。下面对方案 I 和方案 II 分别讨论。

1. 方案 I——单元变形向量 $\boldsymbol{\varLambda}^e$ 和单元几何矩阵 $\overline{\boldsymbol{G}}_I^e$

设单元内力向量已经按照方案 I 选定为 $\boldsymbol{F}_{EI}^e$，如式（6-3）所示。现拟确定与之共轭的方案 I 单元变形向量 $\boldsymbol{\varLambda}^e$。这二者的共轭关系为

$$W_i = \boldsymbol{\varLambda}_I^{e\mathrm{T}} \boldsymbol{F}_{EI}^e \tag{6-14}$$

下面，将式（6-12）的外力功 W 转换成式（6-14）的内力功 W_i，这里需进行两次转换。首先利用平衡方程

$$\overline{\boldsymbol{F}}^e = \overline{\boldsymbol{H}}_I^e \boldsymbol{F}_{EI}^e \tag{6-15}$$

把外力 $\overline{\boldsymbol{F}}^e$ 转换成内力 $\boldsymbol{F}_{EI}^e$，将式（6-15）代入式（6-12），得

$$W = \overline{\boldsymbol{\varDelta}}^{e\mathrm{T}} \left(\overline{\boldsymbol{H}}_I^e \boldsymbol{F}_{EI}^e \right) = \left[\begin{array}{cccc} \overline{u}_2 - \overline{u}_1 & \theta_1 - \dfrac{\overline{v}_2 - \overline{v}_1}{l} & \theta_2 - \dfrac{\overline{v}_2 - \overline{v}_1}{l} \end{array} \right] \boldsymbol{F}_{eI}^e \tag{6-16}$$

再进行第二次转换。为了使外力功 W 转换成内力功 W_i，应使式（6-16）右边转换成式（6-14）右边。因此，令

$$\left[\begin{array}{cccc} \overline{u}_2 - \overline{u}_1 & \theta_1 - \dfrac{\overline{v}_2 - \overline{v}_1}{l} & \theta_2 - \dfrac{\overline{v}_2 - \overline{v}_1}{l} \end{array} \right] = \boldsymbol{\varLambda}_I^{e\mathrm{T}} \tag{6-17}$$

将式（6-17）代入式（6-16），并与式（6-14）对照，即得

$$W = W_i \tag{6-18}$$

至此，外力功 W 已转换成内力功 W_i。

方案 I 的单元变形向量 $\boldsymbol{\varLambda}_I^e$ 的定义见式（6-17），它有 3 个分量，可写成

$$\boldsymbol{\varLambda}_I^{e\mathrm{T}} = \left[\begin{array}{ccc} \lambda & \beta_1 & \beta_2 \end{array} \right] \tag{6-19}$$

其中 3 个变形分量（图 6-7）分别为

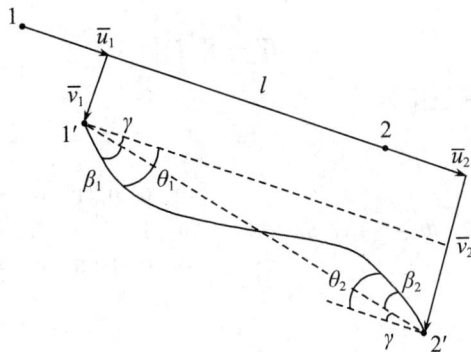

图6-7　单元的 3 个变形分量（方案 I）

$$\begin{cases} \lambda = \bar{u}_2 - \bar{u}_1 = \text{沿轴线12的伸长变形} \\ \beta_1 = \theta_1 - \gamma = \text{杆端1相对于新轴线1'2'的转角} \\ \beta_2 = \theta_2 - \gamma = \text{杆端2相对于新轴线1'2'的转角} \end{cases} \qquad (6\text{-}20)$$

式中，$\gamma = \dfrac{\bar{v}_2 - \bar{v}_1}{l}$，为新老轴线之间的夹角。

由式（6-19）、式（6-20）可知，$\boldsymbol{\Lambda}_\mathrm{I}^e$中的3个变形分量$\lambda$，$\beta_1$，$\beta_2$是3个广义位移，它们与$\boldsymbol{F}_{\mathrm{EI}}^e$中的3个广义力$F_{\mathrm{N}_1}$，$M_1$，$M_2$保持共轭关系，如式（6-14）所示。式（6-17）还可写成

$$\boldsymbol{\Lambda}_\mathrm{I}^e = \begin{bmatrix} -1 & 0 & 0 & 1 & 0 & 0 \\ 0 & \dfrac{1}{l} & 1 & 0 & -\dfrac{1}{l} & 0 \\ 0 & \dfrac{1}{l} & 0 & 0 & -\dfrac{1}{l} & 1 \end{bmatrix} \begin{bmatrix} \bar{u}_1 \\ \bar{v}_1 \\ \theta_1 \\ \bar{u}_2 \\ \bar{v}_2 \\ \theta_2 \end{bmatrix}$$

即

$$\boldsymbol{\Lambda}_\mathrm{I}^e = \overline{\boldsymbol{G}}_\mathrm{I}^e \overline{\boldsymbol{\Delta}}^e \qquad (6\text{-}21)$$

其中

$$\overline{\boldsymbol{G}}_\mathrm{I}^e = \begin{bmatrix} -1 & 0 & 0 & 1 & 0 & 0 \\ 0 & \dfrac{1}{l} & 1 & 0 & -\dfrac{1}{l} & 0 \\ 0 & \dfrac{1}{l} & 0 & 0 & -\dfrac{1}{l} & 1 \end{bmatrix} \qquad (6\text{-}22)$$

式（6-21）称为方案Ⅰ的单元几何矩阵方程，$\overline{\boldsymbol{G}}_\mathrm{I}^e$称为方案Ⅰ的单元几何矩阵。

2. 方案Ⅱ——单元变形向量$\boldsymbol{\Lambda}_\mathrm{II}^e$和单元几何矩阵$\overline{\boldsymbol{G}}_\mathrm{II}^e$

按方案Ⅱ选定单元内力向量$\boldsymbol{F}_{\mathrm{EII}}^e$，如式（6-7）所示。将式（6-9）代入式（6-12）中，得

$$W = \overline{\boldsymbol{\Delta}}^{e\mathrm{T}}\left(\overline{\boldsymbol{H}}_\mathrm{II}^e \boldsymbol{F}_{\mathrm{EII}}^e\right) = \begin{bmatrix} \bar{u}_2 - \bar{u}_1 & l\theta_2 - \bar{v}_2 + \bar{v}_1 & \theta_1 - \theta_2 \end{bmatrix} \boldsymbol{F}_{\mathrm{EII}}^e \qquad (6\text{-}23)$$

由于$W = W_\mathrm{i}$，又

$$W_\mathrm{i} = \boldsymbol{\Lambda}_\mathrm{II}^{e\mathrm{T}} \boldsymbol{F}_{\mathrm{EII}}^e \qquad (6\text{-}24)$$

故知方案Ⅱ的单元变形向量$\boldsymbol{\Lambda}_\mathrm{II}^e$为

$$\boldsymbol{\Lambda}_\mathrm{II}^e = \begin{bmatrix} \bar{u}_2 - \bar{u}_1 & l\theta_2 - \bar{v}_2 + \bar{v}_1 & \theta_1 - \theta_2 \end{bmatrix}^\mathrm{T} = \begin{bmatrix} -1 & 0 & 0 & 1 & 0 & 0 \\ 0 & 1 & 0 & 0 & -1 & l \\ 0 & 0 & 1 & 0 & 0 & -1 \end{bmatrix} \begin{bmatrix} \bar{u}_1 \\ \bar{v}_1 \\ \theta_1 \\ \bar{u}_2 \\ \bar{v}_2 \\ \theta_2 \end{bmatrix} \qquad (6\text{-}25)$$

即

$$\boldsymbol{\Lambda}_\mathrm{II}^e = \overline{\boldsymbol{G}}_\mathrm{II}^e \overline{\boldsymbol{\Delta}}^e \qquad (6\text{-}26)$$

其中

$$\bar{G}_{\text{II}}^e = \begin{bmatrix} -1 & 0 & 0 & \vdots & 1 & 0 & 0 \\ 0 & 1 & 0 & \vdots & 0 & -1 & l \\ 0 & 0 & 1 & \vdots & 0 & 0 & -1 \end{bmatrix} \qquad (6\text{-}27)$$

式（6-26）称为方案 II 的单元几何矩阵方程，$\bar{G}_{\text{II}}^e$ 称为方案 II 的单元几何矩阵。

三、平衡矩阵与几何矩阵的多种方案与两类关系

之前分别对结构的杆件单元进行了平衡分析和几何分析，分别导出了单元平衡矩阵 $\bar{H}^e$ 和单元几何矩阵 $\bar{G}^e$ 的两种方案。现将两者综合比较，得出以下几点结论。

1. 矩阵 $\bar{H}^e$ 和矩阵 $\bar{G}^e$ 各有多种表示方案

单元平衡矩阵 $\bar{H}^e$ 和单元几何矩阵 $\bar{G}^e$ 的表示形式不是唯一的，有多种方案可供选择。书中详细推导了方案 I 和方案 II 两种不同形式，给出了 $\bar{H}_{\text{I}}^e$，$\bar{H}_{\text{II}}^e$ 和 $\bar{G}_{\text{I}}^e$，$\bar{G}_{\text{II}}^e$ 的具体表示形式，即式（6-6）、式（6-10）和式（6-22）、式（6-27）。

2. 矩阵 $\bar{H}^e$ 与矩阵 $\bar{G}^e$ 之间存在两类不同关系（互伴与非互伴关系）

（1）互伴关系——如果 $\bar{H}^e$ 与 $\bar{G}^e$ 互为转置矩阵，则称两者之间存在互伴关系。

例如，由式（6-6）与式（6-22）可知

$$\begin{cases} \bar{H}_{\text{I}}^e = \bar{G}_{\text{I}}^{e\text{T}} \\ \bar{G}_{\text{I}}^e = \bar{H}_{\text{I}}^{e\text{T}} \end{cases} \qquad (6\text{-}28)$$

故知 $\bar{H}_{\text{I}}^e$ 与 $\bar{G}_{\text{I}}^e$ 之间存在互伴关系。

又如，由式（6-10）与式（6-27）可知

$$\begin{cases} \bar{H}_{\text{II}}^e = \bar{G}_{\text{II}}^{e\text{T}} \\ \bar{G}_{\text{II}}^e = \bar{H}_{\text{II}}^{e\text{T}} \end{cases} \qquad (6\text{-}29)$$

故知 $\bar{H}_{\text{II}}^e$ 与 $\bar{G}_{\text{II}}^e$ 之间也存在互伴关系。

（2）非互伴关系——如果 $\bar{H}^e$ 与 $\bar{G}^e$ 不是互为转置矩阵，则称 $\bar{H}^e$ 与 $\bar{G}^e$ 之间不存在互伴关系。

例如，由式（6-6）与式（6-27）得知，$\bar{H}_{\text{I}}^e$ 与 $\bar{G}_{\text{II}}^e$ 之间不存在互伴关系。又如，由式（6-10）与式（6-22）得知，$\bar{H}_{\text{II}}^e$ 与 $\bar{G}_{\text{I}}^e$ 之间也不存在互伴关系。

四、"平衡-几何"互伴定理

"平衡-几何"互伴定理表述如下：如果所选取的内力 F_E^e 和变形 $\varLambda^e$ 之间为共轭关系，则平衡矩阵 $\bar{H}^e$ 和几何矩阵 $\bar{G}^e$ 必互为转置矩阵，即

$$\begin{cases} \bar{H}^e = \bar{G}^{e\text{T}} \\ \bar{G}^e = \bar{H}^{e\text{T}} \end{cases} \qquad (6\text{-}30)$$

式（6-30）称为 $\bar{H}^e$ 和 $\bar{G}^e$ 之间的互伴关系。

下面把"平衡-几何"互伴定理用算式与图式重述如下。

在满足下列前提条件的情况下有：

① 杆端力 $\overline{\pmb{F}}^e$ 与内力 $\pmb{F}_E^e$ 之间的平衡条件

$$\overline{\pmb{F}}^e=\overline{\pmb{H}}\,\pmb{F}_E^e \qquad\qquad\qquad (\text{a})$$

② 杆端位移 $\overline{\pmb{\Delta}}^e$ 与变形 $\pmb{\Lambda}^e$ 之间的几何条件

$$\pmb{\Lambda}^e=\overline{\pmb{G}}^e\overline{\pmb{\Delta}}^e \qquad\qquad\qquad (\text{b})$$

③ 杆端力 $\overline{\pmb{F}}^e$ 与杆端位移 $\overline{\pmb{\Delta}}^e$ 之间为共轭关系，其所做外力功 W 为

$$W=\overline{\pmb{\Delta}}^{e^{\text{T}}}\overline{\pmb{F}}^e \qquad\qquad\qquad (\text{c})$$

如果内力 $\pmb{F}_E^e$ 和变形 $\pmb{\Lambda}^e$ 之间为共轭关系，其所做内力功 W_i 为

$$W_i=\pmb{\Lambda}^{e^{\text{T}}}\pmb{F}_E^e \qquad\qquad\qquad (\text{d})$$

则下列互伴关系成立：

$$\overline{\pmb{H}}^e=\overline{\pmb{G}}^{e^{\text{T}}} \qquad\qquad\qquad (\text{e})$$

除此之外，"平衡-几何"互伴定理还可用图6-8表示。

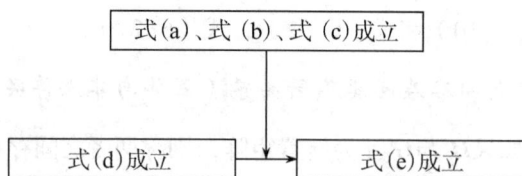

图6-8 "平衡-几何"互伴定理图式

由图6-8看出，在满足前提条件式（a）、式（b）、式（c）的情况下，关键看"内力-变形"共轭关系式（d）是否成立。如果式（d）成立，则互伴关系式（e）必成立。

例如，内力 $\pmb{F}_{EI}^e$ 与变形 $\pmb{\Lambda}_I^e$ 满足共轭关系式（d），故互伴关系式（e）成立，即 $\overline{\pmb{H}}_I^e=\overline{\pmb{G}}_I^{e^{\text{T}}}$。

再例如，内力 $\pmb{F}_{EI}^e$ 与变形 $\pmb{\Lambda}_{II}^e$ 不满足共轭关系式（d），故互伴关系式（e）不成立，即 $\overline{\pmb{H}}_I^e\neq\overline{\pmb{G}}_{II}^{e^{\text{T}}}$。

五、"平衡-几何"互伴定理与虚功原理

"平衡-几何"互伴定理的出现，如何解释？实际上，它是虚功原理的必然结果。

1. 虚功原理的表述

在满足下列前提条件的情况下有：

（1）杆端力 $\overline{\pmb{F}}^e$ 与内力 $\pmb{F}_E^e$ 之间的平衡条件式（a）。

（2）杆端位移 $\overline{\pmb{\Delta}}^e$ 与变形 $\pmb{\Lambda}^e$ 之间的几何条件式（b）。

（3）杆端力 $\overline{\pmb{F}}^e$ 与杆端位移 $\overline{\pmb{\Delta}}^e$ 之间的共轭关系式（c）。

如果内力 $\pmb{F}_E^e$ 和变形 $\pmb{\Lambda}^e$ 之间满足共轭关系式（d），则下列虚功方程成立，

$$\overline{\pmb{\Delta}}^{e^{\text{T}}}\overline{\pmb{F}}^e=\pmb{\Lambda}^{e^{\text{T}}}\pmb{F}_E^e \quad (\text{即}\,W=W_i) \qquad\qquad (\text{f})$$

虚功原理还可用图6-9表示。

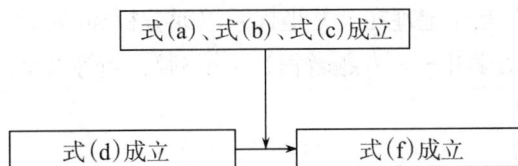

图6-9　虚功原理图式

由图6-9看出，在满足前提条件式（a）、式（b）、式（c）的情况下，关键是看"内力-变形"共轭关系式（d）是否成立。如式（d）成立，则虚功方程式（f）必成立。

例如，内力F_{EI}^e与变形Λ_I^e满足共轭关系式（d），故虚功方程式（f）成立，即$\overline{\Delta}_I^{e\mathrm{T}}\overline{F}^e=\Lambda_I^{e\mathrm{T}}F_{EI}^e$；又如，内力$F_{EI}^e$与变形$\Lambda_{II}^e$不满足共轭关系式（d），故虚功方程式（f）不成立，即$\overline{\Delta}_{II}^{e\mathrm{T}}\overline{F}^e\neq\Lambda_{II}^{e\mathrm{T}}F_{EI}^e$。

2. 由虚功原理导出"平衡-几何"互伴定理

根据虚功原理可知，在满足条件式（a）、式（b）、式（c）、式（d）的情况下，式（f）成立：

$$\overline{\Delta}^{e\mathrm{T}}\overline{F}^e=\Lambda^{e\mathrm{T}}F_E^e \tag{6-31}$$

将式（a）和式（b）代入上式，得

$$\overline{\Delta}^{e\mathrm{T}}(\overline{H}^eF_E^e)=(\overline{\Delta}^{e\mathrm{T}}\overline{G}^{e\mathrm{T}})F_E^e$$

因$\overline{\Delta}^e$和F_E^e具有任意性，故由上式得

$$\overline{H}^e=\overline{G}^{e\mathrm{T}} \tag{6-32}$$

式（6-32）即式（e），故"平衡-几何"互伴关系成立。推导完毕。

六、结　论

本书在结构矩阵分析中，提出并论证了"平衡-几何"互伴定理，把"平衡分析"与"几何分析"两个方面之间深藏的联系揭示了出来，跨越两方，打通两域，具有理论和应用价值。

书中强调了下列新概念：选取单元内力参数F_E^e和变形参数Λ^e时具有多种方案，形成的单元平衡矩阵H^e和几何矩阵G^e具有多种表示方案，内力F_E^e和变形参数Λ^e之间存在共轭与非共轭两种关系，平衡矩阵H^e与几何矩阵G^e之间存在互伴与非互伴两种关系，严密列出"平衡-几何"互伴定理成立的条件并进行严密论证。

关于"平衡-几何"互伴定理在弹性力学、薄板力学、厚板力学中的论述可参看龙驭球等编著的《能量原理新论》（中国建筑工业出版社，2007，第8章）。

C. K. Wang曾经通过几个特例发现了平衡矩阵（文献中用A表示H）与几何矩阵（文献中用B表示G）互为转置矩阵的现象，其缺点是：

（1）没有注意到矩阵H与G具有多种表示方案；

（2）没有注意到H与G之间存在互伴与非互伴两种关系；

（3）没有严密指出互伴定理成立的条件，没有严密的论证。

关于"平衡-几何"互伴定理在公共坐标系单元分析和结构整体分析中的论述可参看龙驭球等主编的《结构力学Ⅱ——专题教程》（第3版，高等教育出版社2008年）

第三节 结构力学方法论的哲思回望

编者从事结构力学课程教学多年，发现这门课程很有特点：它讲的方法多种多样，逻辑分析也较深入，但仍有不足；分析方法讲得多，综合方法比较少；分章分节的内部议论多，融会贯通的跨界讨论少。现借此书谈点想法，希望在融会和合方面有所加强。编者曾与包世华、邢沁妍同志讨论，增添了他们的宝贵意见，在此表示感谢。

一、结构力学方法论的文脉——"阴阳—和合"系统

1."阴阳—和合"系统的图式

"阴阳—和合"系统的图式如图6-10所示。

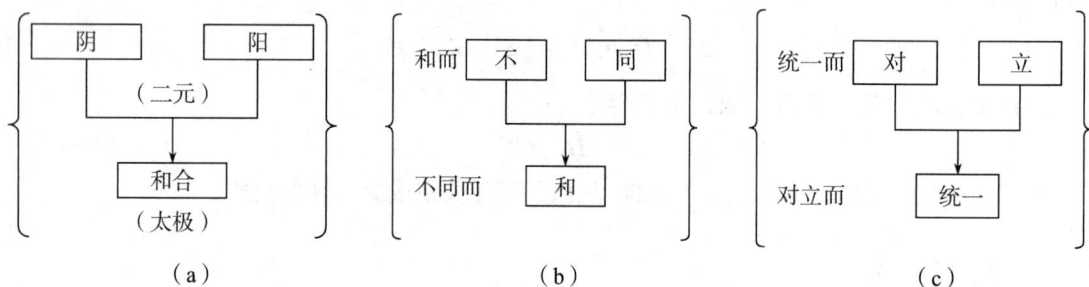

图6-10 "阴阳—和合"系统的图式

2.结构力学中的范例

结构力学中的范例如图6-11所示。

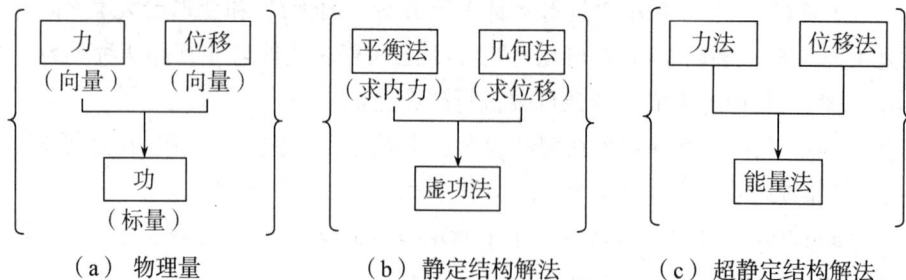

图6-11 结构力学中的范例

3.其他范例

其他范例如图6-12所示。

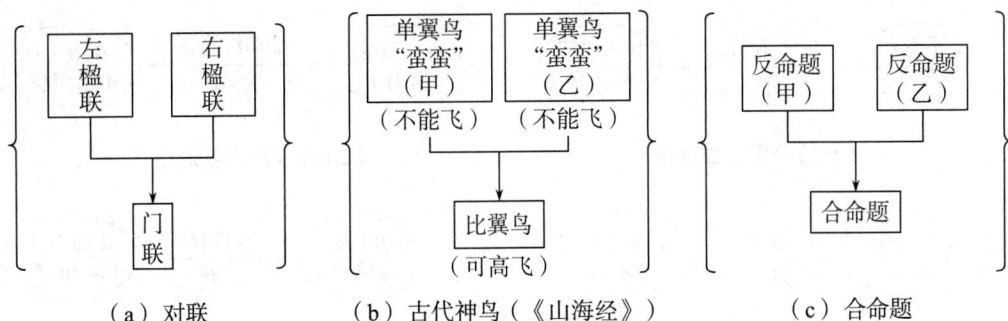

（a）对联　　　　（b）古代神鸟（《山海经》）　　　　（c）合命题

图6-12　其他范例

冯友兰在《中国哲学简史》中谈"合命题"："把一些反命题统一成一个合命题。这并不是说，这些反命题都被取消了。它们还在那里，但是已经被统一起来，成为合命题的整体。"

二、结构力学方法的特色——"成对、互补"似阴阳

1. 力学对联——成对景观

结构力学中有许多成对出现的方法。它们前呼后应，相映成趣，成为学园里一大景观。

"对联"是阴阳的范例，具有阴阳的风韵——成对陪伴，互补呼应，即成对陪伴——有此必定有彼，互补呼应——由此可以知彼。

2. 静定结构中的四副对联

结构力学中的方法很多，如夜空群星，交相辉映。

在静定结构中有四种主要解法值得特别关注。它们之间交错呼应，组成四副对联。

（1）四种解法。

结构力学有两大主题——求力和求位移。最早采用分析法，即用平衡方程求力，用几何方程求位移。后来又提出虚功综合法，即用虚位移法求力，用虚力法求位移。因此共有四种主要解法，如下所示：

$$
\begin{aligned}
&\text{传统分析法} \left\{ \begin{array}{l} a\quad \text{平衡法（求力）} \\ b\quad \text{几何法（求位移）} \end{array} \right. \\
&\text{虚功综合法} \left\{ \begin{array}{l} c\quad \text{虚位移法（求力）} \\ d\quad \text{虚力法（求位移）} \end{array} \right.
\end{aligned}
$$

（2）四副对联。

上述四种解法可以组成四副对联，如图6-13所示。

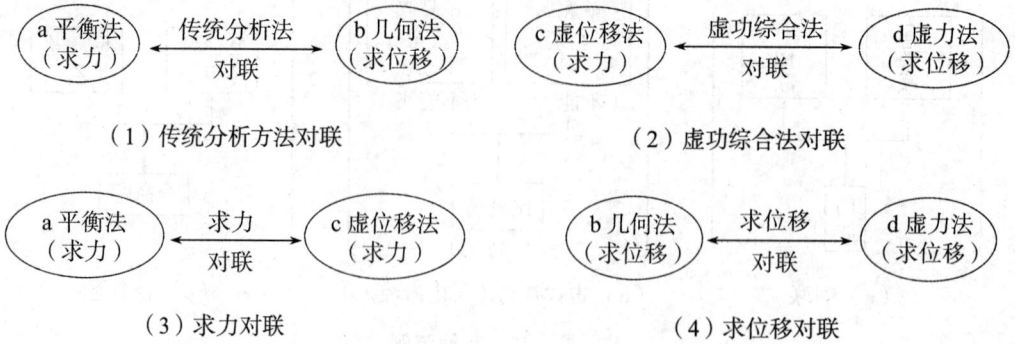

图6-13 四副对联

（3）"四法四联"网络图。

利用上述的四法和四联可形成如下的网络图（图6-14）。四法是四个网站，四联是四条网线。

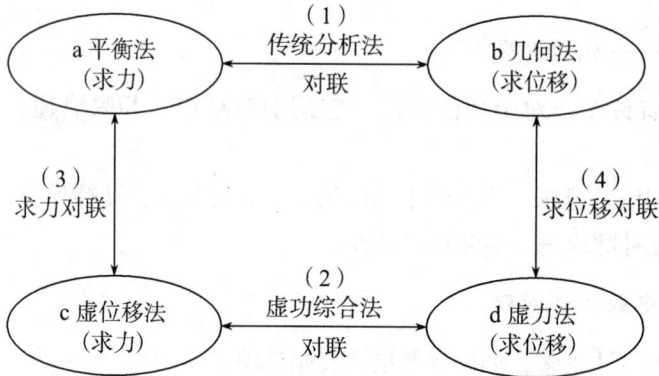

图6-14 网络图

3. 超静定结构中的四副对联

在超静定结构中也有四种主要解法，也可组成四副对联。

（1）四种解法。

$$
\left.\begin{array}{l}
传统分析法
\left\{\begin{array}{l}
a \quad 位移法（以位移为基）\\
b \quad 力法（以力为基）
\end{array}\right.\\
能量综合法
\left\{\begin{array}{l}
c \quad 势能法（以位移为基）\\
d \quad 余能法（以力为基）
\end{array}\right.
\end{array}\right.
$$

（2）四副对联。

四副对联如图6-15所示。

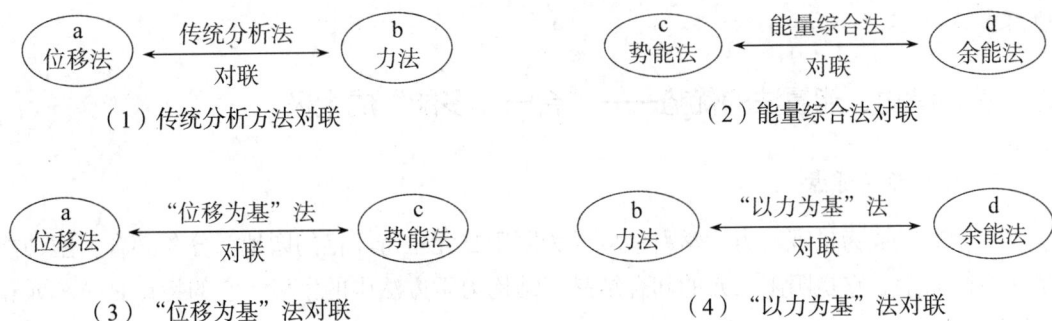

（1）传统分析方法对联　　　　　　　（2）能量综合法对联

（3）"位移为基"法对联　　　　　　　（4）"以力为基"法对联

图6-15　四副对联

（3）"四法四联"网络图。

"四法四联"网络图如图6-16所示。四法是四个网站，四联是四条网线。

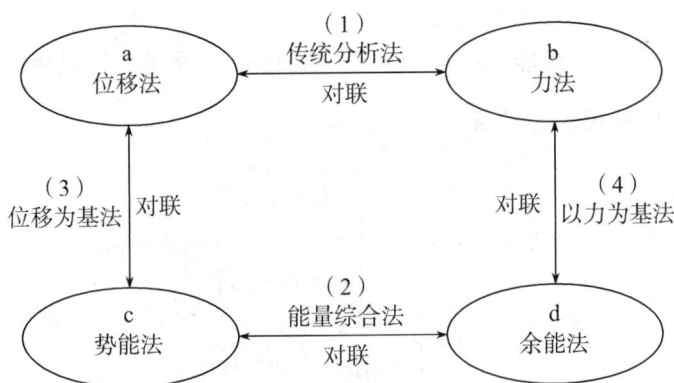

图6-16　网络图

4.成对相陪伴、互补相呼应

结构力学方法往往成对出现，其特点是成对和互补。由此引出以下两点结论：

成对相陪伴——有此必定有彼。"二缺一"现象不会长期存在。

互补相呼应——由此可以知彼。要打通血脉，不要碎片化。

现举例分述如下：

（1）成对相陪伴。一枝独秀的局面不会长期存在。

例1，力法最早提出，位移法较晚，现在终于成对相陪伴。

例2，计算机出现之后，矩阵位移法应运而生。由于编程上的原因，矩阵力法落在后面。可以预言，矩阵位移法一枝独秀的局面迟早会被打破。

例3，传统的分析法最先发展，综合的虚功能量法提出较晚，是否会后来者居上，且看今后发展。

（2）互补相呼应。彼此隔断的碎片化做法不可取。

例4，碎片化的做法不可取——把力系平衡分析与位移变形协调分析看作互不联系的两个碎片，各讲各的，互不通气。这种讲法虽仍常见，但不可取。

例5，重要定理长期埋没现象令人惊愕——平衡矩阵与几何矩阵之间的互伴定理迟至2012年才被正式提出和严密论证。编者惊愕之余，不免感叹：真理深埋，发现虽晚，但更可贵。

三、虚功、能量法的优势——"合一、多能"成太极

1. 方法形成背景

力学对联成为景观，力学学科领域成为阴阳二元争奇斗艳的园地。分久必合，虚功能量法应运而生。它是阴阳二元的和合结晶，结构力学方法中的太极。它的特点是"二元和合"。

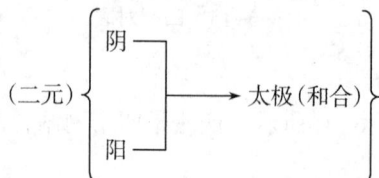

$$
(二元) \begin{cases} 阴 \\ \\ 阳 \end{cases} \!\!\longrightarrow 太极(和合) \Bigg\}
$$

它的优势是"合一、多能"：　"合一"则简朴，"多能"则灵活。

2. 特点——阴阳的和合结晶

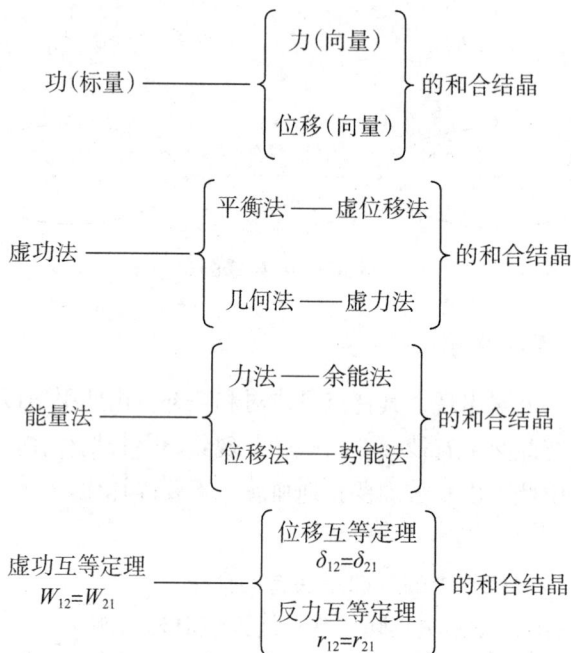

$$
功(标量) —— \begin{cases} 力(向量) \\ \\ 位移(向量) \end{cases} 的和合结晶
$$

$$
虚功法 —— \begin{cases} 平衡法 —— 虚位移法 \\ \\ 几何法 —— 虚力法 \end{cases} 的和合结晶
$$

$$
能量法 —— \begin{cases} 力法 —— 余能法 \\ \\ 位移法 —— 势能法 \end{cases} 的和合结晶
$$

$$
\begin{array}{c} 虚功互等定理 \\ W_{12}=W_{21} \end{array} —— \begin{cases} 位移互等定理 \\ \delta_{12}=\delta_{21} \\ 反力互等定理 \\ r_{12}=r_{21} \end{cases} 的和合结晶
$$

3. 优势——合一则简朴，多能则灵活

（1）合一则简朴（大道至简，易于推广）。

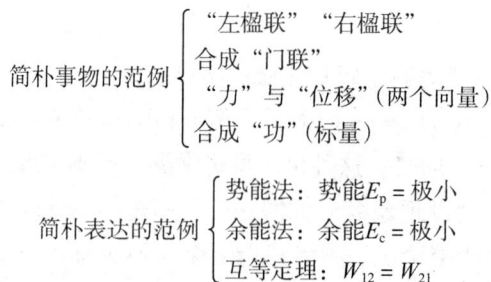

$$
简朴事物的范例 \begin{cases} "左楹联" "右楹联" \\ 合成"门联" \\ "力"与"位移"(两个向量) \\ 合成"功"(标量) \end{cases}
$$

$$
简朴表达的范例 \begin{cases} 势能法：势能 E_p = 极小 \\ 余能法：余能 E_c = 极小 \\ 互等定理：W_{12} = W_{21} \end{cases}
$$

（2）多能则灵活（能文能武，应用灵活）。

$$能文能武\begin{cases} 虚功法 —— 既能求力，又能求位移 \\ 能量法 —— 既是力法，又是位移法 \end{cases}$$

$$应用灵活\begin{cases} 单位荷载法 —— 求指定位移 \\ 单位位移法 —— 求指定力 \end{cases}针对目标，精准施治$$

四、能量法与虚功法——两法殊途同归

能量法与虚功法的关系是"形式有异，实质相通。"两种方法殊途同归，不是两个碎片，而是血脉相通。下面从两个方面（势能与余能）加以论述。

1. 势能法与虚位移法实质相通

先从势能法的一个主要定理——势能偏导数定理谈起。

（1）势能偏导数定理可由虚位移原理得出推导过程，分为两步。

第一步，势能偏导数定理的表述。

图6-17（a）所示是计算三跨连续梁时所采用的位移法基本体系。其中有受控制的可变位移Δ_1，Δ_2及其相应的控制约束力F_1，F_2。此外还有常量荷载F_p，其位移为D。现拟求控制约束力F_1，并导出势能偏导数定理：

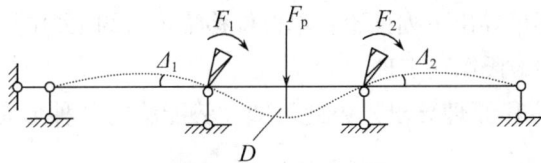

（a）三跨连续梁的位移法基本体系

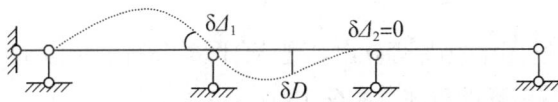

（b）虚设微量位移

图6-17　三跨连续梁的位移法基本体系——求约束力F_1

$$F_1 = \frac{\partial E_p}{\partial \Delta_1} \tag{6-33}$$

式中，E_p为结构势能

$$E_p = \int \frac{1}{2}EIk^2(s)\,ds - F_pD \tag{6-34}$$

式中，$k(s)$为梁的曲率。

第二步，应用虚位移原理导出式（6-33）所列的势能偏导数定理。

为了求F_1，可虚设微量位移$\delta\Delta_1$（与F_1相应），并令$\delta\Delta_2=0$，如图6-17（b）所示。由此产生的微量曲率δk与微量位移δD分别为

$$\begin{cases} \delta k = \dfrac{\partial k}{\partial \Delta_1}\delta\Delta_1 \\[3mm] \delta D = \dfrac{\partial D}{\partial \Delta_1}\delta\Delta_1 \end{cases} \tag{6-35}$$

令图6-17（a）的力系在图6-17（b）的虚位移上做虚功，由变形体虚位移原理得

$$F_1\delta\Delta_1 + F_p\delta D = \int (EIk)\delta k\, ds \tag{6-36}$$

除以$\delta\Delta_1$后，得

$$F_1 = \int (EIk)\frac{\partial k}{\partial \Delta_1}ds - F_p\frac{\partial D}{\partial \Delta_1} = \frac{\partial E_p}{\partial \Delta_1} \tag{6-37}$$

以上就是应用虚位移原理［式（6-36）］导出势能偏导数定理［式（6-37）］的过程。由此可知，二者是相通的。

附记：两法相通，形式有异。

在式（6-36）中，虚位移以微分形式（$\delta\Delta_1$）出现，而在式（6-37）中，虚位移的作用则以导数形式$\dfrac{\partial}{\partial \Delta_1}$出现。

（2）两法（势能法与虚位移法）彼此相通。

由势能偏导数定理还可导出下列推论：单位位移法（求约束力的一般公式）、势能驻值原理、最小势能原理和卡氏第一定理。

这些推论都可由虚位移原理导出。由此可知，势能法的各种形态都与虚位移法彼此相通。

2. 余能法与虚力法实质相通

（1）余能偏导数定理可由虚力原理导出。现结合图6-18所示结构和问题说明推导过程。

第一步，余能偏导数定理的表述（图6-18）。

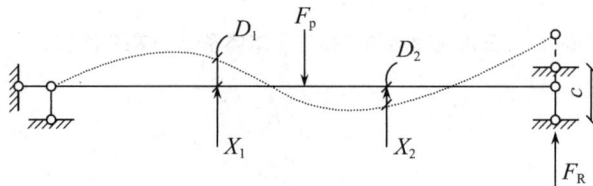

（a）三跨连续梁的力法基本体系

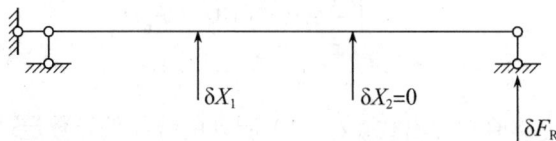

（b）虚设力系

图6-18　三跨连续梁的力法基本体系——求位移D_1

图6-18（a）所示是计算三跨连续梁时所采用的力法基本体系。其中有受控制的可变力X_1，X_2和常量荷载F_p作用，右支座有常量位移c。现拟求与可变力X_1相应的位移D_1，并导出余能偏导数定理

$$D_1 = \frac{\partial E_c}{\partial X_1} \tag{6-38}$$

式中，E_c为结构余能，即

$$E_c = \int \frac{1}{2EI} M^2(s)\,\mathrm{d}s - F_R c \tag{6-39}$$

式中，$M(s)$为梁的弯矩；F_R为右端支座反力。

第二步，应用虚力原理导出式（6-38）。

为了求位移D_1，可虚设微量力δX_1（与D_1相应），并令$\delta X_2=0$。由此产生的微量弯矩δM和微量支座反力δF_R分别为

$$\begin{cases} \delta M = \dfrac{\partial M}{\partial X_1}\delta X_1 \\[2mm] \delta F_R = \dfrac{\partial F_R}{\partial X_1}\delta X_1 \end{cases} \tag{6-40}$$

令图6-18（b）中的力系在图6-18（a）中的位移上做虚功，由变形体虚力原理得

$$D_1\delta X_1 + c\delta F_R = \int \left(\frac{M}{EI}\right)\delta M\mathrm{d}s \tag{6-41}$$

除以δX_1后，得

$$D_1 = \int \left(\frac{M}{EI}\right)\frac{\partial M}{\partial X_1}\mathrm{d}s - c\frac{\partial F_R}{\partial X_1} = \frac{\partial E_c}{\partial X_1} \tag{6-42}$$

以上就是由虚力原理［式（6-41）］导出余能偏导数定理［式（6-42）］的过程。由此可知，二者是相通的。

（2）两法（余能法与虚力法）彼此相通。

由余能偏导数定理还可导出如下推论：单位荷载法（求位移的一般公式），余能驻值原理，最小余能原理，克罗蒂-恩格塞定理，卡氏第二定理。

这些推论都可由虚力原理导出。由此可知，余能法的各种形态都与虚力法相通。

五、平衡律与几何律——两律互借、互伴

在结构力学中，力系的平衡问题与位移的几何协调问题是成对出现的重要问题。它们之间虽然存在"成对相陪伴，互补相呼应"的紧密关系，但由于深藏隐晦，往往使人视而不见。为了消除隔阂，现对"平衡-几何"领域中的互借图形与互伴定理等隐晦现象做进一步的揭示和论述。

1."平衡–几何"之间的互借图形现象

在"平衡–几何"领域中，经常会看到同一个图形被互相借用的情况。现举三个例子如下。

【例6-1】 用虚位移法作静定力影响线，对图6-19（a）所示简支梁，求作B点支座反力Z的影响线。

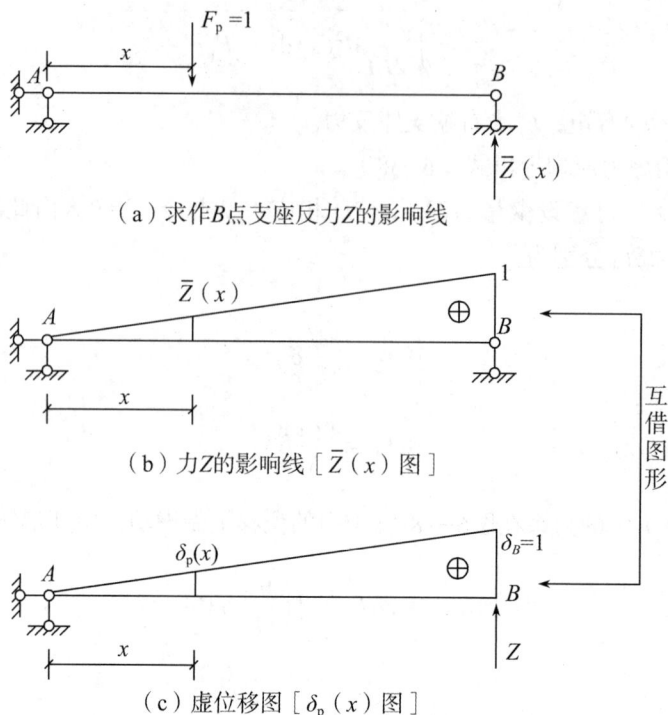

（a）求作B点支座反力Z的影响线

（b）力Z的影响线［$\bar{Z}(x)$图］

互借图形

（c）虚位移图［$\delta_p(x)$图］

图6-19　虚位移法作静定力影响线

解 当移动荷载$F_p=1$作用于x点时，B点的支座反力为

$$\bar{Z}(x)=\frac{Z(x)}{F_p} \tag{6-43}$$

式中，$\bar{Z}$为Z的影响系数（图6-19a）。

图6-19（b）表示Z的影响线，在x处的纵坐标为$\bar{Z}(x)$。

现应用虚位移法作影响线。其做法分为两步：第一步，拆除B点支座，代以支座反力，使梁的B端沿Z方向产生单位位移$\delta_B=1$，得到梁的虚位移图［$\delta_p(x)$图］，如图6-19（c）所示。

第二步，应用虚位移原理，令图6-19（a）中的力系在图6-19（c）中的虚位移上做虚功，得

$$-1\cdot\delta_p(x)+\bar{Z}(x)\cdot 1=0 \tag{6-44}$$

即$\delta_p(x)=\bar{Z}(x)$。

由此可知，图6-19（c）的虚位移图就是拟求的影响线（图6-19b）。

余论 这里出现了互借图形的现象——同一个图形（即图6-19b和图6-19c）被双方互相借用：

① 在平衡领域被借来作影响线（图6-19b），用以表示两个力（F_p和Z）之间的平衡关系。

② 在几何领域被借来作位移图（图6-19c），用以表示两个位移（δ_B和δ_p）之间的几何关系。

这种"互借图形现象"可戏称为"一仆二主现象"。

互借图形现象的出现说明平衡规律与几何规律之间彼此相通，具有共性。

【例6-2】 用虚位移法作超静定力的影响线（应用虚功互等定理）。对图6-20（a）所示超静定梁，求作B点支座反力Z的影响线。

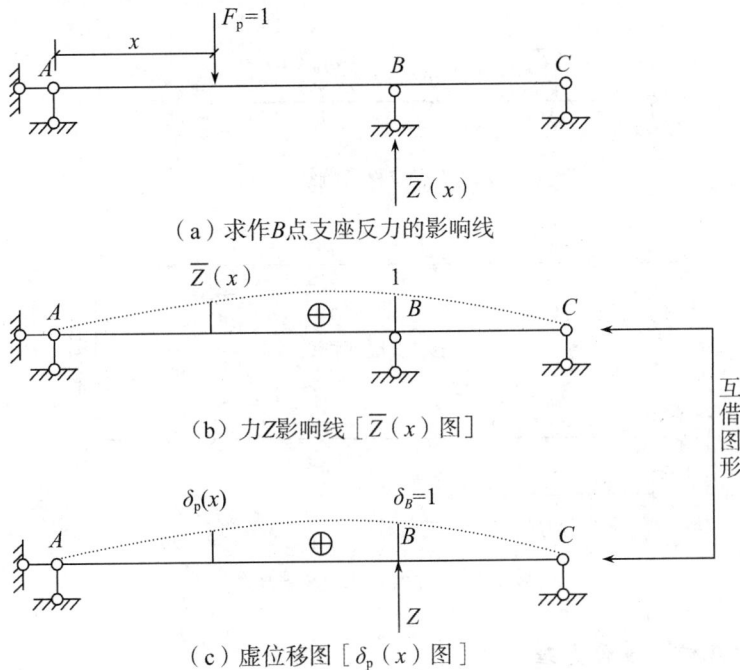

（a）求作B点支座反力的影响线

（b）力Z影响线 [$\overline{Z}(x)$图]

互借图形

（c）虚位移图 [$\delta_p(x)$图]

图6-20 虚位移法作超静定力的影响线

解 图6-20（b）表示B点支座反力Z的影响线，在x处的纵坐标为影响系数$\overline{Z}(x)$。

第一步，拆除支座B，代以支座反力Z使在B点沿Z方向产生单位位移$\delta_B=1$，得到梁的虚位移图 [$\delta_p(x)$]，如图6-20（c）所示。

第二步，对图6-20（a）和图6-20（c）应用虚功互等定理

$$W_{ac}=W_{ca} \tag{6-45}$$

得

$$-1\cdot\delta_p(x)+\overline{Z}(x)\cdot 1=Z\cdot 0 \tag{6-46}$$

即

$$\delta_p(x)=\overline{Z}(x)。$$

由此得知，虚位移图（图6-20c）就是拟求的力Z影响线（图6-20b）。这是互借图形现象的第二例。

【例6-3】 用虚力法作位移影响线（应用位移互等定理），对图6-21（a）所示梁结构求作K点位移Δ_K的影响线。

解 图6-21（b）表示K点挠度Δ_K的影响线，在x处的纵坐标为影响系数$\delta_{Kp}(x)$。

第一步，在K点沿Δ_K方向虚设单位力$F_K=1$，得到梁的位移图$[\delta_{pK}(x)$图$]$，如图6-12（c）所示。

第二步，对图6-21（a）和图5（c）应用位移互等定理，得：$\delta_{pK}=\delta_{Kp}$ （6-47）

由此可知，由虚力产生的位移图（图6-21c）就是拟求的位移影响线（图6-21b）。

这是互借图形现象的第三例。

图6-21（b）和图6-21（c）虽然是同一个图形，却扮演了两个不同的角色：图6-21（b）表示移动荷载$F_p=1$对固定点K产生的位移，图6-21（c）表示固定荷载$F_K=1$对移动荷载点产生的位移。

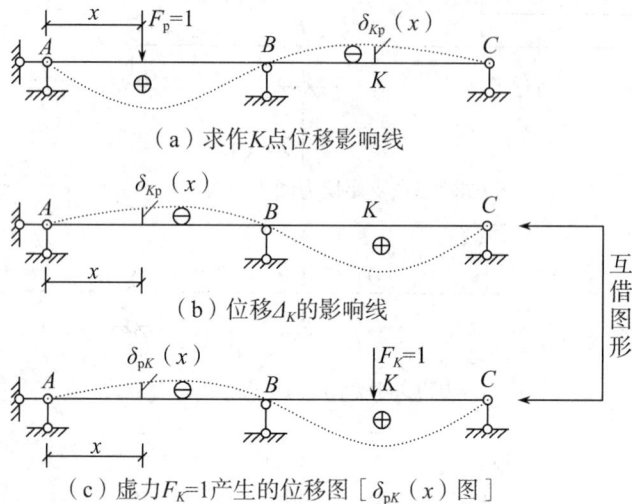

（a）求作K点位移影响线

（b）位移Δ_K的影响线

（c）虚力$F_K=1$产生的位移图$[\delta_{pK}(x)$图$]$

图6-21 虚力法作位移影响线

2. "平衡-几何"互伴定理

结构力学中有一个重要定理（"平衡-几何"互伴定理），它长期被埋没，直到2012年才被正式提出和严密论证。

在龙驭球等编写的《结构力学Ⅱ——专题教程》（第4版，高等教育出版社）和袁驷编写的《程序结构力学》（第2版，高等教育出版社）的第14章中指出：

"结构力学中有两个重要矩阵，即'内力-荷载'之间的平衡矩阵H，'变形-位移'之间的几何矩阵G。在本章中，将指出并论证平衡矩阵H与几何矩阵G之间的互伴定理：$H=G^T$。这个定理揭示了'平衡'与'几何'两个不同领域之间隐晦深藏的互伴关系，并用精密简洁的形式加以表述。"

"平衡-几何"互伴定理还揭示了结构的刚度矩阵和柔度矩阵为何具有对称性。

欲知详情，可读原著，这里只是发出一声长叹："花落梦深处，道藏技里边。"

第七章 空间结构仿生研究与设计

建筑结构通常分为平面结构和空间结构两大类。平面结构如梁、桁架、拱和刚架等，虽然在技术上比较成熟，应用很广，但是，自21世纪以来，大跨度、大空间的建筑在许多国家得到了迅速发展，这是随着人类物质文明与精神文明的发展与提高，人们从事社会活动和生产需要建造大跨度的会堂、展览馆、体育馆、餐厅、飞机库、候车厅、工业厂房等建筑而发展的。平面结构从技术经济方面讲，很难跨越很大的空间，也很难满足建筑平面、空间和造型方面的要求。因此，从某种意义上说，大跨度建筑已成为现代生活的重要组成部分，受到世界各国建筑部门和研究部门的重视，并开展了广泛的研究和探索。

解决大跨度建筑结构最具竞争性的结构就是空间结构。所谓空间结构是指结构的形体呈三维状态，在荷载作用下，具有三维受力特性并呈空间工作的结构。在目前的实际工程中，空间结构可分为以下几种类型：薄壳结构、网壳结构、网架结构、悬索结构、折板结构、膜结构以及由上述两种或几种组成的组合结构。详细观察自然界的一些物体，用仿生原理可以更好地理解和发展空间结构。图7-1列出的几种动物和植物都是以空间结构形式出现的。蛋壳、鸟类的头颅是一种受力性能很好的薄壳机构；蜂窝类似空间网格结构；蜘蛛网是一种典型的悬索结构；棕榈有褶皱的叶子如同折板结构；肥皂泡是一种膜结构。

相对于平面结构，空间结构的特点是受力合理，刚度大，重量轻，造价低，结构形式新颖丰富、生动活泼，突出结构美而富有艺术表现力。用钢量低是空间结构尤为突出的特点。1963年美国著名教授、建筑师史密斯（M. G. Smith）对11种、166个已建成的大跨度钢结构工程实例进行统计分析，以相应跨度的用钢量指标为评价标准，几种结构的用钢量如图7-2所示。从图中可明显看出：当跨度不大时，这几种结构的用钢量相近，而随着跨度的增加，结构的用钢量呈离散的曲线。网架和不同形式的网壳结构均较平面结构节省钢材，尤以网壳结构用钢量最少。

空间结构对于现代建筑已产生重大影响，许多设计师认为："目前我们正处于一个重大的建筑革命前夜，它标志着从过去的二维结构改变为现在和将来的三维空间体系""三维结构愈来愈多地代替二维结构"。世界各国已建造了大量的、跨度从十几米到200多米不同类型的空间结构。空间结构不但被公认为社会文明的象征，而且由于空间结构采用大量的新材料、新技术和新工艺，成为反映一个国家建筑科学技术水平的标志。例如，在北京举行的亚运会，新建的22幢体育场馆屋盖大多采用大、中跨度的网架结构、网壳结构、悬索结构和组合空间结构等。这些空间结构造型新颖，形式各异，技术先进，功能良好，集中体现了我国大跨度空间结构技术发展的新水平，为国家增添了光辉和荣誉。

图7-1　动物和植物的空间结构形式

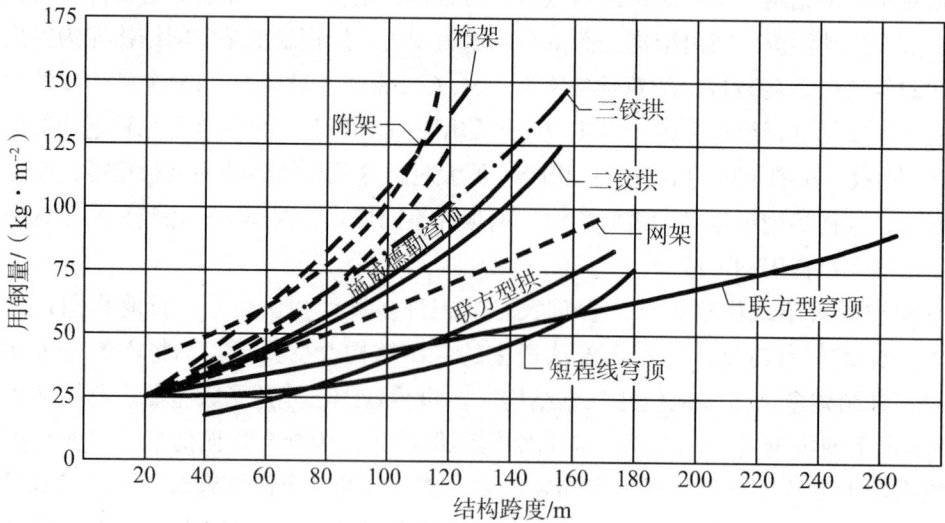

图7-2　用钢量比较

　　一般的结构实际上都是空间结构，各部分互相联结成一个空间整体，以便抵抗各方向可能出现的荷载。所谓的平面结构，是在一般情况下，为了方便分析计算，按照适当的条件，并根据受力状态的特点，对结构进行简化、分解而来的。分解而来的平面结构通常仍十分复杂，往往又含有许多构件，存在着复杂的联系，依旧有必要进一步简化，常常分解为基本部分和附属部分。这样就人为地延长了力的传递路线。

　　空间结构是建筑结构的形态呈三维状态，在荷载作用下具有三维受力特性并呈空间工作的结构。它包括网架结构、网壳结构、索结构、膜结构、张拉整体结构、折叠结构、开合结构等，还有许多其他呈空间受力状态的结构，如塔桅结构、筒仓结构等，也应归属于空间结构的范畴。空间结构不仅依赖材料的性能，更需要依赖自己的形体，充分利用不同材料的特性，以适应不同建筑造型和功能的需要，跨越更大的空间。

　　受自然界的启发，人类在一般的生活用品与工业产品中大量采用了三维的空间结构。任何房屋建筑结构都是三维的空间结构。只有古老的木构架、砖石结构房屋，甚至圆顶穹窿和现代的骨架结构房屋，为了计算和分析的简便，常常在计算上假想将其分解为二维的横向和二维的纵向两个平面系统，有意忽略了两个平面系统间不太牢靠的空间作用，以简化计算。经验也证明上述古典的结构不计及三维效果，与实际结果的差别不大，而且具有很大的安全储备，因此通常按照平面结构处理。

　　优秀的空间结构具有荷载传递路线最短、受力均匀等特点。平面楼盖结构，由于构件分为板、次梁和主梁等"级别"，荷载传递路线长，浪费材料。自然界也有许许多多令人惊叹的空间结构，如蛋壳、海螺壳是薄壳结构；蜂窝是空间网格结构；肥皂泡是充气膜结构；蜘蛛网是索网结构；棕榈树叶是折板结构等。因此，从某种意义上来说，空间结构本身就是一种仿生结构，它们比平面结构更美观、经济和高效。

　　空间结构是构成建筑物并为使用功能提供空间环境的支承体，承担建筑物的自重、使用荷载、风雪荷载、撞击、震动等作用下所产生的各种荷载；同时又是影响建筑构造、建筑经济和建筑整体造型的基本因素。为此，需要研究建筑物的结构体系和构造形式的选择，影响建筑刚度、强度、稳定性和耐久性的因素，以及结构与各组成部分的构造关系。

　　建筑结构体系的类型基本可分为：木结构建筑、砖混结构建筑和骨架结构建筑，装配式建筑和工具式模板建筑，筒体结构建筑、悬挂结构建筑、薄膜建筑和大跨度结构建筑等。

　　但是，任何建筑物的结构形式都可以归纳为三种最基本的类型，即实体结构、骨架结构和面系结构。实体结构是用实体元件围蔽成建筑空间，是一种最为醒目的结构形式，见之于人类建筑历史的各个阶段，如最为原始、典型的原始人类洞穴和某些地区居民的窑洞等。组成骨架结构的元件是长度远大于其截面尺寸的细长杆件，如梁、柱和拉压杆等的杆系结构。面系结构近代晚期才出现，它非体非杆，是介于体、杆之间的一种新的结构形式，最主要的面系结构如壳和板等。

　　这些结构都可以在大自然的生物结构中找到原型。自然界早就大量存在着各种各样的结构典型。人类穴居时代的住房都是自然形成的土穴与岩洞。自从人类有了工具，就开始模仿和仿效天然结构的外形挖掘人造穴居，继而揣摩其所以然，甚至创新、发明，用树干、竹竿、条石等材料立柱架梁建居所。自然界不仅存在着明显的梁、柱、拱等基本构件的典型，还潜伏着现代结构的雏形。例如，禽蛋、贝蚌、果核等都是壳，薄且强度高，是最省料的高强结构形式。我们都知道蛛丝直径不到几微米，但悬空纺织丝网直径达12 m，拉力强度大得惊人。鸡蛋是表面积最小、容积最大的杰出代表，厚跨比约1：120，其经济意义无与伦比，给建筑工作者们以有益的启示。另外，乔木树冠是伞形结构与高层悬挑结构的雏形，棕榈树叶是悬挑折板梁的典型。生物界的壳体结构是自然形成的，这种结构看似简单，但其原理却不简单易懂。因此，从仿生学的角度研究和发展结构形式，无疑有其不言而喻的合理性和简洁性。

第一节　仿生形态

仿生形态是人们在一般意义上对于仿生学的理解，而且这方面的范例不胜枚举。例如，我们的祖先构木为巢是受树上的鸟巢启发，后来出现了传统民居，地下架空、楼上居住的防水、防潮、防禽兽的干阑建筑，现代广泛应用底层架空作休闲健美娱乐设备，商场、办公、公寓的现代建筑中去。美国肯尼迪机场候机大楼的造型像展翅待飞的鹏鸟，旅客在候机楼远眺获得的心理感受非常明确，可获得美的享受。

生物体都是由各自的形态和功能相结合而成为的具有生命的有机整体，其构成必须准确地遵循物理规律，生物体的各器官不仅要进行生命活动所必需的新陈代谢作用，而且要承受外界和自身的水平和垂直荷载，比如哺乳动物是通过骨骼承受自身的重力和外界的其他作用，而植物则是通过自身的枝、干、根来抵抗水平和垂直作用的各种荷载。

树枝、叶片必须呈现出有弹性的弯曲，我们的手臂在承受重量时表现出非常直观的肌肉弹性和收缩。一个圆锥形体的树干为我们揭示了直立稳定性能的原理。

有关形态和构成原理在大自然中是极其重要的发展规律，应用到建筑和空间结构领域中，构成原则的改变将使得建筑结构无论在形态上还是质量上都得到提高。不仅在自然界，在建筑领域，形态、构成和材料的作用也是极为重要的。自然界中处处贯彻着这样一条原则：以最少的材料、最合理的形式取得最大程度的效果。

仿生形态的研究和应用很少模仿细节，而是通过对生命系统的构造和工作原理进行研究，从中总结出形态仿生的科学规律。

一、空间结构的整体形态

仿生形态是机能形态的一种形式。仿生形态既有一般形态的组织结构和功能要素，同时又区别于一般形态，它来自设计师对生物形态、结构的模拟应用，是受大自然启示的结果。人类生活在自然界，与周围的生物为"邻居"，这些生物以其各种各样的奇异本领自古以来吸引着人们去想象和模仿、制造简单的生产工具，营造居所。

仿生形态设计是人们长期在向大自然学习的过程中，经过积累经验，选择和改进其功能、形态，而创造的更优良、多样化的形态。因此，人类造物的信息源都来自大自然的仿生模拟创造。尤其是在当今的信息时代，人们对产品设计的要求不同于过去，不只注重功能的优异领先，而且追求清新、淳朴，注重返璞归真和探讨个性的自律。提倡仿生设计，让设计回归自然、赋予设计形态以生命的象征是人类在精神需求层面所达到的共识。

在建筑结构仿生方面，工程师们在近几十年来已取得了非凡的成就，他们比建筑师更善于观察自然界的一切生成规律，已经应用现代技术创造了一系列崭新的仿生结构体系。从一滴水珠和一个蛋壳看到其自由抛物线形曲面的张力与薄壁高强的性能，从一片树叶的叶脉发现其交叉网状的支撑组织机理，所有这些现象都会对建筑结构的创新设计有十分有益的启示。

自然是位出色的教师，蕴涵着无穷无尽的奥秘，供人类学习，几乎找不到一门学科不受益于大自然的启示。我们应在建筑结构的仿生研究和应用中掌握科学工作方法，认清仿生研究中所存在各种条件和限制，加快我们进行仿生研究的进程。

1. 实体结构

实体结构是用实体元件围蔽成建筑空间，是一种最为直觉醒目的结构形式，见之于人类建筑历史的各个阶段。实体结构是利用耐压的土、石、砖和混凝土等筑成的三个方向尺度大致同级的厚实笨重的实体元件，它既能承重，又起维护作用，是一种最为直觉醒目的仿生结构形式。我们周围有很多种动物都会建造、开凿自己栖身的洞穴，以供藏身和居住。

最为原始、典型的人类洞穴和某些地区居民的窑洞等，只为栖身、不求美观。后来人类用石块垒砌成的蜂巢屋，厚实笨重，也只能视为实体结构。

公元前27—26世纪建造的古埃及金字塔群，是人类人工建造、体型最大的实体结构的典型。约公元前1185年，在迈西尼（Mycenae）卫城附近的迈西尼国王之墓阿脱雷斯宝库就是在岩石中凿出来的两个墓室。大墓室做了砌衬，净直径14.8 m，上有叠涩穹顶；小墓室为正方形平面，未做砌衬。

公元前9世纪到公元前2世纪，印度北部开凿石窟1 200个，最著名的是公元前1世纪在卡尔里（Karli）的支提（Chaitya），宽14.2 m，高13.7 m，深37.8 m，是佛教举行宗教仪式的场所。

自东汉佛教由印度传入我国中原地区以后，作为佛教活动场所的石窟寺也随之在各地开凿建成。自东汉至明清近2 000年历史的石窟建筑是我国古代洞窟实体建筑的一个重要组成部分。在我国辽阔的大地上，至今仍保存着数百处石窟群，其中尤以甘肃敦煌的莫高窟、永靖的炳灵寺石窟、天水的麦积山石窟、山西大同的云冈石窟、河南洛阳的龙门石窟最为著名（图7-3）。

我国太行山以西，遍及河南、山西、陕西、甘肃等省的黄土高原，黄土层层堆积，最深竟达200 m，经过千万年的风雨侵蚀、流水冲刷，形成无数地沟、峭壁。黄土节理垂直，20～30 m高的土崖峭壁仍能矗立，有利于在其中开挖窑洞。窑洞是一种古老的住宅建筑，具有造价经济、构造简单、施工方便、冬暖夏凉等优点，故沿用至今，现在仍然大量兴建新的窑洞，而且无论在形式还是在布局功能上都越来越复杂、越来越丰富。

图7-3 石窟和窑洞

作为世界奇迹的万里长城,其主体是城墙,以岩石为基础,随山脊起伏。墙身高大坚实,外砌整齐条石或特大城砖,内筑夯土,为实体结构。自娘子关东到山海关一段,城墙底平均宽6 m,顶宽5 m,高达6.6 m。在关口和险要处,每隔300~500 m设置敌楼、墙台、烽火台等。敌楼是高出城墙的高大建筑,下层住人,上层有射击和瞭望用的垛口以及燃火设施。墙内有券门石梯以供士兵上下用。

南京城垣是明太祖朱元璋听取了谋臣朱升"高筑墙,广积粮,缓称王"的建议于1366—1386年而建。城围长达33.676 km,城墙底宽14.5 m,顶宽4.9 m,高达14~21 m,古朴壮观,实乃我国第一大城,在世界上也首屈一指。当初建城共13个城门,其中规模最大、最雄伟的城门是中华门。中华门是城堡,为实体结构,其中有能屯兵3 000余人的27个藏兵洞,是我国古城堡建筑中较为罕见的建筑,在世界城垣建筑史上也占有非常重要的地位。万里长城如图7-4所示。

图7-4 万里长城

结构内部空间与外形之间存在一个中间物——边界层。实体结构的边界层是个厚实笨重的实体元件。它有两个面,一个面朝向外界,其外表面决定实体结构的外形;另一个面朝向内室,决定使用空间的景观。实体元件的尺度很大,以致实体结构的外形与内室各自完全独立,整个建筑的外形可以脱离内室的功能需求而任意塑造。其内室如此隐含,以致无法从外形来判断、识别其内室的形状。

西方古代圆顶是选择当时最好的耐压材料砖、石、混凝土（古罗马以火山灰做天然水泥），采用当时惯用的施工方法建造的。当时还没有力学理论，全凭工匠、建筑家、工程师们的实践经验用半圆球顶围蔽空间，厚度大得惊人。以罗马圣彼得教堂大圆顶为例，净直径41.91 m，圆顶底部厚2.74 m，厚跨比为1/15.3，而鸡蛋壳的厚径比约为1/（120～140），现代半球壳的厚跨比为1/1 200。古代圆顶厚度比真正实体元件尺度小得多，但仍然很厚实笨重，只能归属为实体结构。罗马圣彼得教堂大圆顶的内外面的曲率并不同心，外貌与内部的景观各异。其特殊之处在于圆顶上部是双层的，圆顶基座处厚2.74 m，均在12 m高处开始分内外两层，内层厚1.5 m，外层厚1.0 m，随着高度上升，内外层间空腔逐渐增大。可见它离实体结构又远离了一步。

现代承重墙结构以砖、石的内外墙体为承重元件，配以各种材料（钢、木、砖、石、混凝土、钢筋混凝土）的楼层屋盖，也称为砖混结构。其墙体厚度比古代圆顶厚度小，但比板壳厚度大得多，只能算作实体结构，但又并非真正的实体结构。砖外墙厚240～490 mm，根据各地冬季保暖要求决定。等厚的外墙使外形与内表完全一致，外形不能再任意塑造。

现代的地铁及车站（图7-5），战备用的防空洞、山洞或地下工厂、地下电站，以及某些大城市向地下发展的地下街道、商店、车库等都是实体结构，只要求内部空间，无外形要求。

实体结构中压力分布比较均匀，基本上属于理想状态，但其实体体积与所辟空间体积之比是所有结构类型中最高的。无论在材料与人工，还是结构自重与劳动强度等方面，它也都是最高的。

图7-5　地铁车站

不过上述不利因素在一定程度上为当地廉价的材料与劳动力所抵消，这也就是动物界中为什么多选用洞穴类的实体结构，人类的实体结构在各个历史阶段广为分布，随着社会生产力的发展不仅没有消亡而且有所发展。

2. 杆系结构——骨架结构

组成骨架结构的元件是长度远大于其截面尺寸的细长杆件，如梁、柱和拉压杆等的杆系结构。自从人类有了工具，就开始模仿和仿效天然结构的外形，挖掘人造穴居，继而揣摩其所以然，甚至创新、发明，用树干、竹竿、条石等材料立柱架梁建居所。

在自然界生物体内的支撑结构中，网格或杆系支撑结构是作为轻型组合原则而存在的。在建筑结构中采用网格或空间杆系支撑可以用很少的材料覆盖大跨度空间。空间杆系结构反映了一个物质构造的普遍原则，即不断地适应各种静力与动力荷载作用的变化，一切事物都在做有机的发展。例如，动物的骨骼结构并非仅仅在单一平面内作用，而是具有融通性，根据身体不同的姿势和移动情况而适应和抵抗来自各个方向力的作用。因此它并没有使用直角，也没有使用一条直线。骨头中的"骨小梁"与空间网架的杆件相比，可以找出其基本原理的相似之处（图7-6）。

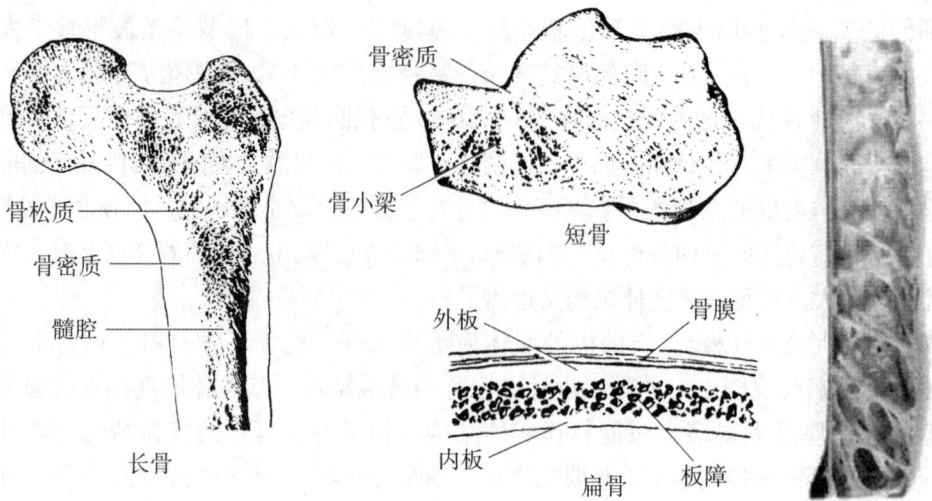

图7-6　骨的内部构造

　　人的大腿骨结构显然能很好地说明空间构架的作用方式。身体的重量由位于"悬臂"端的圆头所支持，作用于大腿骨上的力随着身体运动而变化不定，身体的位置、姿势与关节转动的程度都影响着此处荷载合力的大小和方向。大腿骨堪称一个绝妙的设计，因为它就像一个能够支撑各种荷载工况的空间杆系结构，可以应对所有的移动。该杆系结构融合在一根骨头内，各杆件彼此相互贯通，折减缩短了个单独"骨小梁"的有效长度，并且彼此加强同时承担部分荷载，因而增大了整个结构的强度和刚度。悬臂关节上的骨小梁将荷载再传递到骨架的支撑部位。上腿骨呈管状，也符合自然界中的轻型组合原则。在静力学上它就像上下均用铰链连接承重的摆支撑，虽然管状的骨骼在较大的冲击荷载作用下容易碎裂，但综合评价它仍旧是一个非常合理的空间结构形态。

　　空间杆系结构正像骨头一样，也具有使其本身能够适应各种类型及不同工况下荷载的优点。当某一局部的荷载过大，超过材料的屈服极限时，过大的变形将使整个结构自动进行应力的重新分布，相邻的肢材参与支撑，并迅速传递荷载，减小应力集中。因此该种结构具有很高的强度储备。图7-7所示的某种深海鱼类的骨骼结构就是巴黎工业展览中心的承重结构的四方体网壳单元的原型。

　　空间杆系结构常常仿照物质的分子或原子晶格的结构，从而达到力学结构的合理构造，同时也具

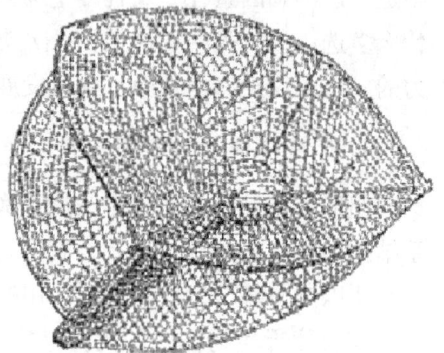

图7-7　某种深海鱼的网状骨骼

有很高的审美品格。由于杆系结构的节点构件易于实现工厂批量化生产，而且构造简单，便于安装，因此空间杆系结构便具有了其他结构形式所无法比拟的优势，在空间结构中地位举足轻重。

在空间杆系结构领域，法国工程师勒·瑞克兰（Le Ricolain）和美国的普拉及富勒（Buckminster Fuller）等人做出了重大贡献。瑞克兰在20世纪90年代中期对海洋小生物体放射虫（图7-8）的骨骼结构进行了微观的基础性研究，使之可移植应用于大型结构之中。他所做的有关标准化和装配工艺的综合论断至今对我们仍有十分重要的意义。普拉则通过研究微观世界的晶体结构或分子的组合结构而致力于将多面体的几何构成应用于空间结构之中，并且使之达到力学与美学的完美统一。富勒在他的具体工程设计应用中把空间杆系结构的原则运用到淋漓尽致、游刃有余。

肋架结构也是动植物骨架轻型组合原理之一，可以在平面或曲面上按照需要沿着主应力迹线布置。其截面尺寸受材料的影响。肋架结构有承担和传递荷载的作用，例如植物叶片上的叶脉结构、鸟类的翅骨和鱼类的腹骨等。因此我们把对它们的解剖知识搬用到建筑结构中也就不足为奇了。

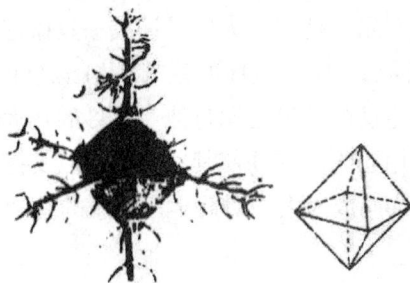

图7-8　放射虫

图7-9　美国巴吞鲁日的联合油罐车公司的巨大穹顶

人类自古以来对肋骨架在力学上的作用有充分的认识，并应用到建筑活动中使之发挥了最大的效用。公元10世纪罗马风时期就曾为保持圆拱的刚性及减少圆拱厚度而采用拱肋承担及传递荷载，哥特时期人们又把拱肋结构大大地向前发展了一步，终于使建筑物能够摆脱厚厚的墙体而只具有拱肋及柱的支撑，达到内外空间的融通，并且采用光学原理对彩色玻璃投影以追求象征天国世界的光明。可以这么说，如果没有板肋结构，也就没有轻盈直向云霄的哥特建筑风格和明亮的室内环境。文艺复兴初期伯鲁乃列斯基创造性地把拱肋结构应用到佛罗伦萨大教堂的穹窿上，减轻了自重，从而解决了困扰人们100多年的结构难题。

进入20世纪，钢筋混凝土的应用给肋骨架带来了更大的应用范围。其中具有代表性的当属意大利建筑大师奈尔维的作品。奈尔维灵活应用肋骨架，充分发挥钢筋混凝土的力学性能，施工便利、用料最少、自重最轻，却建造了大跨度的空间建筑，并具有很强的艺术表现力。比如奈尔维在罗马迦蒂羊毛厂（图7-10）的设计中，使楼板的板肋沿着主弯矩等应力线布置，这样既减小了楼板的厚度，又增加了它的刚性，达到了一种完美的结构韵律。再比如都灵展览馆的阿勒利大厅的设计，他用预制的"V"形构件现场组合并予以加固，成为统一的肋拱结构，使其跨度达到了94 m，肋间的采光带使得内部空间获得了一种丰富多变的视觉印象和轻巧感。

图7-10 罗马迦蒂羊毛厂的板肋结构与叶脉构造

西班牙建筑师圣地亚哥·卡拉特拉瓦受其先辈高迪的启发，把目光转向大自然，在自然界中寻找灵感，以求回归自然，在其设计思想中像自然界中的生物一样给建筑物以生命。他的作品风格大多带有浪漫主义色彩，但在结构本质上却又严格地遵守自然法则或力学规律。1994年建成的法国萨托斯飞机场的高速铁路车站，把中央大厅设计成一只振翅欲飞的鸟俯在铁路线上。这是继沙里宁的TWA航空站后又一形似飞鸟的建筑。相比之下，卡拉特拉瓦的飞鸟显得更具有活力，更为轻巧。这种生动的效果是源自他对飞鸟的宽大翅膀的洞悉和精心设计。在这个建筑中，卡拉特拉瓦应用肋骨结构并使其完全暴露以支撑鸟的羽翼，就好似鸟的翅骨。薄薄的壳面与锐利的肋骨共同成为人们对此丰富联想的基础。

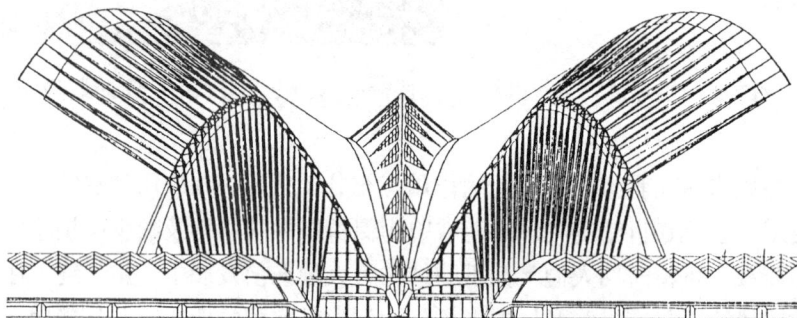

图7-11 法国里昂萨托斯飞机场的高速铁路车站

3. 膜和壳结构——面系结构

自然界中柔性弯曲的薄膜是组成全部细胞结构的基础。它将细胞互相隔离，在各种特有的生长阶段通过钙化、木质化或石化组成软骨、骨架或骨骼。在静力学上，薄膜的挠曲是柔性的，因此不能够承受压力，只能承受拉力。这样一个薄膜容器就成为水滴形，国家大剧院（图7-12）就采用这个基本造型；薄膜吹气后就成为球形，这是以最小

图7-12 国家大剧院

的表面积包裹最大体积的必然结果。膜结构的受力特性就是所有应力作用线均与其表面正切。

当薄膜的表面经过"钙化"而成为坚硬的"薄壳"时，给我们的感受是它的两个基本特性——表面的"弯曲"和材料的"刚固"。因此，我们可以得出这样一个结论：壳结构是板结构和膜结构的组合。当壳的厚度与其跨度相比很小时，即薄壳在概念原则上是"相当或十分"薄时，其力学性质与膜相似；与之相悖，当壳的相对厚度较大时，则板的受力特性逐渐突出。

自然界中薄壳的形式不胜枚举，无论是大尺度的穹顶还是小尺度的壳体。矿物的结晶体、星球、水银珠、水珠、肥皂泡虽然都不是壳，但其外形却可以作为屋盖造型的借鉴。更使人惊讶的是生物界存在着大量丰富多彩、变化万千可称为薄壳的壳体，如植物的茎秆、种子、豆荚、蟹虾、骨骸、贝壳、蛋壳、龟壳，以至眼球、头颅等。其曲线优美、形态善变、厚度之薄，实在令人惊叹不已。有机生物遵循用最少之料构成最坚之型的规律。可见壳体是最自然、最合理、最经济、最有效、最进步的结构形式。

人们远在数千年前就已造出了各种各样、大大小小的日用壳体，如锅、匙、碗、碟、杯、瓶、罐、坛。以后工业逐渐发达，又造出了乒乓球、灯泡、钢盔、木舟、汽车壳、轮船壳、飞机壳等。

再如多种贝壳、树叶等，树干、树枝和树叶在空间上有一个非常复杂的结构。以树叶为例，该结构将承载功能和供应营养功能合为一体。在树叶上，自然界在演化和"优胜劣汰"的筛选过程中，用最小的增长值，即最小的能量和材料消耗在抵抗能力上发展为最大。这个构造和生长原则对于较狭长的树叶来说尤其重要。为了提高自身的稳定性，一些树叶的底面有不规则的褶皱，一些树叶卷曲成杆状的管形结构，一些植物的叶子在纵向上扭转成螺旋形。在这方面，最具有代表性的还是王莲。王莲是生长在热带地区的一种浮水植物，它的叶子直径可达1.5~2 m。王莲叶子的背面有许多粗大的叶脉，粗大叶脉之间又连着镰刀形状的较细的叶脉。正是王莲叶子的这种结构使它具有很大的承受力，并且可以稳稳地浮在水面上，可以承受一个五六岁的小孩坐在上面而不会下沉。著名的建筑家Nervi仿照王莲的叶脉构造设计了阿勒利大厅的屋顶结构。以后的研究发现这种结构在很多植物（例如罂粟壳的显微结构）中存在（图7-13）。

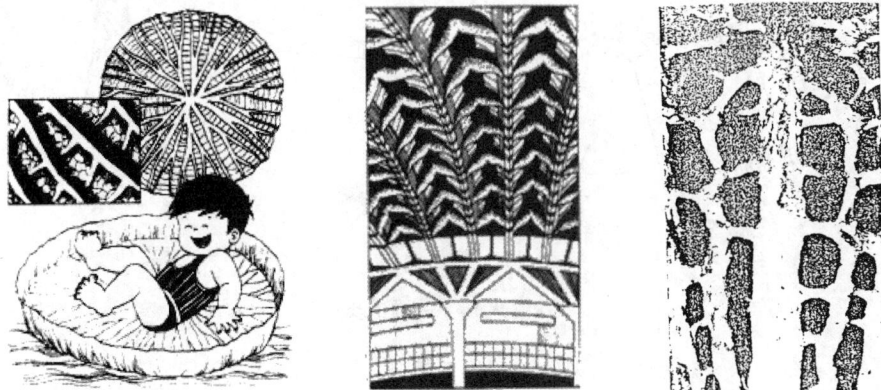

图7-13　王莲的叶子、大厅的屋顶和罂粟壳的显微结构

壳体用于建筑为时较早，最初仿效洞穴穹顶建造众多砖石圆顶，这些圆顶厚达1～3 m。

P. Soleri设计的一个预应力混凝土桥很容易使人想到卷起的叶缘。Nervi设计的罗马小体育宫会引起人们对贝壳的联想。这些例子可以说明，在建筑形态上应用仿生形式主要是为了在形态上保证它的可靠性，并且不超过材料的强度。后者比较容易达到，而前者则需要经过很多的努力和研究投入。

从自然生物中凝练而来的具有重大意义的结构造型是由自然法则而定的。我们可以看到在一些领域，尤其是在地上、水中或空中生存、生活的不同生物体的特别形状，总是以最高的经济效率达到目的。为了达到最高经济效率，建筑物的形态要向典型的形态靠近，这个典型的形态与自然规律是完全一致的。追求这个典型形态是我们仿生的目的，而仿生是我们达到这个典型形态的方法、途径和手段。

前人在探索和构造结构形式上走过了比较漫长的道路，在将自然的形态应用到建筑物上时，存在一个可构筑与否的客观环节。从这种意义上来说，形态的可构筑性要求待选形态的结构形式必须是一种可分解为较简单的、易于处理和加工的几何形体，即对于该结构形体或其部件的加工制作不能超过当时条件下人们的加工和安装能力。当然这种加工和安装能力随着人类科学技术的进步而逐步发展。

通常建筑结构中所采用的壳结构，按照力学和几何的概念，大致可分为：筒壳、旋转壳、锥壳、双曲抛物面壳和自由形态壳等几种，如图7-14所示。

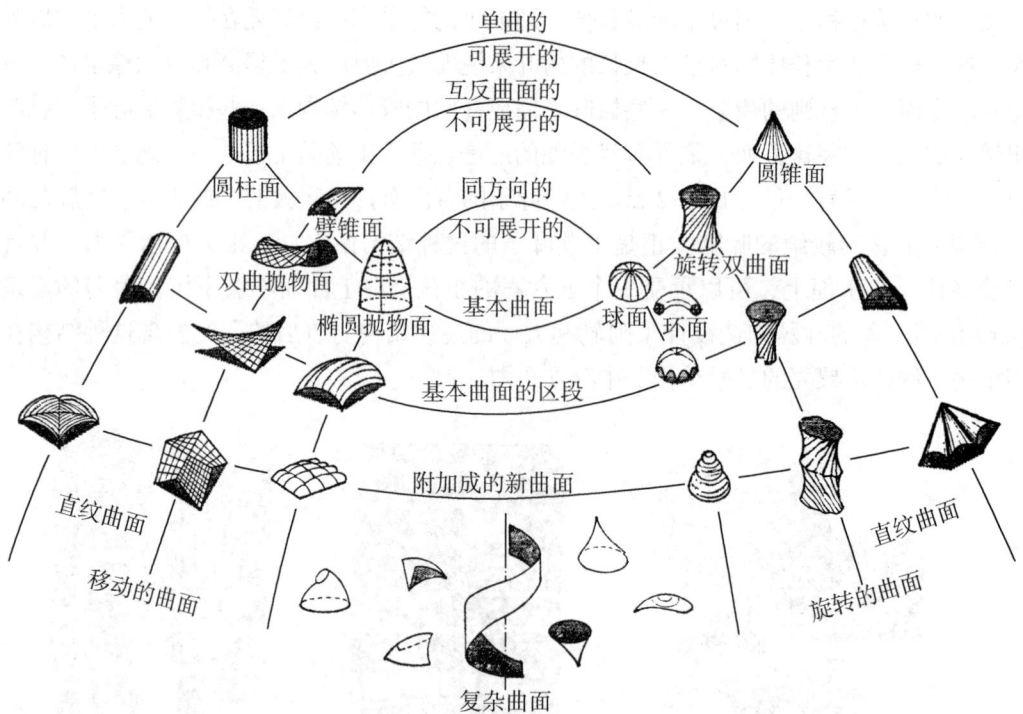

图7-14 曲面的类型

（1）筒壳。

常见的草茎和竹子就是这个形态。柯特·基格尔在《现代建筑之结构造型》中利用一纸模型对圆筒壳做了直观的表述。众所周知，一张平展的纸是无法承受多大的荷载的，甚至承受不了自重，倘若使之卷起弯曲则它变得较为坚固；如果我们把纸卷为一连串的圆筒，并在两端用其他纸板固定使其不易变形，则承载能力会更强（图7-15）。圆筒壳的受力情况犹如由许多非常窄而薄的条板所组成的折板构造。一方面荷载沿着折板而向下传导，另一方面它不断地被分解为相邻条板相切的几个分力，最后汇集到两端（侧）的支撑处。总之，圆筒壳必须保证形状不变，才能发挥其承载作用；必要时要使用加劲构件，加劲构件与圆筒壳之间的连接必须能够抵抗剪力。如果将圆筒壳看作封闭系统，则可以明确地看出它与梁的支撑作用相似。

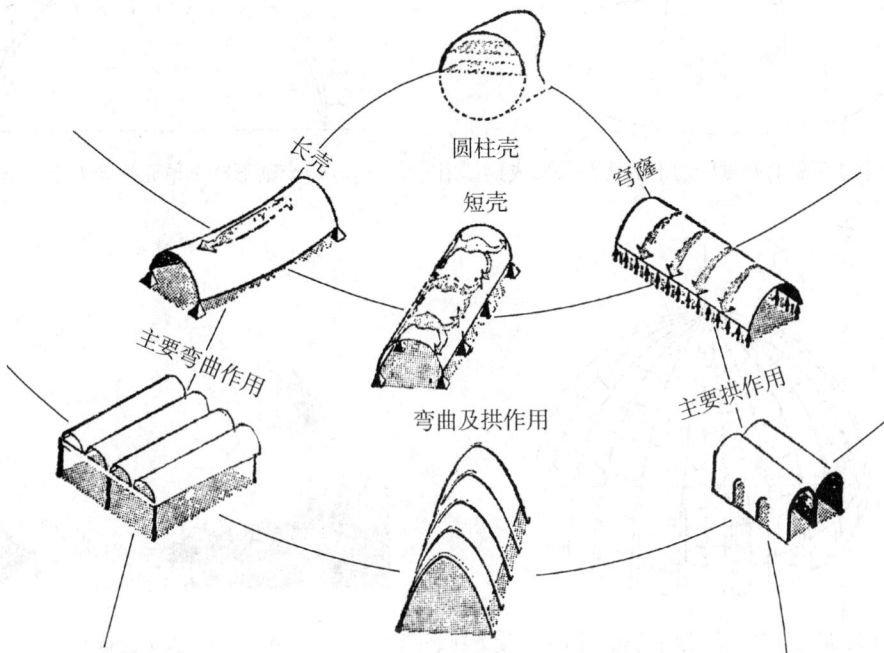

图7-15　筒壳

根据有关力学的概念，我们应当注意到长筒壳和短筒壳的受力情形有所不同，并随其支撑条件的不同而有所变化。长圆筒壳受力和一般的支撑情况与梁相似，而短圆筒壳受力和一般的支撑情况更接近于拱结构。

单纯筒壳的壳面只有一个方向弯曲，另一个方向是直的。弯曲曲线可以是圆弧、抛物线或双曲线等。其基本形式无论如何变化、如何组合，它的受力状况在本质上仍旧是薄壳表面力的作用。一般情形下，隔板和加劲构件是必不可少的，用以抵抗筒壳的变形从而增加其刚度。这与草茎和竹子节的作用类似。

（2）旋转壳。

除筒壳和锥形薄壳以外，所有旋转壳都具有双向曲率。完全对称的典型旋转壳是球体。自然界中的球体随处可见，如星球、肥皂泡等。双曲率壳由于其壳面有纵、横两个方向的曲率，形成一自然刚度很大的壳体。好比一片橘子皮，虽然很软，但若将其里翻转出来、展平并不容易，甚至是不可能的。不可展曲面的刚度通常来说比可展曲面大得多。

以半球壳为例来说明不可展的双曲率薄壳的力学作用机理。如图7-16所示，假如从半球壳面上切下一极窄的狭条，则该狭条单独受力时类似于拱结构，在仅承受自重情形下，上部有下陷的变形趋势；而下部有外张变形趋势。无数个狭条所组成的半球壳面内的力彼此作用，从而形成一刚劲的壳体。

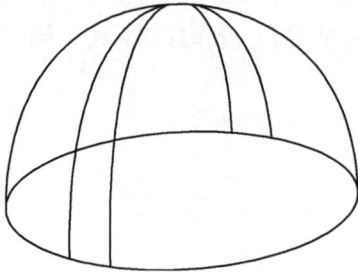

（a）由半球面相对两侧所切下的两窄条形成拱作用　　　（b）半圆形窄拱单元的受力变形与压力线

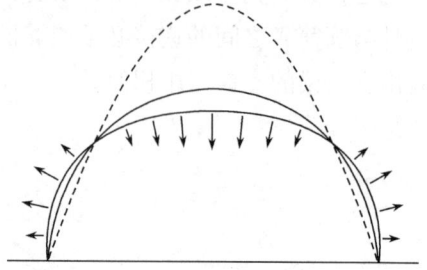

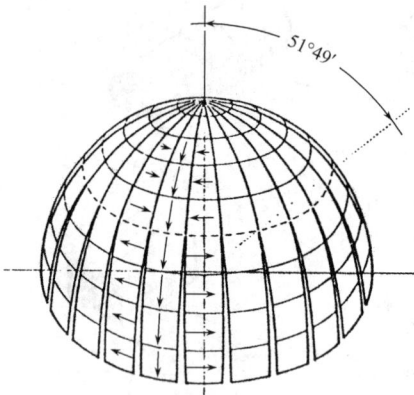

（c）半球面壳各单元条之间的相互约束与受力状态　　　（d）一滴水珠的自然形态

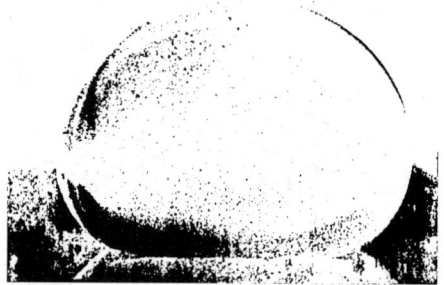

图7-16　半球壳面具有双曲率薄壳的作用

根据弹性力学分析，在半球壳面的上部，所有的内力均为压应力，作用方向与壳面正切；在半球壳面的下部，凡沿与子午线平行方向作用的应力均为压应力，与水平纬线平行方向作用的应力均为拉应力。这些应力的合应力均按薄壳表面本身的方向而作用，即与表面相切。薄壳的受力情形如同"薄膜理论"。半球薄壳在自重情况下的变形趋势与水滴非常像。水滴之所以达到如此形状在于它只有在此种形态下才能保持平衡，亦即达到水滴表面各部分的应力自相平衡。水滴的形状充分说明了球形薄壳的变形趋势。因此国家大剧院造型采用该形态是十分合理的。

Nervi在罗马世运会小体育宫设计中应用了部分球形薄壳。根据上述受力分析，壳体的应力与壳的边缘相切，故Nervi应用"Y"形支柱沿其切线方向布置，保证了壳体应力的短捷传递和壳体的稳定性。同时也在视觉上达到了合理的逻辑，并且边缘的波浪也有助于支撑之间薄壳边缘的挠曲。

（3）锥壳。

锥面也是双曲面。它是在一直线与一曲线之间平行移动另一直线而得到的曲面。因而它能全部以直线来构筑，故在本质上有利于设计和施工。

锥壳成直线部分的一边因为没有曲率，从而成为该种薄壳刚度最薄弱的环节。为了防止这种情形、保证壳体的总体刚度，常常将此直线设计成波浪状，同时这种波浪沿拱的曲线的另一端逐渐消退。该造型力学分析表明，贝壳类的这种自然形态是完全依据自然法则形成的，如图7-17所示。

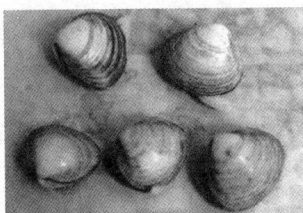

图7-17　锥壳

（4）双曲抛物面壳。

双曲抛物面结构是20世纪的创造。它给连续的、适用的曲面形式建筑结构开创了一个新纪元，对于传统的旋转穹顶形式又增加了一个新的范围。它具有移动面，因而可产生无限多形式的能力。如图7-18所示，双曲抛物面是一种负高斯曲面。其曲面的一个方向是凸的，另一个方向是凹的，两个主曲率中心不在曲面的同一侧。它是由一向上的抛物线与一向下的抛物线相对移动形成的鞍面，也可以由其他方式形成。彼此之间相贯和切割方式不同。这是最丰富多彩、变化万千的曲面形态之一。自然界中的花瓣多是这种双向曲率的结构形态。

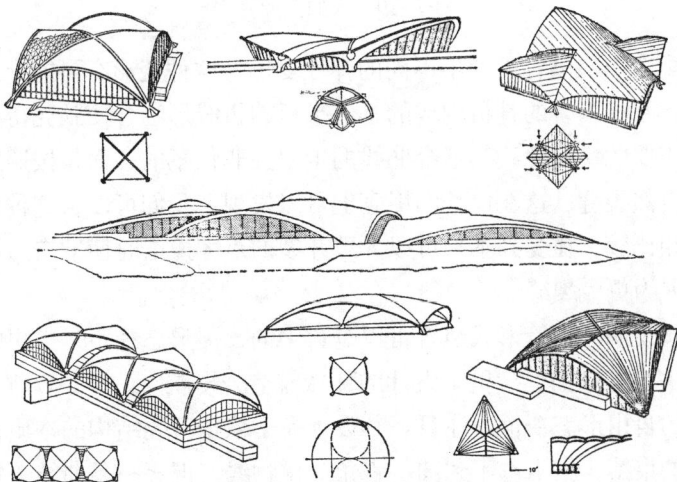

图7-18　双曲抛物面壳

（5）自由形态壳。

所谓的自由形态是相对于有一定数学规律的几何形态而言的，即从几何限制中解放出来的形态。所谓解放也并非随意而为，相反，有关结构的自然法则仍然适用于形态，同时不受非结构几何造型所限制，也就是说结构造型不再受外来的影响所左右，故薄壳的性质仍可以更大的纯粹方式来表现。

自然界中的生物体形式实际是依自然法则而定的，是自然环境的综合产物，而并不以人类能否模仿所左右，更不会因计算技术的限制而变化。前述的几种壳体只是目前人类可以几何学规律加以解释并且可以较为有效地实施的其中的几种，而自然界更多的壳体形式为自由形态，由自然环境的各种因素决定，如风雪（雨）作用、引力作用、潮湿程度、内部功能的需求等。因此我们在研究其形式时，更应该综合考虑，注意其影响因素和支撑荷载部分。

以人的头颅骨为例，它可以可靠地防护人脑，应付外界多数情况下可能发生的袭击。这里，头颅骨的形式起着极为重要的作用。人到中年，头颅骨基本上是一个扁球体形状，曲率较为均匀，厚度几乎是一个常数，与壳体结构相似。

骨骼结构从顶点向额弓及后颈变化，从图7-19可看到带有空腔的隆起状的增厚。在额弓部的空腔中充满了空气，而在颈顶的空腔中充满了液体。与一个在基底上的碗形支座的拉环有相似的作用，隆起的增厚部分稳定了头颅骨并且能承受住突然发生的超载并使其分配到各处。

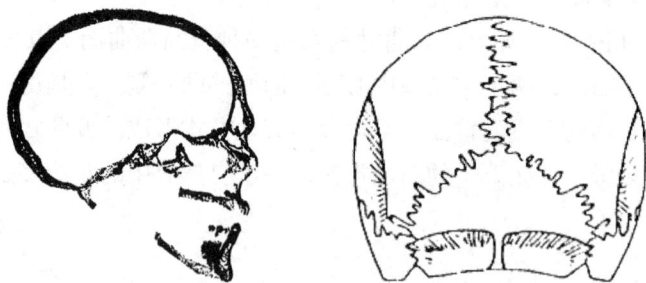

图7-19　人的头颅骨

与之功能相配合，头颅骨中产生不同的弹性变形，这种变形有可能导致开裂。脑壳表面是由不同大小、互相啮合的骨板构成的；骨平板的折线形啮合使脑壳得到一定的弹性，同时也保证了所需要的稳定性；其啮合曲线的走向并非任意的，而是按照应力分布走向。骨缝也可称之为自然裂缝，这在龟鳖的甲壳上可以发现。我们可以将这种裂缝与混凝土墙体上连续的接缝相比较，在受到本来可以导致开裂的重大撞击时使冲击力沿着既定裂缝自我消解，不致扩展为更大裂缝。

头颅骨的形态说明了尽管形式组合可以是自由的，但形态绝不是空想的，它必须由明显的结构秩序所决定。例如，沙里宁设计的环球航空公司航空站（TWA）如图7-20（b）所示，它所采用的自由形态令世人注目。其设计完全依据薄壳结构的本质；其造型没有一处受到几何形体的束缚，根本看不到圆、直角或抛物线。但每一条曲线、每一个细部都表现了力所遵循的秩序。屋顶是由双向曲率的大曲面所组成的，屋顶边缘肋条断面随负荷的增加而向支撑方向增大，同时使薄壳得以加强而不会变形。支柱形式也是依据其受力的合力情形而设计完成的。

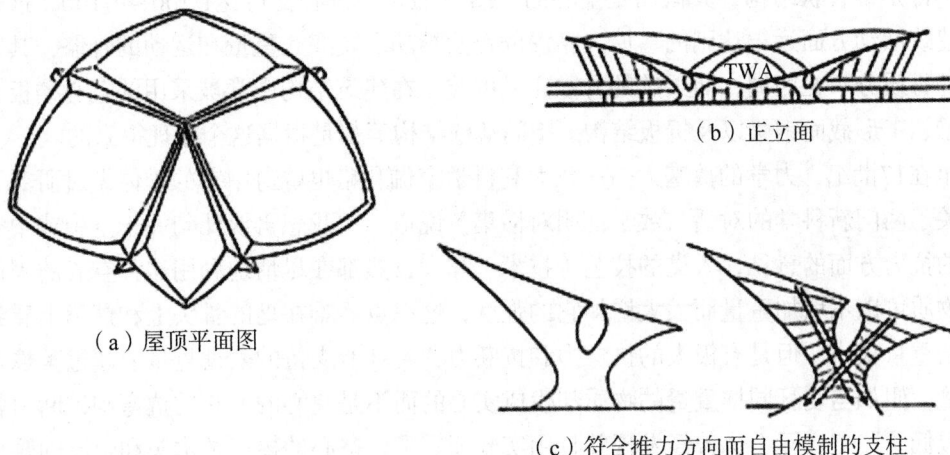

（a）屋顶平面图

（b）正立面

（c）符合推力方向而自由模制的支柱

图7-20　环球航空公司在纽约艾多威尔德的航空站

二、结构构件的形态

结构构件是组成建筑结构并具有独立功能的结构材料的基本单元或部件。结构构件的受力状态和连接方式是建筑结构承载能力的先决条件和基础。结构构件的受力状态合理与否和连接方式牢靠与否直接影响结构的承载能力和结构寿命。

从一定意义上说，构件可以认为是缩小了的结构；但是二者之间绝不是尺度上缩小的意义。

首先，从功能上来说，构件的功能要求较为简单，通常仅为传递力流，而结构则肩负着维护空间的职能。

其次，结构的形态造型往往受历史、宗教、民俗、文化和美学思想的影响，而构件未必；当然，力学的优化分析与美学理念并不冲突，而是比较吻合的。

第三，构件的形态造型必须考虑物件相互之间连接简单而且可靠，而结构未必。

第四，对于制作加工来说，人们对于结构和构件的期望不同。人们往往既希望结构的形态造型别具一格，单一化，又期望构件的形态造型和尺寸统一和标准化。

总之，结构是由构件组成的；构件是结构的基本元素，简单的构件经过有机的组合，可以形成复杂的结构。如果仅仅从受荷传力的角度来理解，构件是简化了的结构，结构是复杂了的构件。

一般来说，构件仿生的目的主要是优化，相对简单。主要有两大方面：一是物尽其用，尽可能地发挥材料的作用；二是保证功用，即在尽可能增大构件几何特性的同时又保证构件的整体和局部稳定性。

1. 物尽其用

对于构件，在截面面积相同的情况下，把材料尽可能放到远离中性轴的位置，是有效的截面形状。有趣的是，在自然界许多动植物的组织中也体现了这个结论。例如："疾风知劲草"，许多能够承受狂风的植物的茎部是维管状结构，其截面是空心的。例如，竹子的茎部都是维管状结构，其截面是空心的（图7-21），细长比可达1/200～1/100，这是人类在建筑活动方面远未达到的、博大精深的自然神功。支撑人重量和运动的骨骼，其截面密实的骨质分布在四周，而柔软的骨髓充满内腔。在建筑结构中常被采用的空心楼板、箱形大梁、工形截面钢梁以及折板结构、空间薄壁结构等都是根据这个原理得来的。

早在17世纪，力学的奠基人——意大利科学家伽利略也曾对中空的固体做过研究，他在《关于两门新科学的对话与数学证明对话集》说道："我想再谈几句关于空中或中空的固体的抗力方面的意见，人类的技艺（技术）和大自然都在尽情地利用这种空心的固体。这种物质可以不增加重量而大大增加它的强度，这一点不难在鸟的骨头上和芦苇上看到，它们的重量很小，但是有极大的抗弯力和抗断力，麦秆所支持的麦穗重量要超过整株麦茎的重量，假如与麦秆同样重量的物质却生成实心的而不是空心的，它的抗弯和抗断力就要大大减低。""实际上也曾经发现并且用实验证实了，空心的棒以及木头和金属的管子，要比同样长短同样重量的实心物体更加牢固，当然，实心的要比空心的细一些。人类的技艺就把这个观察到的结果应用到制造各种东西上，把某些东西制成空心的，使它们又坚固又轻巧。"

2. 保证功用

在结构构件中，很多构件与竹子的构造是相似的。比如竹节桩就形似竹节（图7-22），在打入地下时，四周还要灌注小石子，以增加桩与土壁的摩擦，增加桩的支反力，加大桩的承载能力。钢结构中柱的设计也与竹节相似，在《钢结构设计规范》（GBJ 17—88）的第8.4.2条就有规定：

当实腹式柱的腹板计算高度h_0与厚度t_w之比大于80时，应当采用横向加劲肋加强，其间距不得大于$3h_0$；

横向加劲肋的尺寸：外伸宽度$b_s \geq h_0/30+40$ mm，厚度$t_s \geq b_s/15$。

第8.4.3条规定：

格构式柱或大型实腹式柱，在受有较大水平力处和运送单元的端部应设置横隔，横隔的间距不得大于柱截面较大宽度的9倍或8 m。

3. 构件的优化与美学理念的吻合

任何合理存在的事物都必须符合客观规律。各种科学理论、理念之间并不冲突，而是相互吻合的。例如，传统的中国人把圆木加工成抗弯强度最大的矩形，选择了近似黄金分割的比例（图7-22），而且为民间易于掌握的3∶2。在工程实践中得出的法式已经十分贴近，与自然规律、科学原理一致了。

黄金分割：$\dfrac{\sqrt{5}+1}{2} \approx 1.618$。

实用比例：3∶2=1.5，误差：$\dfrac{1.5-1.618}{1.618} \approx -0.072\,9 = -7.29\%$。

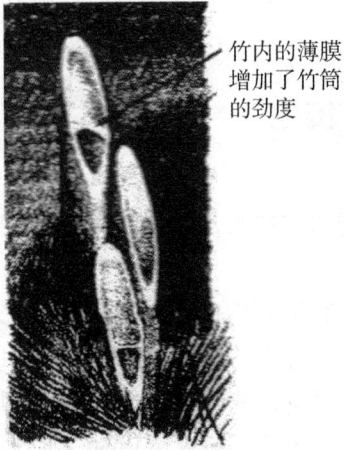

图7-21　竹节的构造

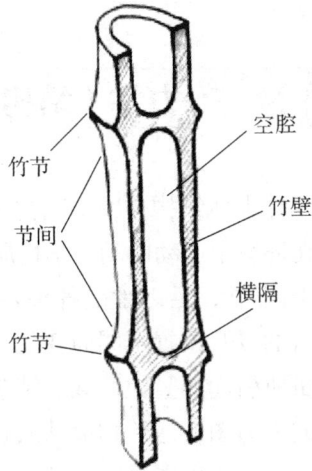

图7-22　竹节

图7-23　黄金分割

理论比例：$\sqrt{2}:1=1.414$，　误差：$\dfrac{1.5-\sqrt{2}}{\sqrt{2}}\approx0.060\,6=6.06\%$。

例如，我们把一根直径为a的圆木锯成截面为矩形的梁，如图7-24所示，梁宽为b，梁高为h。由力学分析，矩形梁的抗弯截面模量为

$$W=\frac{1}{6}bh^2$$

由图7-24可以得出：$h^2=d^2-b^2$，因此$W=(d^2b-b^3)/6$。

求W对b的导数：$W'=(d^2-3b^2)/6$，解方程$W'=0$，得$b=\sqrt{1/3}\,d$，则有$h=\sqrt{2/3}\,d$，即当W取最大值时，$d:h:b=\sqrt{3}:\sqrt{2}:1$。

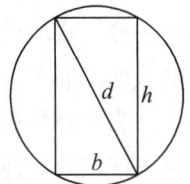

图7-24

第二节 力学（结构）仿生

力学仿生研究并模仿生物体大体结构与精细结构的静力学性质，以及生物体各组成部分在体内相对运动和生物体在环境中运动的动力学性质。

包围空间的结构必须坚固牢靠，足以承受各种各样外力的作用。外力的大小和方向随着材料、结构体系、建筑目的以及位置不同而变化。最为显著的荷载是建筑物本身的自重、雪、室内人和物品的重量所引起的竖向荷载。结构所承受的侧向力是由风和地震以及土和流体压力引起的。当侧向力力图使建筑物滑动或转动、风企图掀起屋顶时，地球引力将起到抵消并稳定结构的作用。荷载可能是永久性的，即恒载；也可能是暂时的，即活荷载；或偶然的，如爆炸、海啸、冲击等。活荷载的持续时间很重要，尤其是考虑挠度情况时（如徐变）。活荷载有静态与动态之分。不断变化的居住荷载一般是静态的，因为它的变化不快，而且比较稳定；风荷载的作用随建筑的刚度、高度和质量而定，有必要视为动态的。动荷载可能是周期的，如机器设备引起的震动；也可能是随机的，如爆炸引起的突发作用、"9·11"事件中飞机撞向世贸中心大楼。荷载按照分布方式可以分为点荷载（集中荷载）、线分布荷载和面分布荷载。

结构内力的产生可以是有意的，如施加预应力；也可能是无意的，如在生产和装配过程中产生的残余应力。当材料阻碍因温度和湿度变化产生的反应，或当材料不能在恒载作用下发生徐变时，残余应力便被保留在构件内部。

有些荷载不受时间的影响，例如恒荷载；其他一些荷载是受时间影响的，例如混凝土在硬化初期的收缩率逐渐减小。大部分荷载，不论是自然的，或是人为的，都比较复杂，我们应当适当地预测其对结构的作用和变化。

任何结构在承受荷载时，内部力流的组织都是树形的，具有方向性和分形性，这一点尤其突出地体现在无论何种结构，哪种植物，都遵循一个共同的原则——锥形原理：植物发芽、生长与建筑物，尤其是高层建筑的外形和建筑材料的配置，在这个方面存在着惊人的相似。在所有的树干、树枝、嫩芽、草茎及树冠、贝壳和蘑菇等形式中，我们都可以发现它的存在，如图7-25所示。建筑物在荷载作用下，力沿构件定向流动，具有树状分形性质，并符合锥形原理；应力分布表现出整体的有向性和局部的混沌性；和自然界中的植物一样，成哑铃形结构，具体体现在形态上上尖下粗，材料上上弱下强（如钢筋混凝土柱的截面配筋）。

自然环境中的许多草本和木本植物与建筑有着许多相似之处。近期人类热衷于建造高层（或高耸）建筑物，极像海洋中的珊瑚虫筑造珊瑚。从高空看香港，具有混凝土树林的感觉。从草木本的构造形态，建筑外壳、支柱、立柱和诸多的悬臂构件完全可以找到模仿的思路。一个生物体器官中基本汇集了所有维护个体生命的功能。亿万年的进化演化，以及在我们无法想象的各个时期，生命功能、支架和形体构造等过程为了种类的存活以最理想的方式汇集完成。人类的建筑活动最多只有几千年。形态、功能和结构通常在一定的时

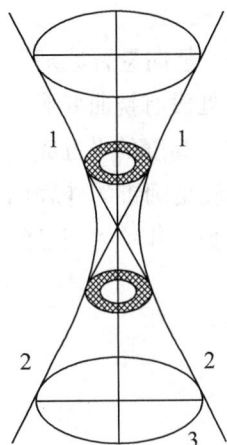

1—生长的圆锥；2—引起生长的圆锥；
3—引力。

图7-25　锥形原理

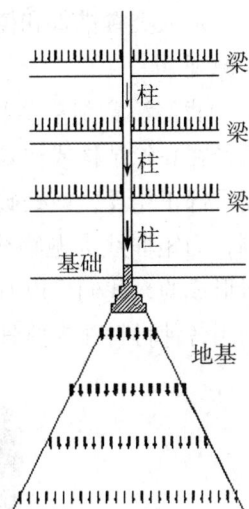

图7-26　建筑结构受力流向

间内遵循某种需要，这种需要是与当时的知识水准和生产力的发展程度相互关联的。毫无疑义，自然界中的各种构造和形态，都完全成为我们建筑和结构的学习榜样。

瑞士生物学家施威德勒早在19世纪就对谷类植物的茎秆做出了分析。草茎和树干与高耸的建筑物经受的荷载种类相似，但有着不同的弹性和稳定条件。

我们分析植物的茎秆并移用于建筑结构，需要对植物的细胞结构在作用后的变异和茎秆在纵横截面的形变以及相关弹塑性力学的知识有所了解。研究发现，最初生长阶段的树干结构不仅像夹插在土壤中的悬臂，而且可以被认为是一个在空间上多有变化的杆状物。

植物的弹性是各种不同的细胞成长所产生的结果。髓细胞比外部细胞长得快，由此而产生的内部压力就是在外部范围内造成延性和弹性，这样就不禁使人联想可与预应力混凝土原理相类似。

树干的外部形状与支承自重、风等外界作用所需的功能有着直接的关系。一般情况下，与树干相连的、土壤中的巨大根部的横断面赋予了树干最大的稳定性。树干则由抛物线锥体形式转化为圆锥体形式。

植物的茎秆有着不同的断面形状：圆形、卵形、多角形和近似方形等；在不同的断面上有着或凸或凹的沟槽，因而就有光滑或粗糙的表面。植物的茎秆在有强风吹袭的地区显示出一种特性，即在主要风向的轴线上，其断面多为卵形。按照静力学原理，对着风轴的大直径树干的力学几何特性可以提高，树干底部除了有较大的面积保证树干的稳定外，还有对于风荷载的截面惯性矩。

此外，树干还有大量的木质细胞，在树干底部这些细胞又可在树干受挠曲时承受压应力，同时缓解应力集中。上部靠顶端的细胞富有弹性，使树干顶端在强风作用下可发生较大的挠度，增大树干抗挠曲的能力，阻止或减弱风对树干的冲击作用，因此就可以降低树干断裂的风险。如果自然界中植物没有这种弹性存在，植物根系就不可能把较强大的风荷载传递到土壤深处。这个分层次的抗挠曲能力正是自然界中轻型建筑原则的一个有力的证明。

从人类脊椎骨和植物的茎秆的功能和支承结构中，我们可以联想到已经知晓的建筑结构原理。

我们注意到草茎和树干在风荷作用下是如何做弹性倾斜的，这一"竖向悬臂原理"已经在高耸结构或构筑物中得到应用。顶端的弯曲力矩实际上为零，此处没有挠曲变形；而根部正相反，该处破裂的危险性大。风荷经常是在水平方向作用，并与高度的平方成比例，力矩曲线为抛物线形。许多电视塔（图7-27）根部的圆锥形抛物线是圆锥的外表面所形成的，我们可以看到其在建筑造型和结构上的坐落宽度和稳定性。数千年前人们已经利用各种材料和支撑骨架实现了锥体原理，最著名的就是埃及金字塔。

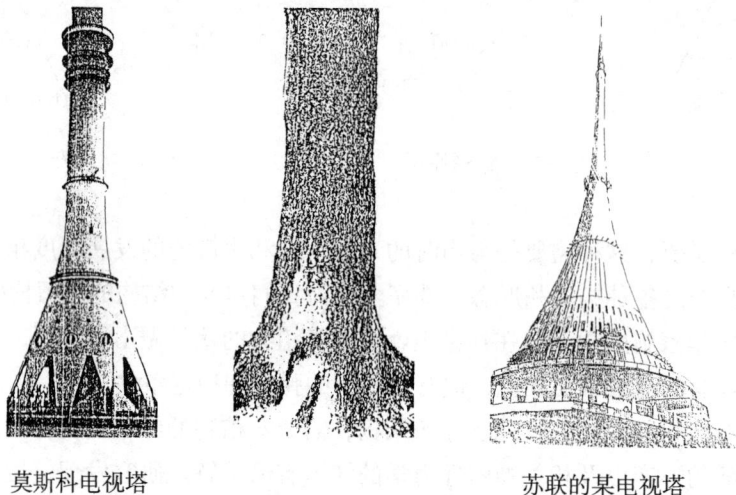

莫斯科电视塔　　　　　　　　　　　　苏联的某电视塔

图7-27　莫斯科电视塔与树干根部的比较

锥形建筑的高度越大，所需的建筑底面积就越大。这样的资源耗费植物是不能办到和容忍的。它们在节约底面积方面有其独到的方法，边地丛生的草本植物巧妙地解决了对风荷载的抵抗问题。

多数草本植物具有纺锤形的茎秆，像希腊神庙的立柱那样，在高度的一半处有一个隆起，即卷杀。这个"卷杀"增大了茎秆对风荷的抵抗能力。希腊柱的卷杀给人一种来自屋顶的压力把柱子压粗的视觉印象。但是草茎对于风荷载的抗挠曲能力是通过一个分层次的周边分布和挠曲力矩在结节范围内的减弱而决定的。

G·沙肯亚姆对这个周边分布和减弱原则做了深入的分析。为了较容易地理解该原则，他做了如下比喻：一个自由立着的石柱在极高的水平荷载作用下可能分裂成4个不同高度的段落，每一段落的大小（图7-28）与该段落的力矩面的高度约相等。在自然界，这个杰出的原则赋予各种草本植物延续的机会，它们的茎秆在一定的间距就生长出带叶鞘的结节。图（a）具有阻尼结节叶鞘的草茎——茎梗处的加厚部分；图（b）表示草茎在风荷载作用下的受力状态；图（c）秆草茎自下而上各叶鞘间间距逐步增大的原则是按照力矩平面内各相等面积的重心位置而相吻合的；图（d）表示秆在风荷载作用下，草茎的弯曲力矩曲线的分布情况，该曲线是由于叶鞘具有弹性铰链作用而生成的。

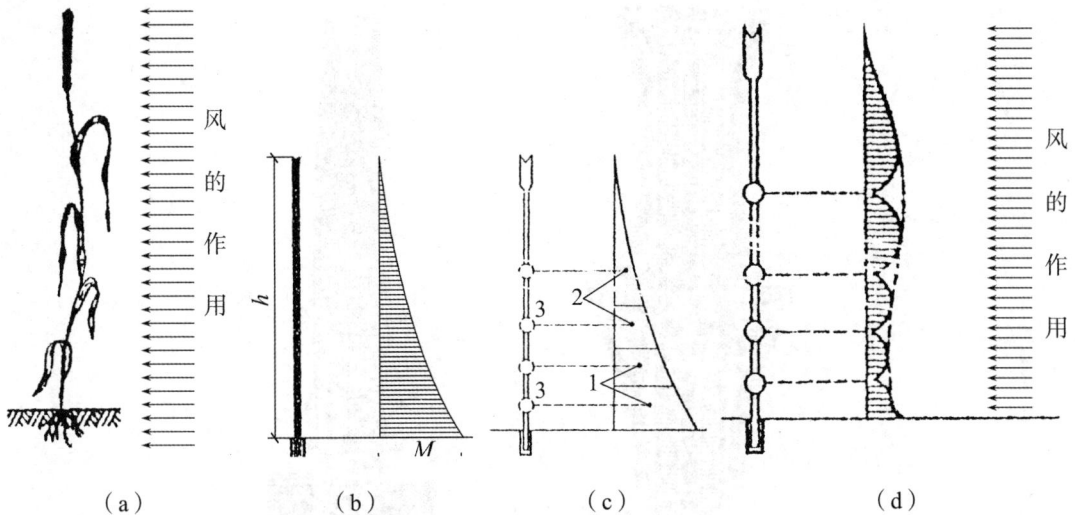

（a）　　　　　　（b）　　　　　（c）　　　　　　（d）

图7-28　草茎的受力分析

坚硬的叶鞘在一定程度上可以说是一个"铰式减震器"。它减弱弯曲，包住继续向上生长的延伸部分并同时使之巩固。这一力学装置同有弹性的茎秆一起就可以使结节处的力矩能典型地压缩和复原。

与直向悬臂不同，该处的挠曲力矩的减小要十分重视。根据这个事实产生了"材料经济"和能量节省，特别是在茎秆的下部。中空的茎秆随着高度的增大，圆管截面减小，而其弹性却加大；茎秆外皮凹槽增加了茎秆的截面强度。硬化了的蛋白细胞圈的强度由底部向顶端逐渐减弱。除了结节的缓冲机制外，茎秆的弹性和强度通过细胞的"强""柔"相济、共同作用而实现的，这也是拉压应力的共同作用。在茎秆的根部，为了平衡相对减少的截面面积，其浓缩度就呈现出最大。

在结节范围内，随着横截面相对缩减，硬化蛋白细胞的强度也变小，直到结节的中部。

此外，叶鞘在对重新扶正折曲了的茎秆方面起着一个极为重要的作用。通过折曲点和结节下面的细胞延伸，又通过细胞构造组织，茎秆可以像塑性流体那样被压迫成垂直的位置。这一点对于我们研究高耸结构新的施工工艺有一定的借鉴价值。

以自然界草本植物茎秆的结节为原型，苏联建筑师A·L·L设计出一个架构，用于多功能用途的超高塔式建筑。他模仿禾科植物茎秆结节，在这个架构上按照一定间距安设阻滞振盈的结构，减少了挠曲力矩（图7-29）。

树干和草茎的构造原则不仅局限在生物工程方面。当将自然界的构成法则应用到建筑结构中时，必须不向自然抄袭。相反，一个形态、结构和功能的模拟单元要发展为创造性的设计过程，在完成结构细节时，形状和功能要显得一致。

为了将自然界的结构原理自觉地运用到建筑结构中，精确地研究有机自然中的结构就显得十分必要。对此要认识缘由和仿生效用，并准确顾及所有有影响的因素，尤其是相对柔性的有机物和相对刚性的无机物之间的差异。

任何一个结构形体都要受到外界的各种作用。形体的合理是相对的，绝对的最优解不可能清楚地得到，也没有必要得到。我们只要达到相对所需的最优即可。

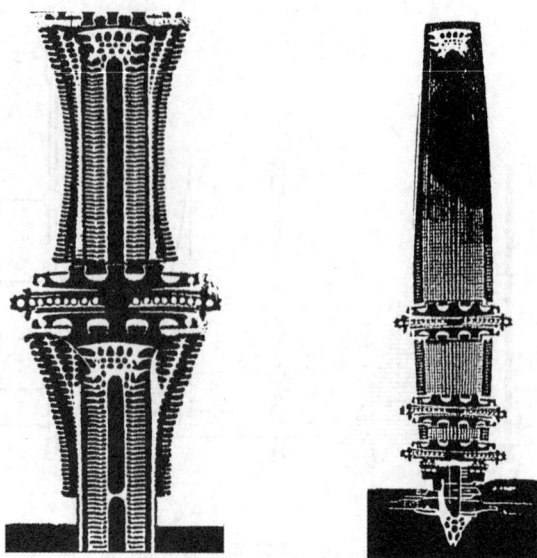

图7-29　仿草茎结构——具有多功能的超高塔式建筑
的理想型设计，带有铰式减振器

第三节　材料仿生

建筑材料仿生就是仿照生物躯体的组织结构、化学成分、色彩及生态特征，研究出卓有成效的新型材料，来满足人类对建材性能和品种日益提高、增长的需要。它是当前国内外建材研究中引人注目的一个方面。

在建材的结构和功能上，人们利用仿生学的原理取得了很大的成效。就拿蜜蜂来说，它不仅是蜂蜜和蜂乳的酿造者，而且是生物界出色的"建筑师"。蜜蜂用蜂蜡建造起来的蜂巢是一座既轻巧又坚固，既美观又实用的杰出建筑物。轻质高强是建筑材料和结构的发展方向。人们从蜂巢上获得启示，为了减轻钢筋混凝土的自重，创造发明了蜂窝泡沫混凝土，如加气混凝土，还有泡沫塑料、泡沫橡胶、泡沫玻璃等。实践证明，这些内有气泡的蜂窝状材料，既隔热又保温，结构轻巧又美观。目前，它们已在国外获得了广泛的应用。

因此，建筑材料的研究和发展是用超强的人工材料与其他材料相组合，以制造应用新的既坚固又轻巧的建筑材料的趋势。材料是人类进化史的里程碑，现代文明的重要支柱，发展高新技术的基础和先导。空间结构的发展与建筑材料的发展密切相关。

植物在其生长的自然环境中承受着来自各方面的作用，如风、雨和自身的重量。细胞物质的韧性和弹性是它们的优秀本质（图7-30）。

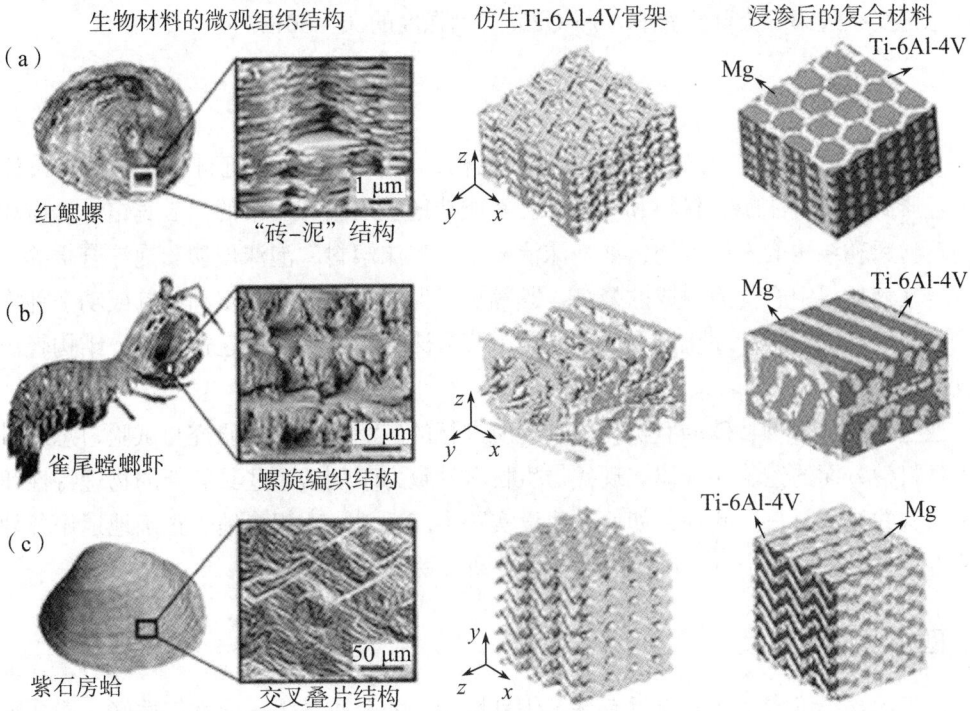

生物材料的微观组织结构 · 仿生Ti-6Al-4V骨架 · 浸渗后的复合材料

（a）红鳃螺 "砖-泥"结构 1 μm

（b）雀尾螳螂虾 螺旋编织结构 10 μm

（c）紫石房蛤 交叉叠片结构 50 μm

图7-30

一、复合材料

钢筋混凝土的出现是树根与泥土的附着和加固关系的直接移用。园艺场里用水泥制成的蓄水池、花坛经常被碰碎，曾使法国园艺师约瑟夫·莫尼埃很烦恼，后来他发现植物的根能使松软的泥土变得坚固，于是1865年他用旧铁丝仿造植物的根系织成交叉结构，再用水泥、石子浇筑在一起，砌成花坛、水池，结果很坚固。这就是原始的钢筋混凝土。

二、植物纤维

约翰·高登曾详细研究了材料的物理特性，对材料特性发表了如下评价："用作结构的材料其最严重的缺点并不是缺乏强度或硬度，而是缺乏韧度，虽然强度或硬度是必要的。换句话说一个贫乏的韧性抵抗力将造成裂痕的形成"。

无论是哪一种高强材料，它都有一个结晶的原子结构。比如钢铁，在显微镜下能发现其原子晶格有内部缺陷，即源自原子晶格的变形和破裂。在外部荷载作用下，这种变形和破裂由于应力集中迅速发育、扩展开来，渐次形成宏观上材料的脆性和破裂。直到20世纪中叶，新型钢材有了进一步的研究，金属材料才克服了这种类似铸铁的脆性，并可通过计算将这种缺陷广泛地予以排除。

在植物、树干、草茎或者嫩枝的中轴上，因为它们有着特有的细胞结构和稳固的组织弹性，裂纹就不能扩展到整个横断面上。细胞组织的纤维越细，裂纹出现的可能性越小。这个自然规律在发展人造纤维材料时为人们所认识，如极薄的超强纤维中的玻璃纤维，其强度总是要超过第三类建筑钢材A3（Q235）钢强度的20～30倍。

三、网格结构

人们模仿蜂巢创造了既轻又美的网格结构，而且也用于建筑材料的设计，设计出了种种轻质高强的泡沫蜂窝材料和结构，已经成功地应用于广州市的白云宾馆。轻质和高强是建筑材料和结构的发展方向，如泡沫混凝土、泡沫塑料、泡沫玻璃和泡沫合金等。实践证明，这种材料中有气泡组成的蜂窝，既隔热又保温。英国的建筑师试制成功一种蜂窝墙壁，中间填满由树脂和硬化剂合成的尿素甲醛泡沫，用这种墙壁建造住宅，结构轻巧，冬暖夏凉。

通过对某些生物特殊的有机构成结构所进行的广泛而深入的研究与试验，总结出某些仿生材料学方面的经验和规律。现代仿生材料学致力于创造一些具有新的物理特性和材料组织结构的建筑材料。此外，如何在建设实践中广泛地、大规模地、正确地运用各种新型的仿生材料，也是一个具有广阔发展前景的研究课题。

四、混凝土改良

由于内含纤维素，使木材具有许多优良性能，如轻质高强、弹性韧性好、能抵抗冲击和振动。人们由此受到启发，制造出许多纤维材料，如掺加石棉纤维的石棉水泥瓦，掺加木质纤维的波形瓦。近年来美国研制出一种玻璃纤维瓦，其核心由有机纤维玻璃薄垫物构成，除具有一般纤维瓦的性能外，还具有较好的耐用性和防火性能。澳大利亚为了保护森林资源，采用易生长的竹子制作竹浆纤维，来增加水泥制品的抗折性和断裂韧性。印度正采用稻谷壳制取轻质高强的纤维板。日本在普通混凝土中掺加约1%的长纤维状分子填加剂，这种纤维互相缠成网状，其形状恰似蜘蛛织成的网，使纤维分子的黏度增加，包住混凝土的组分，从而使混凝土在水中也不会分散、凝固，便于水下工程的施工。

五、建筑塑料

在色彩和质感上，人们利用仿生学原理研制出千姿百态、五彩缤纷的建筑材料。如我国有些建筑物内墙和地板装饰采用木纹色，这种淡而不薄、厚重相宜的色彩给人朴实、自然的感觉，可缓解人们因工作而造成的疲劳与压力，达到较好的视觉效果。我国从美国、加拿大等国引进的"绿色建材"中的乳胶漆，是一种墙体装饰材料，其色彩采用自然生物的颜色，如丁香紫、香草黄、象牙白、浅豆绿等，这种活泼清新的色调，温馨亲切，给人以美的情趣，能使人得到健康休闲的满足。日本等一些国家研制出一种绒面涂料，除具有普通涂料的作用外，还模仿动物的皮毛和肌肉，赋予涂膜弹性、柔软的手触感，和较好的消光效果，受到了市场的欢迎。荷兰BOLL公司推出一种新型的塑料地板，是一种用维尼龙和PVC制成的复合材料，具有防腐、防静电和抗老化的性能，其下部有气垫底层，具有隔热保温的效果，踩上富有弹性，宛如行走在羊毛地毯之上。英国已经研制成功一种具有多种用途的弹性水泥，具有较强的抗冲击和折断的能力。

六、智能材料

在一些高层建筑上，人们利用仿生学原理，应用恰当的装饰材料，将风、光等对建筑产生负面影响的能量转化为高层建筑环境所需能量的一部分，化害为利，变废为宝，创造更富有活力的生存与行为环境，并满足节能的要求。如比利时首都布鲁塞尔马蒂尼大厦的建筑师和工程师，模仿变色蜥蜴的皮肤对环境能做出反应的优点，在建筑界面外装置一层遮阳百叶作双层皮，通风管道置于双层皮中。夏天可阻挡阳光，减少冷气负荷，并创造出一种垂直日光层叠效应，可从办公室中抽拔排出废气；冬天双层皮用作日光采集器，加热空气预热空调，这样既达到了装饰的目的，又达到了节能的目的。

七、多功能材料

在化学成分的研制上，人们发现，生物汲取自然界物质元素构成它们的自身，并不像人类研制材料那样大动干戈，采用很多种元素，把成分和配比弄得很复杂，并且很多材料还要经过高温烧结。许多生物仅用了一百零几种元素中的十几种，就组成了仪态万千、性能优异的"材料"。例如，贝壳的抗张强度高达$1\,000\ kg/m^2$，远大于水泥。其实，它的成分很简单：95%是石灰石（碳酸钙），5%是蛋白质，两者黏结成坚不可摧的整体，而且并不需要高温烧结，这就给人们很大的启示，促使人们寻找化学组成简单、工艺简化并节省能量、减少环境污染的新型建材。如美国国家实验室已研制出一种高强度聚合物水泥，它是用糠醛醇水溶性黏结剂的聚合物制成的，可快速修补公路、桥梁和机场跑道。

迄今为止，所有的材料都是死物。能不能研究出一种具有生命活性的材料呢？国外有的科学家设想，通过生物工程的研究，把在大海里繁衍成珊瑚岛的珊瑚虫改造成一种能按人的要求生成高楼、大坝、码头等的建筑物，或在陆地先造出房屋金属网状结构，然后放到海里，让软体动物填满网格，等到动物死去，大量动物尸体硬化，由珊瑚和贝壳等构成的复合材料房屋结构也就完成了。用这种方法建造海洋工程及沿海房屋，具有施工方便、就地取材、速度快、造价低等优点。此外，防水材料一直是个难题，而人和动物的皮肤具有很好的防水性能，汗液可以渗透出来，外面的水却进不去。这一巧妙功能促使人们探索皮肤微观结构的奥秘，将为解决建筑防水材料开辟新的途径。

生物的某些特征是经过亿万年的不断进化而形成的，它是大自然的杰作，无一不闪烁着科学的火花，这是人类取之不尽的知识源泉，只要我们认真去研究，就可以揭开其奥秘，并加以利用，促进人类文明的发展。进行建材仿生所得到的建材产品，能美化人们的居住环境，改善人们的生活条件，构筑舒适、新奇、迷人的生存空间。材料科学与生命科学的结合，将成为21世纪最具有活力的学科之一，仿生建材的发展方兴未艾，有着广阔的应用发展前途。

八、锥形原理

在建筑结构的材料仿生中，建筑材料的配置和结构及其构件的尺寸一样遵循着锥形原理，截面尺寸受到限制，不便变化时，往往通过材料的配置来实现。例如，高层结构的混凝土承重柱，下部的配筋率始终大于上部的配筋率，这也就在柱子截面强度上遵循了锥体原理。

　　事实上，在强度方面，本来就应当遵循锥形原理；在此前提下，结构（或构件）的尺寸可以做连续的变化。此时，结构（或构件）的尺寸遵循锥形原理，可以看作在同一材料情形下的一个特例。

第四节 ｜ 功能仿生

一、多功能结构仿生

　　大自然精巧绝妙的设计必定忠实于功能。绝大部分结构部件都具有多功能的作用。竹子是空心的，它既是自身的支承结构，也是各种养分的输送"管道"。甘蔗是一年生植物，"施工周期"和"使用年限"比较短，因此蔗秆周边是薄壁承重结构，而秆芯是一种"轻质填充物"。这种结构与功能密切结合的形式在建筑结构业中已得到应用。近年来各国摩天大楼如雨后春笋，大多数采用圆筒结构形式，在筒内布置电梯或楼梯，如慕尼黑BMW公司25层办公楼的四个结构圆筒作为整个建筑物的支承并兼有竖向交通的功能（图7-31）。竹竿是空心的，生有结节，柔中带刚，细长比可达1：250，当代高层建筑中这种薄壁的结节和功能结合起来被普遍使用。比如美国芝加哥西尔斯大厦（110层，420 m）是由9个方筒箍在一起；芝加哥第一联邦银行大楼60层，从外形可以看出高楼上均有竹节的水平结构层。这种水平的结节又往往和设备层结合起来，实现功能与结构的统一。

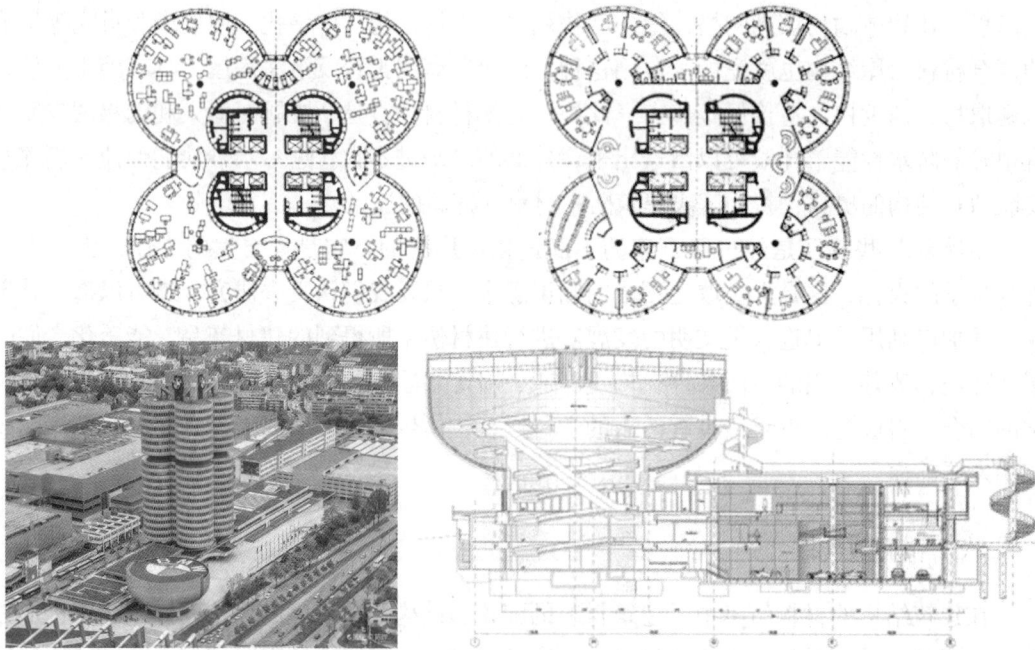

图7-31　慕尼黑BMW公司25层办公楼

　　许多生物对自然环境的变化有很大的适应性，例如通过生物表皮的毛细管渗透，使生物体具有散热、吸热和排湿，达到冷热干湿自动平衡，以适应各种环境的能力。但是目前建筑物对自然环境缺乏自动适应的装置，只有依靠机械强制调控。能否利用建筑物围护结构的毛细渗透实现类似生物的微循环来自动调节室内的温湿度呢？这是值得我们深思的问题。应该说，在建筑仿生学方面，功能仿生是最薄弱的一个环节。

　　自然界中有的动物做得比我们人类好。澳大利亚白蚁能够将洞穴建成5 m高的土墩，平整的表面既可以利用早晚的阳光，又能防止中午的暴晒。白蚁洞穴内是多孔的结构，在洞内大约有4 m深的地下水慢慢流过，阳光的热能使得凉爽而潮湿的冷空气上升，在整个洞穴中形成对流，保持恒温。许多生物自身的循环系统用来保持自身冷热调节功能，也是生物存活的一个重要因素。我们可以从这种自然现象中受到启发，将一些循环的空调管道安放在天花板、地板和墙壁内，管道内密闭流动聚苯乙烯类的材料，从而起到自动空气调节的作用，如图7-32所示的蚂蚁塔。

新筑的蚂蚁巢穴　　　　巴西发现巨大地下蚂蚁王国

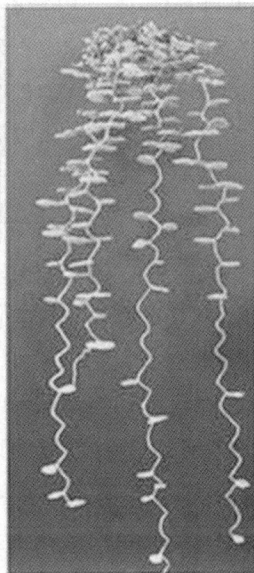

四通八达的蚂蚁巢穴　　科学家对蚂蚁巢穴的研究　　科学家塑形的蚂蚁巢穴

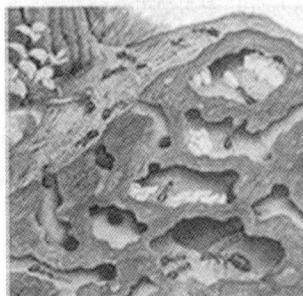

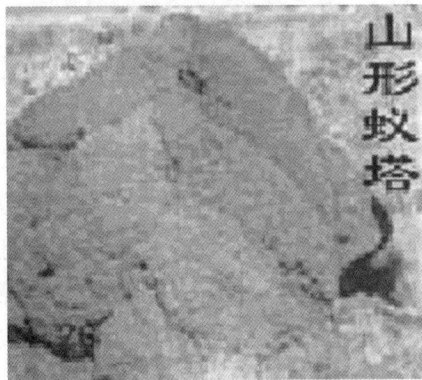

高耸的柱状蚁塔　　　　　　山形蚁塔

图7-32　蚂蚁塔

二、智能结构仿生

当前，一切工程结构都是按照力学原理设计的，建筑物没有生命、没有智能，不能感知自然灾害的作用，也不能做出适当的响应来保护自己。为了保证结构安全度，我们往往采用保守设计，增大结构的尺寸与重量，从而也增加了人力、财力与资源的消耗。如果我们能够仿照生物体结构，就能使建筑物具有生命、智能，即在建筑和结构中向自然界和生物体进化的过程进行学习、思考，从中得到启示，可以从根本上解决工程结构整个寿命期间的安全及减小灾害影响的问题。

智能结构是用模拟生物的方式感知结构系统内部的状态和外部的环境，并及时做出判断和响应。它们具有"神经系统"，可感知结构整体形变与动态响应、局部应力应变和受损伤的情况；它们具有"肌肉"，能自动改变或调节结构的形状、位置、强度、刚度、阻尼或振动频率；它们也具有"大脑"，能实时地监测结构健康状态，迅速地处理突发事故，并自动调节和控制，以便使整个结构系统始终处于最佳工作状态；它们还具有生存和康复能力（自补偿），在危险发生时能够保护自己，并继续"生存"下来。

目前在建筑结构领域中，所研究和应用的智能控制系统与神经元的工作原理相同，或者干脆就是模仿神经元原理创建的。一般的智能控制系统是由传感器、信息传输设备、中央处理器、指令传输设备和反应器组成。

神经元也就是神经细胞，它是神经系统的结构单位和功能单位。人的神经系统中包括100多亿个神经元，它们在体内形成网络。通过感觉器官和感觉神经（传入神经）接收来自身体内外的各种信息，传递至中枢神经系统内，经过对信息的分析和综合，再通过运动神经（传出神经）发出控制信息，以此实现肌体与内外环境的联系，协调全身的各种机能活动。

智能结构系统是在结构中集成传感器、控制器及执行器；赋予结构健康自诊断、环境自适应及损伤自愈合等智能功能与生命特征，以达到增强结构安全、减轻重量、降低能耗、提高性能为目标的仿生结构系统。

智能结构系统的构想来源于仿生学（图7-33），精髓是集成，即知识集成、技术集成、结构集成、系统集成。其主要特点为：① 智能材料的应用，即把具有感知与驱动属性的材料进行多功能复合及仿生设计，直接成为传感器与执行器；② 结构集成，即把传感器、执行器及控制器集成在结构材料之中，因而更接近生物体结构；③ 高度分布的传感及执行信息，特别是智能控制的发展为将力学意义上"死"的结构转变为具有某些智能功能与生命特征的"活"的结构创造了条件；④ 由于上述特征，有可能把目前广泛采用的离线、静态、被动的检查，转变为在线、动态、实时的健康监测与控制。

智能结构系统的思想必将导致结构安全监控、性能改善，与减灾防灾的思想观念产生质的飞跃，将是工程结构设计思想的一场革命。智能结构系统的诞生是信息科学与工程及材料学科相互渗透与融合的结果，已经在一些重要工程的健康监测与控制方面展现出了良好的应用前景，引起了世界各国，尤其是主要发达国家的极大重视，被列为21世纪优先发展的研究领域和优先培育的高新技术产业之一。

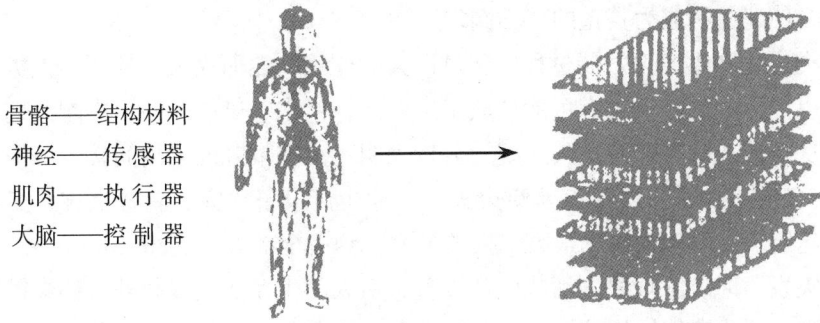

骨骼——结构材料
神经——传感器
肌肉——执行器
大脑——控制器

图7-33　智能结构系统的仿生学模型

　　未来的工程结构在灾害发生时，能够迅速感知灾害对结构的激励，并及时做出判断，自动调节和控制结构的特性，以使整个结构系统始终处于最佳状态，能够自我保护，达到继续生存的目标。因此，发展新颖的结构响应控制的原理、方法与技术，是结构仿生工程——智能结构系统的又一主要目标，对于工程结构的减灾防灾具有重大意义。现在已经存在的各种结构的控制方法，包括被动、主动、半主动以及复合控制方法等如图7-34所示。

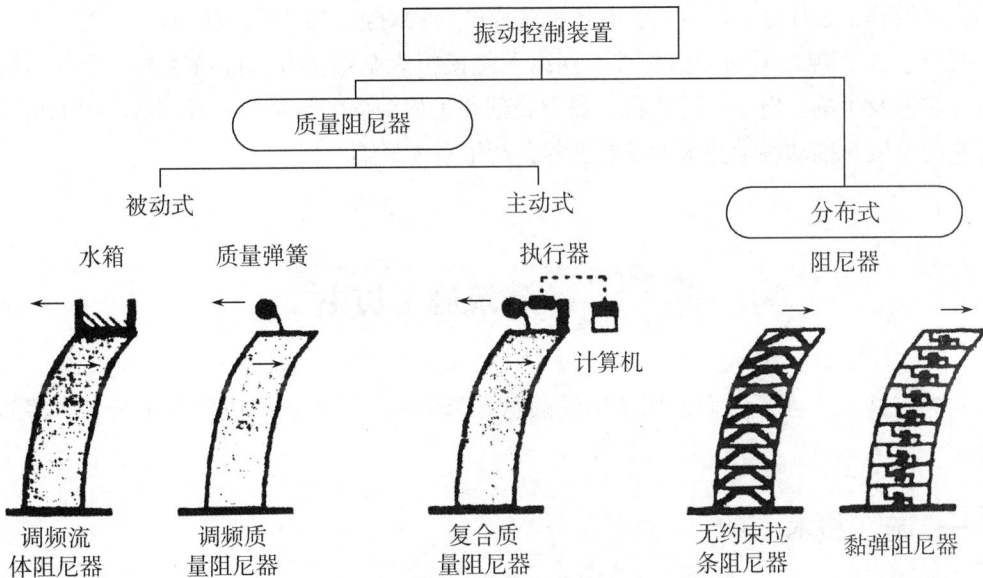

图7-34　结构振动控制方法示意

　　对于建筑物来说，地震是有史以来不可抗拒的自然灾害之一，一直威胁着人类。实际上，地震也是一种震动激励，只是波形复杂、强度大而已。我们完全可以采用智能结构的思想对这一重要课题进行研究，主动地使这种自然灾害造成的损失降低到最低点，而不只是被动地预报、预防和救灾。另外，指纹学的研究发现，指纹的解剖结构与纹形结构应用于抗震建筑设计，可以大大增加建筑物的抗震强度；猫的足部厚厚的肉垫不仅使它在行走时悄无声息，而且具有很好的隔振减振功能。因而，我们可以综合地将仿生设计的思想方法应用于建筑结构设计，比如在建筑物基础和上部结构之间设置隔振橡胶垫或弹簧板，用以隔振减振，使建筑物成为真正的"不倒翁"。

火在人类进化和生产力发展过程中起过巨大的作用，然而火失去控制给人类生命财产造成的危害也是巨大的。火灾有可能造成工厂停产，供水、供电中断，影响人们的正常生活与工作，从而造成间接经济损失。统计分析表明：火灾带来的平均间接经济损失是直接经济损失的3倍左右。火灾类型有建筑火灾、工业生产设备火灾、森林火灾、交通工具火灾等，其中建筑火灾发生的频率最高，损失最大，约占全部火灾的80%。

建筑火灾发生时，除烧毁生活或生产设备，对人的生命造成威胁外，还会损毁建筑室内装饰及门窗，造成建筑结构破坏，继而造成更大的人员伤亡和财产损失。

在重要建筑的防火设计中，我们也应用分布到建筑物各处的传感器、传入电缆、指挥中心、传出电缆、喷淋灭火装备组成的智能控制系统。一旦建筑物某处的温度或烟雾达到或超过规定的警戒值，传感器就会发生反应，将阈值信号通过传入电缆输送到指挥中心，指挥中心经过分析研究后，发出指令，传到相应的反应器，反应器根据指挥中心的指令作出反应，发出警报，对相应位置喷水、降温、灭火，或消除烟雾。这样可以降低火灾发生的频率；即使发生火灾，也可以使灾害损失降低到最低限度。

智能控制是仿生产物，现已应用到人类生活的各个领域和层次。在建筑物的信息化施工和管理中也得到广泛应用。比如，桩基础和深基坑的动态施工过程中，由于对地基的勘察不可能做到十分详尽，同时也会有各种各样的因素对施工工程造成影响。

另外，人工神经网络（简称神经网络）是模拟人脑结构及智能特点的一个前沿研究领域，它涉及生物、电子、计算机、数学物理和工程等众多学科，有着非常广泛的应用背景，它的发展对推动科学技术的发展进程会产生重大影响。

第五节 建筑施工仿生

在施工技术方面，人们运用仿生学的思想革新施工技术、改进施工工艺、完善施工管理。

一、施工技术

人们将动物开挖巢穴的活动移用到自己的建筑活动中去，逐步改进了建筑施工技术，大大提高了功效和施工能力。比如，泥浆护壁技术是模仿蝉虫掘土成洞时利用体液加固洞壁；盾构施工技术模仿甲虫挖洞时利用自身甲壳保护自身；施工工艺逆作法的构想来源于植物本末干根同时生长的方式。我们还可以设想模仿植物的生长原理，人类建筑也可以逐渐生长，比如高耸建筑中的滑模和飞模施工技术就已经具备这种设想的印痕。我们还可以模仿蜗牛的爬行对建筑物进行整体搬迁，即平移工艺。

逆作法施工是根据树木树干和树根相背同时生长的原型创造的。

所谓"逆作法"是指在修建带有多层地下室的高层建筑深基础时，采用与传统施工方法相反的施工程序。其先决条件是以地下连续墙作为建筑物结构的承重边墙。逆作法的施工程序是：先施工作为地下室边墙和围护结构的地下连续墙，接着施工作为内部结构支撑的中间支承柱，然后开挖第一层地下室的土方，随即浇筑地面层的梁板结构而与地下连续墙成为整体。以地面层为准，继续向下开挖土方及浇筑梁板结构交错施工，同时开始主体结构向上的逐层施工，直至工程结束。

逆作法与常规施工方法相比较具有明显的优越性。采用常规方法施工深基础，必须先开挖土方，然后由下向上施工地下室结构，一般约需总工期的1/3。而逆作法逐层浇筑地下室的梁板结构也成了地下连续墙刚度很大的横向支撑，因此基坑的变形小，对临近已有建筑的影响也很小。而且占用场地面积小，不影响临近基坑的交通干线的正常使用。

通常情形下，逆作法施工都先浇筑地面结构层混凝土，然后上下同时施工，称之为封闭式逆作法（图7-35）；如果由于特殊需要，暂不封闭楼板，先逐层向下展开地下室的施工，则称之为开敞式逆作法。开敞式逆作法的施工条件较好，但须占用工期。

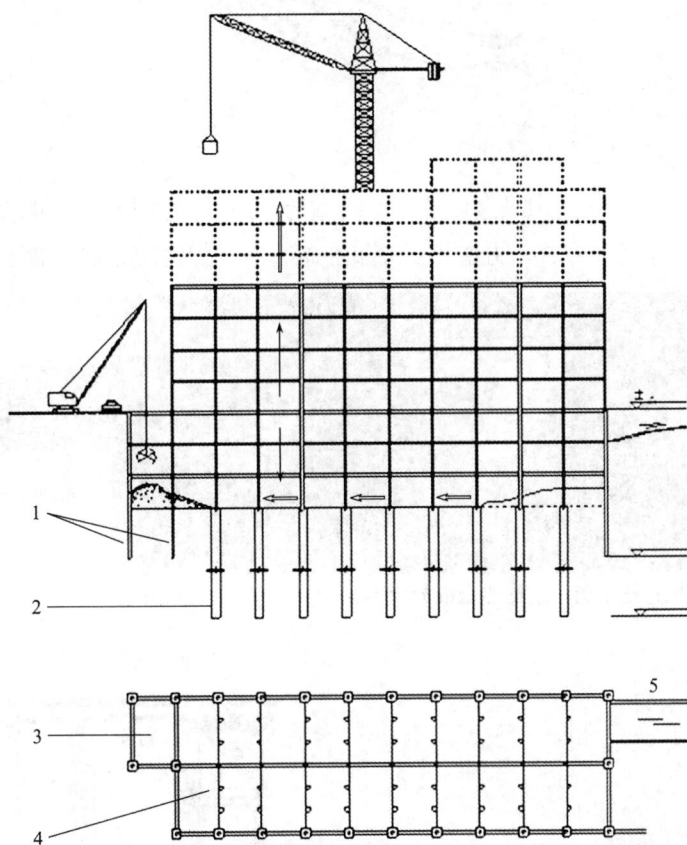

1—地下连续墙；2—灌注桩中间支承柱；3—主要运输孔道；4—分布运输孔；5—斜车道。
图7-35 封闭式逆作法施工工艺布置示意图

人们在地下挖洞与船蛆在木头中挖洞的过程类似，都是挖长长的洞。我们可以通过类比仿生船蛆而建造一个类似的机器——盾构机。

船蛆挖洞时使用头部前段的贝壳，每分钟约旋转8~12次，利用壳面上的锉状嵴将木材锉下，木屑又可作为它的食料，身体分泌石灰质衬于穴道内壁，用于抵抗木板膨胀和保护自己。它钻入木材后靠两个水管与木材外面相通，活动时两个水管自木材表面的洞口伸出，所需要的食料和新鲜海水从鳃水管流入体内，体内的废水和排泄物从肛门水管排出体外。

现代的盾构机已经采用机械化代替人工，它包括刀盘、出土系统、拼装系统和推动系统等。盾构机的刀盘类似于船蛆的锉状嵴，通过旋转将前方泥土削下来，出土系统类似于船蛆的排泄管道，将泥土运到洞外，配装系统安装管片类似于船蛆分泌的石灰，在挖完的洞壁上形成坚固的硬壁，从而保护自己和挖好的洞。推动系统类似于船蛆的身体，推动刀盘向前方推进（图7-36）。

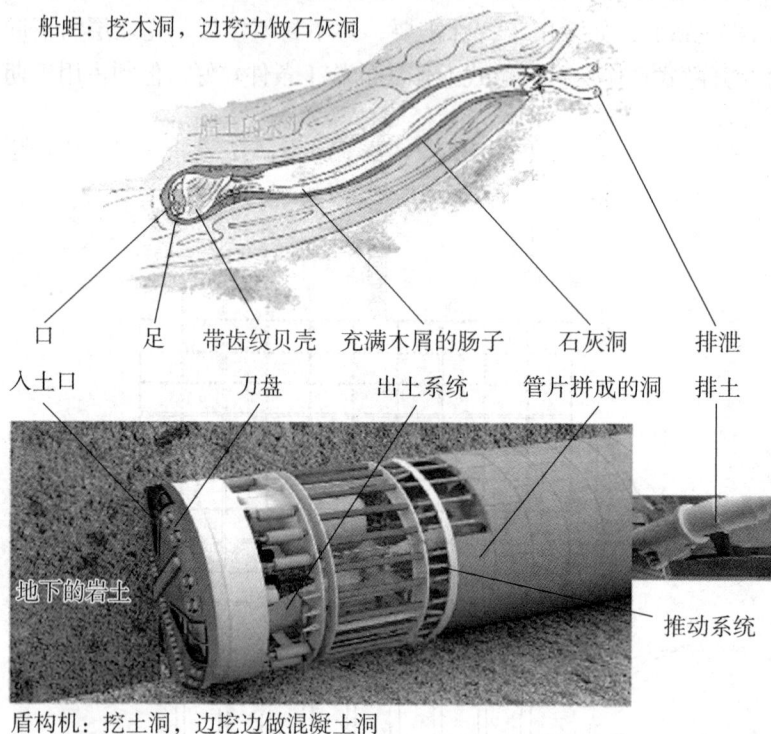

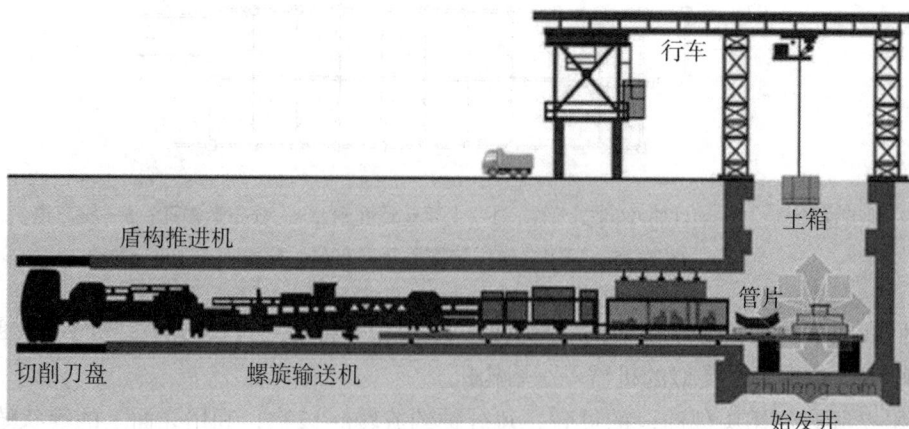

图7-36　盾构机挖洞整体示意图

二、施工机械

各种施工机械、施工工具和日常所用的各种生活工具很多都源于动物界。起重机的原型是鸟类或大象，在英文中起重机的单词就是crane（鹤）；推土机的发明可能来源于屎壳郎；各式挖土机的设计原型是人挖土的各种动作，如正铲（捧）、反铲（搂）、抓铲（捞）、拉铲（拖）（图7-37）。蛙式打夯机（俗称蛤蟆夯）、羊足碾；某些重型施工机械的行走方式也是在模仿蜗牛的爬行。

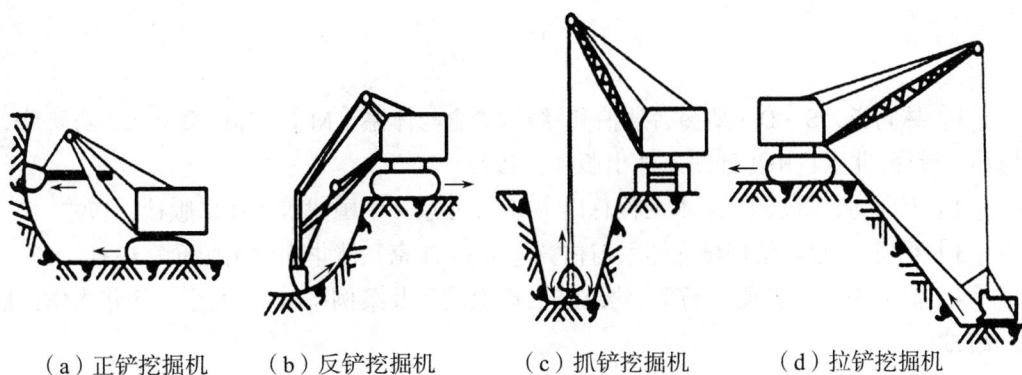

（a）正铲挖掘机　　　　（b）反铲挖掘机　　　　（c）抓铲挖掘机　　　　（d）拉铲挖掘机

图7-37　单斗挖掘机工作简图

三、施工管理

在管理技术方面，社会性昆虫，如蚂蚁、蜜蜂，是昆虫世界的"智慧之花"。在各种蚁（蜂）类社会中，各品级的蚂蚁（蜜蜂）之间等级森严，分工明确，不论是觅食、筑巢，还是行军作战，皆能各司其职，秩序井然，其完善程度和有效性在某些方面是人们目前远远比不上的。尤其是蚂蚁（蜜蜂）的勤劳、聪颖、智慧、团结合群和牺牲精神等，也给人类不少有益的启示。

参考文献

［1］林同炎，S・D・斯多台斯伯利. 结构概念与体系［M］. 2版. 高立人，方鄂华，钱稼茹，等译. 北京：中国建筑工业出版社，1999.

［2］丁大钧，蒋永生. 土木工程总论［M］. 北京：中国建筑工业出版社，1997.

［3］罗福午. 建筑结构概念体系与估算［M］. 北京：清华大学出版社，1991.

［4］罗福午，张惠英，杨军. 建筑结构概念设计及案例［M］. 北京：清华大学出版社，2003.

［5］郭院成，王新玲，蒋晓东. 建筑结构体系概念和设计［M］. 郑州：黄河水利出版社，2001.

［6］计学闰，计锋，王力. 结构概念和体系［M］. 北京：高等教育出版社，2009.

［7］顾晓鲁. 地基与基础［M］. 3版. 北京：中国建筑工业出版社，2003.

［8］高福聚，徐玉平，刘锡良. 浅议结构形式的历史发展及其衍生关系［C］//全国现代结构工程学术研讨会第十届论文集，2010（增刊）：131-139.

［9］高福聚，郭晓和. 滨海盐渍土地区地基基础设计与施工刍议［J］. 建筑结构，1999（11）：46-48.

［10］高福聚，程玉梅. 多层与高层建筑结构设计［M］. 2版. 青岛：中国石油大学出版社，2022.

［11］商如斌. 建筑工程概论［M］. 天津：天津大学出版社，2002.

［12］顾晓鲁. 地基与基础. 3版. 北京：中国建筑工业出版社，2003.

［13］罗福午. 建筑结构概念体系与估算［M］. 北京：清华大学出版社，1991.

［14］高福聚，刘锡良. 空间结构仿生工程学的研究构想［J］. 结构工程师，2000（增刊）：310-320.

［15］高福聚，刘锡良. 浅议空间结构仿生工程学研究中的特征标度问题［J］. 空间结构. 2001（1）：44-49.

［16］高福聚，刘锡良. 建筑结构工程中的分形和标度现象［J］. 工程力学，2001（增刊）：383-387.

［17］高福聚，刘锡良. 建筑结构仿生研究初步［J］. 工业建筑，2001（增刊）：261-266.

［18］GAO F J, LIU X L. The proposal study on spatial structure and bionic engineering［R］. International Symposium on Theory, Design and Realization of Shell and Spatial Structures.

Nagoya, JAPAN, October 8 ~ 13，2001.

［19］高福聚. 空间结构仿生工程学的研究［D］. 天津：天津大学，2002.

［20］Elam K. 设计几何学——关于比例与构成的研究［M］. 李乐山，译. 北京：中国水利水电出版社，知识产权出版社，2003.

［21］Moore F. 结构系统概论（Understanding Structures）［M］. 赵梦琳，译. 沈阳：辽宁科学技术出版社，2001.

［22］刘锡良. 现代空间结构［M］. 天津：天津大学出版社，2003.

［23］彭一刚. 建筑空间组合论［M］. 北京：中国建筑工业出版社. 1998.

［24］GAO F J, LIU X L. The proposal study on spatial structure and bionic engineering［R］. International Symposium on Theory, Design and Realization of Shell and Spatial Structures. Nagoya, JAPAN, October 8 ~ 13，2001.

［25］Elam K. 设计几何学——关于比例与构成的研究［M］. 李乐山，译. 北京：中国水利水电出版社，知识产权出版社，2003.

［26］Moore F. 结构系统概论（Understanding Structures）［M］. 赵梦琳，译. 沈阳：辽宁科学技术出版社，2001.

［27］高福聚. 钢结构原理与设计［M］. 青岛：中国石油大学出版社，2020.

［28］高福聚，徐玉平，申成军. 钢结构简明教程［M］. 青岛：中国石油大学出版社，2024.

［29］Wang C K. Intermediate structural analysis［M］. New York: Mc-Graw-Hill, 1985.

［30］Wang C K. Structural analysis on microcomputers［M］. Oxford: Macmillan, 1986.

［31］Wang C K, Salmon C G. Introductory structural analysis［M］. London: Prentice-Hall, 1984.